U0287488

铝行业全流程烟气污染控制技术与策略

朱廷钰　宁　平　刘霄龙　等　著

科学出版社

北京

内 容 简 介

本书针对我国铝行业生产过程中全流程烟气污染产生及控制技术方面存在的问题及面临的挑战，从铝行业生产过程中烟气排放和控制技术需求出发，对铝行业全流程烟气排放来源、特征及控制手段等方面进行了深入的探讨，重点介绍了氧化铝焙烧工序、石油焦煅烧工序、阳极焙烧工序、电解铝工序及再生铝工序的烟气排放来源及控制技术，对铝行业各工序全流程污染物控制最佳可行性技术进行了汇总，提出了铝行业烟气污染控制对策及建议，为我国铝行业烟气污染物防治提供了重要的参考和指导。

本书可作为高等院校环境工程、环境科学、有色冶炼等专业的本科生、研究生的参考书，也可作为从事铝行业生产或环境保护的科研人员、技术人员的参考用书。

图书在版编目（CIP）数据

铝行业全流程烟气污染控制技术与策略 / 朱廷钰等著. —北京：科学出版社，2021.6
ISBN 978-7-03-068946-7

Ⅰ. ①铝⋯　Ⅱ. ①朱⋯　Ⅲ. ①炼铝－烟气控制－研究　Ⅳ. ①X756
中国版本图书馆 CIP 数据核字(2021)第 101240 号

责任编辑：杨　震　刘　冉 / 责任校对：杜子昂
责任印制：肖　兴 / 封面设计：北京图阅盛世

科学出版社 出版
北京东黄城根北街 16 号
邮政编码：100717
http://www.sciencep.com

艺堂印刷（天津）有限公司 印刷
科学出版社发行　各地新华书店经销
*

2021 年 6 月第 一 版　开本：720×1000　1/16
2021 年 6 月第一次印刷　印张：15
字数：300 000

定价：138.00 元
（如有印装质量问题，我社负责调换）

前　言

自我国改革开放以来，铝材料的应用越来越广泛，铝行业得以飞速发展。但是铝行业生产流程较长，工序繁杂，生产所需燃料消耗大，这会导致在铝材料生产的过程中产生大量的废气。这类气体污染物具有来源广泛、排放量大、成分复杂、无组织排放点多等特点，主要包括粉尘颗粒物、SO_2、NO_x、HCl、氟化物、沥青烟、二噁英等，如果不经处理直接排放，会对环境造成恶劣的影响。

针对铝行业的污染物治理，在 2013 年 9 月，国务院印发《大气污染防治行动计划》方案，成为之后大气污染防治的指导性文件，文件提出要加快重点行业脱硝脱硫。在排放标准方面，《铝工业污染物排放标准》（GB 25465—2010）修改单于 2013 年提出铝工业大气污染物特别排放限值，其中颗粒物排放浓度将由 20～100 mg/m³ 降至 10 mg/m³，二氧化硫排放浓度将由 200～400 mg/m³ 降至 100 mg/m³，氮氧化物的排放浓度为 100 mg/m³；此外，在非常规污染物方面，电解铝及阳极焙烧烟气氟化物特别排放限值为 3 mg/m³，阳极焙烧烟气沥青烟特别排放限值为 20 mg/m³，再生铝烟气二噁英特别排放限值为 0.5 ng TEQ/m³。特别排放限值的执行使得铝行业面临更高的环保要求和更大的挑战，对铝行业的大气污染防治技术提出了迫切的研发需求。2017 年 5 月，环境保护部（现生态环境部）印发的《关于京津冀及周边地区执行大气污染物特别排放限值的公告（征求意见稿）》，提出要在"2+26"地区对火电、钢铁、有色、石化等排放标准中已有特别排放限值要求的行业，执行大气污染物特别排放限值。国家除了对位于京津冀大气污染传输通道的"2+26"城市实施冬季限产之外，还提出要对工业污染物排放执行特别排放限值标准，并进行无组织排放管控等，铝工业被纳入区域内重点管控行业。

我国铝工业大气污染治理技术发展迅速，近年来除尘技术在新型金属网电除尘、新型布袋滤料、电袋复合除尘等方面开展了大量的技术开发及应用，支撑了铝行业全流程烟气颗粒物的深度治理。此外，电捕焦、氧化铝吸附干法净化和碱液吸收湿式净化在去除沥青烟、氟化物的同时，也可以有效去除颗粒物。在脱硫方面，应用了石灰石-石膏法、双碱法、氨法等湿法脱硫工艺，以及以循环流化床法为代表的半干法工艺。相较于湿法，半干法具有多污染物协同控制的显著优势，脱硫技术呈现"由湿到干"的发展趋势。在脱硝方面，现有技术包括选择性催化还原、选择性非催化还原和氧化脱硝技术，可针对不同工序合理选择契合烟气排放特征的脱硝技术。除此之外，氟化物、沥青烟、二噁英等非常规污染物的控制技术也在进一步研究发展，主要从协同控制着手。我国铝行业应积极引导行业技术升级，优化资源利用率，注重污染物的前端和过程控制，强化末端治理，从而为我国铝工业健康可持续发展提供有力保障。

本书针对我国铝行业生产全流程烟气污染产生及控制技术方面存在的问题以及面临的挑战，从铝行业生产过程中烟气排放和控制技术需求出发，对铝行业全流程烟气排放来源、排放特征及控制手段等方面进行了深入的探讨，重点介绍了氧化铝焙烧工序、石油焦煅烧工序、阳极焙烧工序、电解铝工序及再生铝工序的烟气排放来源及控制技术，对铝行业各工序全流程污染物控制最佳可行性技术进行了汇总，提出了铝行业烟气污染控制对策及建议，为我国铝行业烟气污染物防治提供了重要的参考和指导。

本书由中国科学院过程工程研究所朱廷钰研究员承担主要编写工作，并负责全书统稿和整体修改工作。昆明理工大学宁平教授和李彬教授负责第 3 章和第 5 章的编写，中国科学院过程工程研究所刘霄龙副研究员负责第 1 章、第 2 章、第 4 章、第 6 章和第 7 章的编写，赵紫微硕士参与了第 1 章的编写，刘法高硕士参与了第 4 章和第 7 章的编写。在本书成稿中，邹洋硕士和张颖硕士等参与了书稿校对工作。感谢科学出版社的杨震编辑和刘冉编辑在本书立项及出版各环节提供的诸多建议和帮助。感谢沈阳铝镁设计研究院有限公司基于国家科研项目提供的部分排放特征数据。感谢国家重点研发计划项目（2017YFC0210500）、国家自然科学基金项目（51978644）等的资助。

受研究范围、研究时间和作者水平的限制，书中不足之处在所难免，恳请广大读者批评指正。

朱廷钰　宁　平　刘霄龙

2021 年 2 月

目　录

第1章 绪　论

1.1　铝行业大气污染物排放现状

1.1.1　铝行业发展现状及趋势

铝及其合金是仅次于钢的最常用金属，具有质轻、耐腐蚀、韧性好等优良特性。根据生产原料和生产工艺的不同，铝可以分为从铝土矿中经化学分解提炼、电解得到的原铝和由废旧铝、废铝合金材料经重新熔化提炼而得到的再生铝两大类。随着铝材料的应用越来越广泛，铝行业得到了快速的发展。2010～2019 年全球铝的总产量一直呈增长趋势（图 1-1），2019 年铝的总产量已达到 9669.9 万吨，其中原铝的产量为 6369.7 万吨，占总产量的 65.87%，再生铝的产量 3300.2 万吨，占总产量的 34.13%。

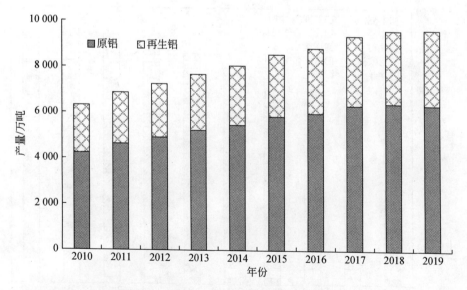

图 1-1　2010～2019 年全球原铝和再生铝产量

从全球原铝产量分布来看，2019 年中国原铝产量为 3579.5 万吨，占全球原铝总产量的 56%，位居世界第一，远大于其他地区和国家（图 1-2）。

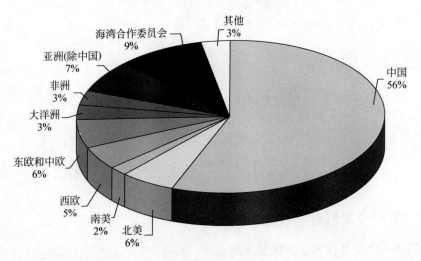

图 1-2　世界原铝产量分布图（2019 年）

近年来，随着我国大规模基建投资、工业化进程的快速推进，中国铝行业得到了发展迅速，生产规模、产品质量不断提升，全行业的产量和消费量都在迅猛增长。据国际铝业协会对全球不同地区和国家的原铝产量统计，中国是最大的原铝生产国，且 2010～2018 年期间原铝产量逐年增加（图 1-3）。

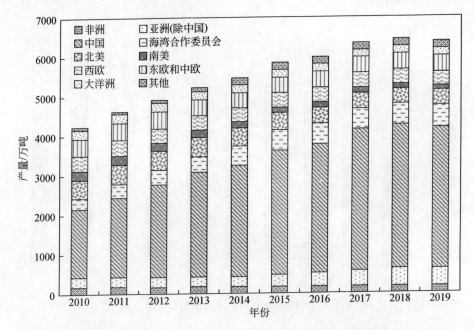

图 1-3　2010～2019 年全球主要地区和国家的原铝产量

然而，我国铝行业发展也存在着较多问题，如产能严重过剩、成本偏高、原材料对外依存度高和环保压力大等。对于铝行业的发展而言,电解铝属于资源密集型产业,在国内铝土矿资源总量的限制和供求关系相对稳定的情况下,其产能增长空间较小。而对于可重复利用的再生铝,因其具有成本低、污染少和可循环利用的特点,成为铝行业未来发展的主要方向。总的来说,受资源环境的约束,绿色可持续发展已成为我国铝行业未来的必然趋势。

1.1.2 铝工业生产流程及大气污染物排放

1. 铝工业生产主要流程

铝工业生产流程(图1-4)主要分为电解铝工艺和再生铝工艺。电解铝工艺的起点是铝矿石、石油焦等原料,终点是铝锭等产品,包括采矿、选矿、氧化铝焙烧、石油焦煅烧、碳电极焙烧、电解铝等工序。其中,大部分的电解铝生产,采用碳阳极电解,少数采用碳阴极电解。

再生铝的起点是回收的废铝,终点是铝锭等产品,包括废铝预处理、熔化、精炼等工序。

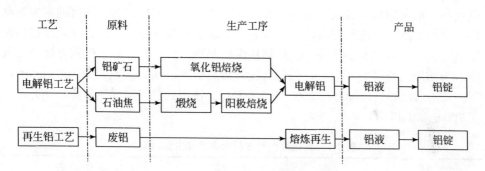

图1-4 铝工业生产主要流程

铝工业的基础原料为铝土矿,经采矿、选矿处理后,由氧化铝厂脱硅、溶出、分离、焙烧生产氧化铝,再由电解铝厂电解生产金属铝。同时,电解铝厂生产所需的阳极、阴极由铝用碳素生产企业提供。

2. 氧化铝生产流程及污染物来源

1) 氧化铝生产主要流程

从矿石中提取氧化铝有多种方法,包括拜耳法、碱石灰烧结法、拜耳-烧结联合法。拜耳法是生产氧化铝的主要方法,其生产所需燃料主要消耗在焙烧工序。为了降低成本,氧化铝厂燃料以自制煤气发生炉煤气为主,也有部分氧化铝厂掺烧一部分天然气作为煤气的补充。氧化铝厂配套煤气发生炉通常配备煤气脱硫设施。

拜耳法氧化铝工艺是用苛性钠（NaOH）溶液加温溶出铝土矿中的氧化铝，得到铝酸钠溶液。溶液降低温度后加入氢氧化铝作晶种，经长时间搅拌分解析出氢氧化铝，然后在 950～1200℃温度下煅烧，得到氧化铝成品。析出氢氧化铝后的溶液称为母液，蒸发浓缩后可循环使用。

烧结法是将铝土矿、石灰（或石灰石）、碱粉、无烟煤以及碳分母液配成炉料在 1200～1300℃的高温回转窑中进行烧结的工艺。烧结过程中，铝土矿中的 Al_2O_3 与 Na_2CO_3 反应生成易溶于水或稀碱溶液的固体铝酸钠（$Na_2O \cdot Al_2O_3$），Fe_2O_3 转变为易水解的铁酸钠（$Na_2O \cdot Fe_2O_3$），SiO_2、TiO_2 等杂质转变为不溶于水或稀碱液的 $2CaO \cdot SiO_2$、$CaO \cdot TiO_2$ 等化合物。烧结后进行溶解过滤，将有用组分与有害杂质分离开来，最大限度提取氧化铝和回收碱。

2）氧化铝生产主要污染物

拜耳法氧化铝焙烧工艺产生的主要污染物为：粉尘和 SO_2、NO_x（表 1-1）。氧化铝焙烧炉烟气中 SO_2 浓度取决于燃料中的硫含量，浓度范围为 35～180 mg/m^3。氧化铝厂焙烧炉采用的燃料主要是天然气和自制煤气。以天然气为燃料的焙烧炉产生的烟气的 SO_2 浓度一般在 10 mg/m^3 以下。由于天然气燃料成本较高，大多数氧化铝厂都采用自制煤气为燃料。为了控制 SO_2 排放浓度，自制煤气通常先脱除燃料中的 H_2S，再进入焙烧炉燃烧，基本可以达到 SO_2 排放达标。因此通过自制煤气控制 H_2S 排放是通过源头减排解决污染问题的合适途径。氧化铝焙烧炉烟气中 NO_x 浓度与燃料种类有关，采用天然气为燃料时，其 NO_x 通常在 100 mg/m^3 以下；采用自制煤气，NO_x 在 200～400 mg/m^3；使用天然气与煤气掺烧，NO_x 通常在 200 mg/m^3 以下。

表 1-1　氧化铝生产过程污染源和主要污染物

废气种类	生产工序	污染源	主要污染物
熟料烧成	煤粉与生料烧结	熟料烧成窑	粉尘、SO_2、NO_x
氢氧化铝焙烧	焙烧过程	氢氧化铝焙烧炉	粉尘、SO_2、NO_x
石灰石煅烧	煅烧过程	石灰炉（窑）	粉尘、SO_2、NO_x
无组织排放	原料准备	原料加工、运输等	粉尘
	氧化铝贮运	氧化铝储存、运输等	粉尘

3. 石油焦煅烧流程及污染物来源

1）石油焦煅烧主要流程

生石油焦煅烧是指生石油焦在不隔绝空气的情况下，在回转窑或者罐式炉中加热，以此排除石油焦中的水分以及挥发分，促使石油焦颗粒缩合，提高石油焦原料的真密度、抗氧化性并降低其电阻率等。煅烧过程是一个设备温度随着时间的变化不断变化的过程，其中十分重要的控制变量有加热速率、最终煅烧温度等。

为了获得满足工业要求的焦炭，生焦必须在 1200～1350℃ 或更高的温度下煅烧，以完善其晶体结构。其中，石油焦回转窑对其的煅烧成品质量直接取决于进料含油焦炭的质量和性质。

经过煅烧的石油焦从回转窑窑头下料溜子进入到冷却筒中，经筒中水雾直喷和筒外冷却水套双重作用，使煅烧石油焦降至 60℃ 左右，即得成品煅烧石油焦。

2）石油焦煅烧主要污染物

石油焦煅烧过程中产生的污染物如表 1-2 所示。石油焦原料贮运、上料、下料、破碎、筛分过程中主要产生的污染物是粉尘；煅烧阶段会产生大量含 SO_2 的高温烟气及少量粉尘；冷却阶段主要污染物是直冷水汽化产生的大量含尘烟气，以及冷却筒出料产生的石油焦粉尘。

表 1-2　石油焦煅烧过程污染源和主要污染物

废气种类	生产工序	污染源	主要污染物
石油焦煅烧	煅烧过程	石油焦煅烧炉（窑）	粉尘、SO_2、NO_x
无组织排放	贮存及冷却过程	原料贮运、上料、下料、破碎、筛分、直冷水汽化等	粉尘、SO_2、NO_x

4.碳素阳极焙烧流程及污染物来源

1）碳素阳极焙烧主要流程

铝用阳极的原料一般为煅后焦、沥青和残极，并按照一定的比例混合、振动成型，在敞开式焙烧炉进行高温焙烧，得到预焙阳极。石油焦经破碎分级将大颗粒的石油焦破碎成所需的粒级，并将不同的粒级分类堆放，从而获得阳极最大的堆积密度。此外，进行配料和混捏过程是指按照配方选取不同粒级的石油焦进行混合，再把沥青添加到按照配方称取的石油焦中，使石油焦与沥青进行均匀混合。在此过程中，作为黏结剂的沥青要求具有良好的流动性，使其能够均匀地润湿并覆盖在石油焦颗粒料及粉料的表面。配料和混捏都是为了最终的碳素制品具有高密实度，低孔隙率。

生块的成型方法主要有挤压、模压、振动等，而振动成型应用最为普遍，它主要依靠振动机的强烈的振动使得糊料能够克服颗粒间的内摩擦力以及颗粒与模具壁的外摩擦力移动进而紧密地聚集在一起成型。生块的焙烧指的是将经过成型得到的生阳极制品填埋在石油焦中即在隔绝空气的条件下进行高温加热，使得黏结剂完全结焦的过程。在生块焙烧的过程中，生成的沥青焦将阳极内部的石油焦颗粒连接在一起，提高阳极的电导率、抗压强度、反应性等性能。在阳极生产中，焙烧工艺是一个能源时间消耗都很大的工序 [1]。

2）碳素阳极焙烧主要污染物

由于碳素生产工序相对较多，其生产过程中的污染源也相对较多（表 1-3），主要包括：沥青熔化器产生的沥青烟；生阳极焙烧烟气中的残极氟气化挥发逸出、填充焦及沥青所含硫燃烧生成 SO_2、沥青未完全燃烧部分挥发以及填充焦细粉颗粒物等；球磨、配料、混捏等工序产生的粉尘及阳极整理、组装粉尘。其中，焙烧炉烟气中含有的沥青烟、炭尘、氟化物和 SO_2 等是阳极生产系统中的主要大气污染物，具有成分复杂、黏结性强、多种污染物并存、易发生着火等特点。数据表明，阳极焙烧炉的大气污染负荷占阳极生产系统的 2/3 以上。

表 1-3 碳素阳极焙烧过程污染源和主要污染物

废气来源	生产工序	污染源	主要污染物
阳极焙烧	焙烧过程	阳极焙烧炉	粉尘、SO_2、NO_x、氟化物、沥青烟
沥青熔化	沥青熔化过程	沥青不完全燃烧、填充焦细粉颗粒物	粉尘、沥青烟
生阳极焙烧	生阳极制造过程	碳素原料破碎、筛分、球磨、与液态沥青混合	粉尘、沥青烟
无组织排放	阳极组装及残极破碎过程	整理、组装、破碎、筛分、运输等	粉尘
	贮存及成品整粒过程	原料贮运、上料、下料、球磨、配料、混捏等	粉尘、SO_2、NO_x

5. 电解铝生产流程及污染物来源

1）电解铝主要生产流程

在电解铝生产当中，阳极是碳素体，阴极是铝液，在反应中，将温度控制在 950～970℃，碳素阳极与氧反应生成 CO_2 和 CO 而不断消耗，因此需要定期更换阳极块进行补充。阴极铝液通过真空抬包从槽内抽出，送往铸造车间，在保温炉内经净化澄清后，浇铸成铝锭或直接加工成线坯型材等。

2）电解铝生产主要污染物

电解原料中的冰晶石和氧化铝中含有大量的氟化物，在电解槽高温和电流作用下氟化物发生化学反应生成氟化氢、氟化碳和氟化硅等氟化物气体；在电解槽内，部分含氟颗粒随电解质挥发和氟化物升华而散出，这部分含氟颗粒形成粉尘散布于生产车间直至随空气排出；以游离态存在的氟离子与阳极碳结合生成的氟化物气体也会对环境造成污染；阳极糊中含有的沥青在电解过程中会产生少量的二氧化硫、硫化氢气体和苯并芘等物质；电解车间还有一定量的无组织排放烟气及少量的粉尘污染等；另外，在电解过程中，游离氧与阳极碳素相结合生成二氧化碳和一氧化碳气体，二氧化碳是重要的温室气体，一氧化碳是剧毒物质。电解铝企业在生产过程中会产生氟化氢、氟化碳、二氧化硫、硫化氢等多种有害气体和含氟颗粒，是电解铝企业最主要的大气污染源[2]（表 1-4）。其产生量约为总氟

20～40 kg/t-Al，粉尘量也较大，大气污染负荷占整个电解铝生产系统的99%以上[3]。

表 1-4　电解铝生产过程污染源和主要污染物

废气种类	生产工序	污染源	主要污染物
电解烟气	电解槽烟气净化	电解槽	粉尘、SO_2、氟化物
无组织排放	氧化铝、氟化盐贮运	氧化铝和氟化盐的储存、运输等	粉尘
	电解质破碎	破碎、筛分、运输等	粉尘

6. 废铝再生生产流程及污染物来源

1）废铝再生主要生产流程

再生铝是我国铝工业可持续发展不可缺少的资源。废铝再生工艺主要包括：废铝的破碎、分选、表面除漆等预处理环节；根据废铝料的质量状况和再生产品的技术要求进行配料；再生铝的熔炼及废杂铝的熔体处理。其中，熔炼技术及设备的研究、废铝的预处理是再生铝生产过程中的一个重要环节。使非铝物质与废铝及其合金完全分离，减少非铝物质的影响，提高熔炼效率，是再生铝技术中预处理技术研究的发展方向。

2）废铝再生主要污染物

我国废铝再生工序中，废铝的破碎过程会带来粉尘污染，但主要来自于熔炼过程（表 1-5）。在熔炼过程中，采用的燃料主要有煤、焦炭、重油等多种燃料，燃烧产生的废气中含有大量的烟尘和含硫、碳、磷和氮的氧化物等气体；炉料（废铝）加热之后，废料本身的油污及夹杂的可燃物会燃烧，也会产生大量 CO、CO_2、NO_x、SO_2、HCl、HF、碳氢化合物以及易挥发的金属氧化物或二噁英等致癌物，可能还有氯气等；为了减少烧损、提高铝的回收率并保证铝合金的质量，在熔炼过程中要加入一定数量的覆盖剂、精炼剂和除气剂，这些添加剂与铝熔液中的各种杂质进行反应，产生大量的废气和烟尘，这些废气和烟尘中含有害物质，这些都会造成大气污染。

表 1-5　废铝再生过程污染源和主要污染物

废气种类	生产工序	污染源	主要污染物
无组织排放	预处理	除杂、分选	粉尘
熔炼烟气	废铝熔炼	燃料燃烧、废铝所含杂质等	粉尘、NO_x、SO_2、HCl、氟化物、易挥发的金属氧化物或二噁英等
精炼烟气	熔体净化	熔炼添加剂	粉尘、HCl、氟化物等

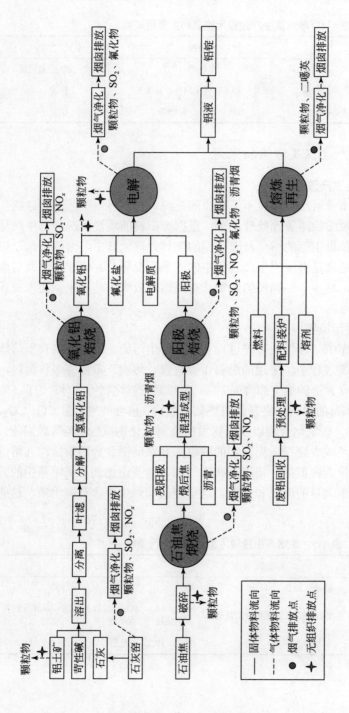

图1-5 铝工业生产全流程工序及大气污染物排放来源

图 1-5 汇总了铝工业生产全流程工序的大气污染物排放来源情况，总体上讲，铝工业大气污染物主要来源于：①原燃料的运输、装卸、存储及加工等过程产生的大量含尘及其他污染物的无组织排放废气；②铝工业生产过程多工序，如氧化铝焙烧、石油焦煅烧、阳极焙烧、电解、熔炼再生等工序排放的含有颗粒物、SO_2、NO_x、氟化物、沥青烟等多污染物的工业烟气。

1.2 铝行业污染物排放标准及政策

2013 年 9 月，国务院印发《大气污染防治行动计划》方案，成为之后大气污染防治的指导性文件。2016 年 7 月，经报国务院同意，中国工程院和国家环境保护部公布了《大气污染防治行动计划》实施情况的中期评估报告，评估认为：尽管空气质量改善成效已经显现，但面临形势依然严峻，冬季重污染问题突出，个别省份的 PM_{10} 年均浓度有所上升，北京市完成 2017 年终期目标需要付出更大努力。2017 年，国家对环境治理尤其是对京津冀及周边地区的污染物排放尤为重视，通过各种政策来治理环境污染，以确保完成《大气污染防治行动计划》目标。环境保护部大气环境管理司司长刘炳江 2017 年 12 月在中国煤电清洁发展与环境影响发布研讨会上表示，非电行业是目前中国大气污染治理的重点。据统计，非电行业二氧化硫、氮氧化物、烟粉尘的排放量占全国四分之三以上。2018 年 5 月，习近平在全国生态环境保护大会上发表重要讲话，提出"要以空气质量明显改善为刚性要求，强化联防联控，基本消除重污染天气"。李克强指出"要抓住重点区域重点领域，突出加强工业、燃煤、机动车'三大污染源'治理，坚决打赢蓝天保卫战"。

2017 年，国家除了对位于京津冀大气污染传输通道的"2+26"城市实施冬季限产之外，还提出要对工业污染物排放执行特别排放限值标准，并进行无组织排放管控等。铝工业被纳入区域内重点管控行业，环保治理面临前所未有的挑战。

1. 冬季限产

2017 年是《大气污染防治行动计划》第一阶段的收官之年。为积极推进《大气污染防治行动计划》的具体落实，2017 年年初，环境保护部印发《京津冀及周边地区 2017 年大气污染防治工作方案》（环大气〔2017〕29 号），对铝行业的治理要求是：采暖季电解铝厂限产 30%以上，以停产的电解槽数量计；氧化铝企业限产 30%左右，以生产线计；碳素企业达不到特别排放限值的，全部停产，达到特别排放限值的，限产 50%以上，以生产线计。

2. 部分地区执行特别排放限值标准

在对碳素企业执行污染物特别排放限值标准之后，环境保护部于 2017 年 5

月印发《关于京津冀及周边地区执行大气污染物特别排放限值的公告（征求意见稿）》，以下简称《征求意见稿》，提出要在"2+26"地区对火电、钢铁、石化、化工、有色、水泥以及锅炉等排放标准中已有特别排放限值要求的行业，执行大气污染物特别排放限值。《征求意见稿》经过修改完善之后，环境保护部于 2018 年 1 月正式下发《关于京津冀大气污染传输通道城市执行大气污染物特别排放限值的公告》，决定在京津冀大气污染传输通道城市执行大气污染物特别排放限值。铝行业涉及的具体规定有：①执行地区：京津冀大气污染传输通道城市包括北京市，天津市，河北省石家庄、唐山、廊坊、保定、沧州、衡水、邢台、邯郸市，山西省太原、阳泉、长治、晋城市，山东省济南、淄博、济宁、德州、聊城、滨州、菏泽市，河南省郑州、开封、安阳、鹤壁、新乡、焦作、濮阳市（简称"2+26"城市，含河北雄安新区、辛集市、定州市，河南巩义市、兰考县、滑县、长垣县、郑州航空港区）。②新建项目：对于国家排放标准中已规定大气污染物特别排放限值的行业以及锅炉，自 2018 年 3 月 1 日起，新受理环评的建设项目执行大气污染物特别排放限值。③现有企业：火电、钢铁、石化、化工、有色（不含氧化铝）、水泥行业现有企业以及在用锅炉，自 2018 年 10 月 1 日起，执行二氧化硫、氮氧化物、颗粒物和挥发性有机物特别排放限值。对比《征求意见稿》，正式公告中较大的改变是：执行特别排放限值的现有企业中，不包括氧化铝企业。

铝工业大气污染物特别排放限值已经于 2013 年以"修改单"的形式添加到《铝工业污染物排放标准》（GB 25465—2010）之中。对比排放限值和特别排放限值两个标准可以看出，从矿山、氧化铝、电解铝，到铝用碳素，整个铝行业上游环节的排放要求更加严格，其中颗粒物排放浓度将由 $20\sim100$ mg/m^3 降至 10 mg/m^3；二氧化硫排放浓度将由 $200\sim400$ mg/m^3 降至 100 mg/m^3；氧化铝厂和铝用碳素厂新增氮氧化物的排放要求，为 100 mg/m^3。无疑，特别排放限值的执行使得铝行业面临更高的环保要求和更大的挑战。

据了解，电解铝生产环节采用脱硫技术可以达到特别排放限值要求，其中脱硫技术采用湿法脱硫，如石灰石-石膏法；氧化铝脱硝技术可采用选择性催化还原、选择性非催化还原技术等。脱硫、脱硝相关设备投资昂贵，一个中等规模电解铝厂的脱硫设施就要耗资上亿元，成本较高，因此很少有企业拥有这些设备。但是随着特别排放限值政策的实施，已有铝企业开始对电解铝废气排放技术进行升级改造，如山东魏桥、中国铝业等，其中魏桥 600 kA 生产线"石灰石-石膏"脱硫试点项目可使颗粒物≤5 mg/m^3、二氧化硫≤35 mg/m^3、氟化物≤2 mg/m^3[4]。

各地加快推进大气污染治理，颗粒物等污染物排放量明显下降，重点领域环境治理卓见成效。2019 年全面完成大气环境目标，全国 SO$_2$、NO$_x$ 排放总量同比削减 3%。《2019 年全国大气污染防治工作要点》提出强化有毒有害大气污染物管理，完善有毒有害大气污染物排放标准，依法纳入排污许可管理，并督促企业按要求开展有毒有害大气污染物排放监测。

另外，尽管《关于京津冀大气污染传输通道城市执行大气污染物特别排放限值的公告》中没有要求氧化铝企业执行特别排放限值，但是随着环保治理力度的加大，不排除在未来政策执行的过程中，氧化铝企业也被包含在内。

3. 无组织排放管控

无组织排放是大气污染的重要来源，由于其排放的环节多且分散，一直是环境治理的薄弱环节。为了进一步完善国家污染物排放标准，明细无组织排放的管控措施，国家环境保护部决定对《铝工业污染物排放标准》（GB 25465—2010）进行修改，同时修改《再生铜、铝、铅、锌工业污染物排放标准》（GB 31574—2015），都增加了"无组织排放控制措施"。2017 年 6 月 13 日，环境保护部将标准修改单征求意见稿以公告形式发布，6 月 22 日前完成意见征集。按要求，新建项目的无组织排放控制措施自修改单发布之日起执行；现有企业给予适当的过渡期，无组织排放控制措施自 2019 年 1 月 1 日执行。新的排放标准自 2017 年 10 月 1 日起已在京津冀"2+26"城市区域内的铝矿山、氧化铝厂、电解铝厂、再生铝厂等企业先期执行。

铝工业颗粒物的无组织排放重点为矿山采选、氧化铝生产、电解铝生产等，其次为物料储运环节。具体包括四个方面：

（1）铝矿山：铝矿露天开采无组织排放源为穿孔扬尘、爆破扬尘、铲装扬尘以及粗碎站扬尘等。铝矿井下开采无组织排放源为凿岩、爆破、铲装等过程产生的扬尘。选矿厂无组织排放源主要为矿石堆场、废石场和排土场扬尘，矿仓、破碎机、振动筛、带式输送机的受料点、卸料点等产生扬尘。

（2）氧化铝生产：氧化铝生产无组织排放主要产生于原辅料堆存、备料、熟料中碎、氧化铝贮运、熟料烧成窑、氢氧化铝焙烧、熔盐加热、石灰炉（窑）等工序以及赤泥堆场。

（3）电解铝生产：电解铝生产无组织排放主要产生于备料、电解质破碎、阳极组装及残极处理、混合炉、电解槽等工序。

（4）物料运输、装卸、储存：厂内粉状物料运输、大宗物料转移、输送以及转运点、落料点等会产生颗粒物无组织排放。

尽管无组织排放管理任务的具体化增强了政策对企业的指导性和环境监管的有效性，但是由于无组织排放源较多、排放不规律等特点，因此企业在执行以及相关部门的监管过程中，依然存在着一定的困难；同时除尘设施的投入无疑增加了企业的运营成本，这也在一定上削弱了企业严管无组织排放的信心。

2018 年 2 月，河南省政府先于国家政策，发布《河南省 2018 年大气污染防治攻坚战实施方案》，要求：①2018 年 10 月 1 日起，河南电解铝和再生铝全面执行国家大气污染物特别排放限值规定。②2018 年采暖季，全省电解铝、氧化铝企业实施限产 30%以上；对碳素企业实施停产；对有色金属再生企业的熔铸工序限产 50%以上。③对 2018 年 10 月底前稳定达到特别排放限值的电解铝企业，豁免其错峰限产比例降低为 10%，但要按当地重污染天气应急预案要求参加污染管控；对 2018 年 10 月底前稳定达到超低排放限值的碳素企业，豁免其由停产改为限产 50%，但要按当地重污染天气应急预案要求参加污染管控。④全面核实重点工业企业无组织排放治理完成情况，2018 年 8 月底前，完成钢铁、建材、有色、火电、焦化等行业和锅炉的无组织排放治理工作。

2020 年 5 月 19 日，河南省市场监督管理局以 2020 年 29 号公告批准发布了《铝工业污染物排放标准》（DB 41/1952—2020）。该标准规定氧化铝企业、电解铝企业和铝用碳素企业的颗粒物排放限值为 10 mg/m³，SO_2 排放限值分别为 100 mg/m³、35 mg/m³、35 mg/m³，NO_x 排放限值为 100 mg/m³。标准自 2020 年 6 月 1 日起实施。其中新建企业自 2020 年 6 月 1 日起，现有企业自 2021 年 1 月 1 日起，按该标准规定执行。

特别排放限值的推行以及无组织排放的管控使得铝企业尤其是"2+26"地区相关企业面临着更严格的环保要求，这对于中国铝工业来说既是新的转变也是更大的挑战！

目前，铝工业大气污染排放标准名称和编号为：

（1）《铝工业污染物排放标准》（GB 25465—2010）；

（2）《铝工业污染物排放标准》（GB 25465—2010）（修改单）；

（3）《再生铜、铝、铅、锌工业污染物排放标准》（GB 31574—2015）；

（4）《铝工业污染物排放标准》（DB 41/1952—2020）。

表 1-6 和表 1-7 汇总了铝工业大气污染物排放限值。从阳极焙烧烟气污染排放浓度及《铝工业污染物排放标准》（GB 25465—2010）（修改单）大气污染特别排放限值对比可以看出，多污染物治理存在明显技术需求。对于颗粒物，通过现有除尘技术升级改造，可基本满足排放限值；对于 SO_2，目前部分省份如河南省已提出 35 mg/m³ 的超低排放限值，使得碳素烟气深度脱硫成为必然趋势；对于 NO_x，目前《铝工业污染物排放标准》（GB 25465—2010）（修改单）及河南省地方限值均定为 100 mg/m³；随着未来排放限值的进一步加严，很有可能参考钢铁行业如烧结/球团烟气的 50 mg/m³ 的超低排放限值，使得阳极焙烧炉烟气中的 NO_x 均面临脱硝需求，因此，结合行业技术特征研发相应的脱硝技术迫在眉睫。

表 1-6　铝工业大气污染物排放限值　　　　　　　（单位：mg/m³）

生产工序或设施		污染物项目	2011 年限值 [a]	2012 年限值 [b]	特别限值 [c]	河南省排放值 [d]
矿山	破碎、筛分、转运	颗粒物	120	50	10	10
氧化铝厂	熟料烧成窑	颗粒物	200	100	10	10
		SO_2	850	400	100	100
		NO_x	—	—	100	100

续表

生产工序或设施	污染物项目	2011 年限值 [a]	2012 年限值 [b]	特别限值 [c]	河南省排放限值 [d]
氢氧化铝焙烧炉、石灰炉（窑）	颗粒物	100	50	10	10
	SO₂	850	400	100	100
	NOₓ	—	—	100	100
氧化铝厂　原料加工、运输	颗粒物	120	50	10	10
氧化铝贮运	颗粒物	100	30	10	10
其他	颗粒物	120	50	10	10
	SO₂	850	400	100	100
	NOₓ	—	—	100	100
电解槽烟气净化	颗粒物	30	20	10	10
	SO₂	200	200	100	35
	氟化物	4.0	3.0	3.0	2.0
电解铝厂　氧化铝贮运	颗粒物	50	30	10	10
电解质破碎	颗粒物	100	30	10	10
其他	颗粒物	100	50	10	10
	SO₂	850	400	100	35
阳极焙烧炉	颗粒物	100	30	10	10
	SO₂ₓ	850	400	100	35
	氟化物	6.0	3.0	3.0	2.0
	沥青烟	40	20	20	20
	NOₓ	—	—	100	100
铝用碳素厂　阴极焙烧炉	颗粒物	—	—	10	10
	SO₂	850	400	100	35
	沥青烟	50	30	30	20
	NOₓ	—	—	100	100
石油焦煅烧炉（窑）	颗粒物	200	100	10	10
	SO₂	850	400	100	35
	NOₓ	—	—	100	100
沥青工序	颗粒物	—	—	10	10
	沥青烟	40	30	30	20
生阳极制造	颗粒物	120	50	10	10
	沥青烟	40[e]	20[e]	20	20

续表

生产工序或设施		污染物项目	2011 年限值 [a]	2012 年限值 [b]	特别限值 [c]	河南省排放限值 [d]
铝用碳素厂	阳极组装及残极破碎	颗粒物	120	50	10	10
	其他	颗粒物	120	50	10	10
		SO$_2$	850	400	100	35
		NO$_x$	—	—	100	100

注：氮氧化物以 NO$_2$ 计，氟化物以 F 计。

a.自 2011 年 1 月 1 日起至 2011 年 12 月 31 日止，现有企业执行。

b.2010 年 10 月 1 日起新建企业，以及 2012 年 1 月 1 日起现有企业执行。

c.特别排放限值区域，现有企业执行。

d.新建企业自 2020 年 6 月 1 日起，现有企业自 2021 年 1 月 1 日起，按该标准规定执行。

e.混捏成型系统加测项目。

表 1-7　再生铝工业大气污染物排放限值　　（单位：mg/m^3，二噁英类除外）

污染物项目	2015 年限值	特别限值	企业边界大气污染限值
SO$_2$	150	100	
颗粒物	30	10	
NO$_x$	200	100	
氟化物	3	3	0.02
氯化氢	30	30	0.2
二噁英类	0.5 ng TEQ/m^3	0.5 ng TEQ/m^3	—
砷及其化合物	0.4	0.4	0.01
铅及其化合物	1	1	0.006
锡及其化合物	1	1	0.24
镉及其化合物	0.05	0.05	0.0002
铬及其化合物	1	1	0.006
炉窑的单位产品基准排气量（m^3/t 产品）	10000	10000	—

　　2010 年以前，电解铝企业排放的大气污染物执行《大气污染物综合排放标准（GB 16297—1996），要求排放的 SO$_2$ 小于 700 mg/m^3，NO$_x$ 小于 420 mg/m^3，颗粒物小于 150 mg/m^3，氟化物小于 11 mg/m^3。2010 年，环境保护部和国家质量监督检验检疫总局联合下发了《铝工业污染物排放标准》（GB 25465—2010），要求排放的 SO$_2$ 小于 200 mg/m^3，氟化物小于 3.0 mg/m^3，电解槽烟气净化颗粒物小于 20 mg/m^3，氧化铝、氟化盐储运颗粒物小于 30 mg/m^3，电解质破碎颗粒物小于 30 mg/m^3，其他工段颗粒物小于 50 mg/m^3。

　　2013 年 12 月，环境保护部发布《铝工业污染物排放标准》（GB 25465—2010）等 6 项污染物排放标准修改单，该标准中还对现有企业、新建企业制定了大气污染物的排放限值，分成了矿石、氧化铝、电解铝、铝用碳素四部分，并且规定了现有企业从 2012 年起 1 月 1 日起也必须执行新建企业的排放限值。制定的大气污染物排放浓度标准中有一部分比《大气污染物综合排放标准》及《工业炉窑大气污染物排放标准》更加严格[5]。明确在国土开发密度已经较高、环境承载能力开始减弱，或环境容量较小、生态环境脆弱，容易发生严重环境污染问题而采取特别保护措施的地区，应严格控制企业的污染物排放行为。要求上述区域电解铝企业排放的 SO_2 小于 $100\ mg/m^3$，氟化物小于 $3.0\ mg/m^3$，电解槽烟气净化、氧化铝、氟化盐储运、电解质破碎及其他工段颗粒物均小于 $10\ mg/m^3$。

国内外对预焙阳极电解槽烟气的治理均采用氧化铝吸附干法净化技术，该法是铝电解烟气净化最佳治理技术。载氟氧化铝返回电解槽使用，达到氟回收综合利用，从而降低了氟的消耗量。

国内电解烟气净化系统在正常运行时，氟化物净化效率达到 99%以上，氟排放浓度可控制在 $3\ mg/m^3$ 内，符合排放标准的要求。目前我国电解铝厂氟排放量控制在 0.6 kg/t 铝的电解系列很少，而美国、德国、加拿大等发达国家对铝厂氟排放要求较高，氟排放浓度要求控制在 $1\ mg/m^3$ 以下。发达国家铝企业环保理念先进，美铝氟排放目标为 0.35 kg/t 铝，挪威 HYDRO 氟排放目标为 0.25 kg/t 铝。因此，我国电解铝污染物治理水平与发达国家尚有差距[6]。

1.3　铝行业大气污染控制技术现状及发展趋势

《大气污染防治行动计划》实施五年来成果显著，2017 年，全国地级及以上城市 PM_{10} 平均浓度比 2013 年下降 22.7%；京津冀、长三角、珠三角等重点区域 $PM_{2.5}$ 平均浓度比 2013 年分别下降 39.6%、34.3%、27.7%；北京市 $PM_{2.5}$ 的平均浓度从 2013 年的 $89.5\ \mu g/m^3$ 降至 $58\ \mu g/m^3$。

燃煤行业约消耗了国内煤炭总量的一半，包括钢铁、冶金（含有色冶金）、建材（水泥、陶瓷、玻璃等）、各种窑炉、各行业的自备燃煤动力锅炉、自备电厂及散煤等。中国环境保护产业协会脱硫脱硝委员会部分会员参与了 2017 年燃煤行业新签合同脱硫工程处理烟气量情况调查，不包括历史累计烟气量。结果显示，全国燃煤新签合同烟气脱硫工程总处理烟气量为 7930 万 m^3/h。全国新投运烟气脱硫工程总烟气量为 4489 万 m^3/h。全国燃煤新签合同脱硝工程总烟气量为 3830 万 m^3/h；全国燃煤新投运脱硝总烟气量为 1975 万 m^3/h；燃煤新签第三方运维脱硫工程处理烟气量情况，其工程总处理烟气量为 784 万 m^3/h[7]。

1.3.1　铝行业大气污染控制技术

目前国内铝工业采用的污染治理技术是成熟可靠的，经处理后排放的污染物能够达到《铝工业污染物排放标准》修改单中的规定排放限值。以氧化铝焙烧、石油焦煅烧、阳极焙烧、电解铝、再生铝五个部分来分析。

1. 氧化铝焙烧

氧化铝厂产生的焙烧烟气中的氢氧化铝粉尘，其含尘浓度较高。随着近年来我国悬浮焙烧新工艺的采用，生产炉窑利用率得到提高，废气温度降低，静电除尘器工作条件得到很大改善，除尘效率可高达99%以上。根据中铝公司广西分公司以及贵州分公司多年的生产实践证明，焙烧烟气采用静电除尘器除尘净化的方案，其技术可靠、方案可行，经除尘净化的烟气含尘浓度能够做到稳定达标排放。对于氧化铝生产系统在物料加工、输送过程中产生的无组织散发性粉尘，设计中对各个散尘点加强密闭，分别设置集尘罩并辅以机械抽风，同时设高效布袋除尘器除尘，除尘效率达99%，排气中含尘浓度<10 mg/m³，也能够达到《铝工业污染物排放标准》修改单中的规定限值[8]。在脱硝方面，近年来广泛采用的 SNCR+SCR 脱硝联用技术，可以实现 NO_x 排放低于 50 mg/m³，满足国家最新的排放标准。

2. 石油焦煅烧

石油焦煅烧原料输送时使用密封的皮带廊，防止漏料和粉尘扩散；在破碎、筛分阶段易产生粉尘污染，采用密闭熟料作业和机械抽风技术更有效；石油焦煅烧产生的高温烟气，引入到导热油炉中然后再引入余热锅炉生产蒸汽和发电。从余热锅炉排出的烟气采用脱硫措施对烟气中 SO_2 进行处理；经过煅烧的石油焦经冷却筒冷却获得成品石油焦，直冷水汽化产生的大量含尘烟气和冷却筒出料产生的石油焦粉尘，可采用旋风+脉冲袋式除尘器组合的方式，处理后排气筒粉尘浓度≤15 mg/m³，可达标排放。

3. 阳极焙烧

阳极焙烧过程产生多种大气污染物。沥青熔化产生的沥青烟采用电捕焦油器对其进行净化；混捏成型排放的烟气中主要含沥青烟及粉尘，设计采用密闭集气罩进行捕集后，用炭粉吸附净化技术进行治理。吸附烟气中的沥青烟，吸附了沥青烟后的炭尘用环隙脉冲喷吹袋式除尘器除尘后返回工艺使用；对阳极焙烧产生的烟气治理方法包括电除尘器捕集法（电捕法）、氧化铝干法吸附+布袋除尘（干法）和碱液吸收湿式净化法（湿法）。电捕法不能净化氟化物和 SO_2，会造成氟化物和 SO_2 排放超标。湿法净化中电除尘器对焦油的净化效率、洗涤塔对粉尘的净化效率相对较低，需要处理电除尘器的废水。另外，该系统还存在洗涤塔碱液输送管腐蚀严重的问题，导致使用率逐渐降低。干法净化可同时除去烟气中的氟化物、粉尘和沥青烟，发达国家多采用该方法。该方法工艺及原理与电解槽烟气净化系统相似（一般为 VRI 反应器），但即便采用氧化铝干法吸附，净化后沥青烟排放仍无法满足日益严格的排放标准，且该工艺无法实现 SO_2 控制[3]。近年来，

"多污染物协同控制"逐渐成为新的技术发展思路,研发了电捕焦+氧化铝干法吸附、电捕焦+循环流化床半干法、RTO+循环流化床半干法等新型技术。在生产过程中对原料输送、沥青破碎、生阳极制造等均有粉尘散发的各尘源点进行密闭抽风,并设布袋除尘器除尘[8]。

4. 电解铝

电解铝厂最主要的大气污染源是电解槽,电解槽排放的含氟烟气采用氧化铝吸附干法净化技术处理。该技术是目前国内外普遍采用的最佳预焙槽烟气净化技术。其原理是利用氧化铝对氟化氢的吸附性,使烟气中的氟化氢由气相转入固相,再通过布袋除尘器实现气固分离,达到烟气净化,同时去除氟化氢和粉尘的目的。吸氟后的载氟氧化铝经袋滤器收集后,一部分在净化系统中循环使用,另一部分由风动溜槽、气力提升机送到载氟氧化铝料仓供电解槽使用。该操作既能降低氟化盐的消耗,又能减轻环境污染。布袋除尘技术不仅处理风量的范围广,而且与电除尘器相比,布袋除尘设备的结构都比较简单,成本较低,具有非常高的除尘效率,可以在温度超过 200℃的条件下工作[9]。因此,净化后电解烟气净化系统氟化物净化效率达 99%,布袋除尘器除尘效率在 99%以上,关键技术已经达到世界先进水平。对于原料运输、破碎、筛分等工艺生产作业中散发粉尘的设备,以密闭为主,辅以排风除尘,经布袋除尘器净化后也能够达标排放[2, 8]。值得提出的是,氧化铝干法吸附技术仅能够最大限度地回收氟,对烟气中的 SO_2 及残留的氟化物无法实现稳定脱除。因此,国内研发了适用于电解铝烟气深度净化的石灰石-石膏法(湿法)及循环流化床法(半干法)脱硫脱氟技术,均能满足最新的国家乃至一些省份提出的超低排放限值。

5. 再生铝

废铝再生工艺中,预处理环节是否到位直接影响到熔炼过程中污染物种类的复杂程度。因此,采用风选法、磁选技术去除非铝成分,采用焚烧法去除铝制品表面油漆是可行的,期间使用烟气收集装置对沿流程各阶段排放的空气污染物进行控制。熔炼产生的烟尘和二噁英等有机污染物通过设置前段骤冷塔、后段在布袋除尘器中喷入活性炭联合作用处理。该技术熔炼效果好,烟气温度和吸附效率高,可与袋式除尘器联合使用,进一步提高吸附效率。此外,SCR 协同催化降解、催化过滤等新型技术,可实现二噁英更高效的净化。

1.3.2 铝行业大气污染控制发展趋势

1. 常规污染物向非常规污染物发展的趋势

传统意义上来说,我国铝行业的控制的常规大气污染物成分是烟尘、NO_x 和

SO_2，并且相关控制技术已经广泛应用于企业当中。除此之外，铝工业生产过程中释放的二噁英、苯并[a]芘、沥青烟、氟化物、重金属等非常规污染物同样具有极大的危害，但是相关的控制手段并不成熟。因此，烟气处理工艺具有很大的发展空间。企业兴建或改造过程中需考虑到未来常规污染物与非常规污染物协同处理的设备运转空间，积极引入控制二噁英、苯并[a]芘、沥青烟、氟化物、重金属等污染物的处理装置，使企业发展与环境友好并驾齐驱。

2. 湿法技术向干法技术发展的趋势

湿法净化是利用碱性物质中和可溶性气体 SO_2、HF，同时用液体对废气的喷淋，清除废气中的粉尘。干法净化是以氧化铝为介质，对气态氟化氢的吸附。新标准对粉尘的排放浓度提出了更严格的要求。随着新标准的实施，湿法除尘技术由于除尘效率较低，产生酸性废气、废水，运行成本高，设备腐蚀严重等问题，将难以适应新的排放标准，原来的湿法除尘有被干法除尘取代的趋势。例如，电解铝企业将湿法除尘技术改为干法布袋除尘技术，不仅占地面积小、操作简单、运行成本低，而且无废水排出，可将烟气中产生的氟化氢回收并循环利用，避免了二次污染，实现节能减排[10]。因此，干法除尘技术比湿法除尘技术有更高的经济和环境效益。

3. 末端治理前移发展的趋势

现阶段我国铝行业普遍采用"末端治理"方式处理不断增加的大气污染物排放，从而导致污染治理成本的快速攀升。"末端治理"在环境管理发展过程中是一个重要的阶段，有利于消除污染事件，也在一定程度上减缓了生产活动对环境造成的污染和破坏的趋势，但"末端治理"往往未涉及资源的有效利用，不是彻底治理，而是污染物的转移，并且运行费用巨大[11]。

随着过程控制技术的发展和治理力度的加大，在整个生产过程中预防和控制污染，对整个生产过程进行全方位的综合治理，把污染消灭在污染源处是促使企业创新和使用清洁技术，达到减少污染物排放目的的有效手段。应环境保护部发布的环境保护行业标准《清洁生产标准　电解铝业》（HJ/T 187—2006）要求，预备阳极电解槽技术取代自焙电解槽技术，能够降低原材料及能源消耗、提高劳动生产力、提高原铝产量、减少污染物排放，实现清洁生产，走可持续发展道路[12]。

4. 污染控制与生产设施的深度融合的趋势

我国铝行业发展迅速，在铝产量不断攀升的同时，随之而来的是不容忽视的大气污染问题。为了降低生产过程中排放的污染物对环境的影响，已经存在诸多有效的治理措施。为深入贯彻落实节能法律法规和政策标准，充分发挥节能监察在加强节能管理、提高能源利用效率等方面监督约束作用，工业和信息化部在《2015 年工业节能监察重点工作计划》中提出对于电解铝行业和燃煤锅炉的节能环保工作应落到实处，具体通知包括《关于电解铝企业用电实行阶梯电价政策的通知》（发改价格〔2013〕2530 号）和《关于印发燃煤锅炉节能环保综合提升工程实施方案的通知》（发改环资〔2014〕2451 号）。为了响应节约型社会的原则，企业在进行污染控制技术升级的同时应注重资源节约，最大可能应用循环经济理念，充分利用生产过程中产生的余热及废弃物，减少资源浪费；淘汰落后设施、推广高效设施；考虑高质量高纯度原料的选用，以在提高产品质量的同时降低产出废弃物的脱除难度。

5. 加强无组织排放管控的趋势

无组织排放的污染源分散，排放高度低，污染物未经充分扩散稀释就进入地面呼吸带，是大气污染的重要来源。由于其排放的环节多且分散，一直是环境治理的薄弱环节。为了进一步完善国家污染物排放标准，明细无组织排放的管控措施，环境保护部决定对《铝工业污染物排放标准》（GB 25465—2010）进行修改，新的排放标准自 2017 年 10 月 1 日起已在京津冀"2+26"城市区域内的铝矿山、氧化铝厂、电解铝厂、再生铝厂等企业先期执行。铝工业颗粒物的无组织排放重点为矿山采选、氧化铝生产、电解铝生产等，其次为物料储运环节。为了降低企业无组织排放，控制温差、增设回收系统、设置集风装置、选用管道输送的物料转移装置、保持场所的清洁卫生、对污泥和废渣及时清运等都是有效的处理方式。

参 考 文 献

[1] 吴胜辉. 炭素阳极混捏工艺的改进研究[D]. 长沙: 中南大学, 2012.

[2] 强春梅. 电解铝企业环境污染及治理措施探析[J]. 中国新技术新产品, 2017, 6: 108-109.

[3] 张伟志, 李文悦, 裴炜. 电解铝企业的环境污染问题及治理措施[J]. 科学技术创新, 2015, 33: 70.

[4] 黄平义, 巩向舒. 电解铝行业废气超低排放改造试点工程在魏桥率先投运[N]. 中国有色金属报. 2017-11-28.

[5] SMELTING B M. Environmental, health, and safety guidelines base metal smelting and refining [J]. World Bank Group, 2007, 1: 1-23.

[6] 刘大钧, 汪家权. 我国电解铝行业现状分析及环保优化发展的对策建议[J]. 轻金属, 2014, 9: 9-13.

[7] 赵雪, 程茜, 侯俊先. 脱硫脱硝行业 2017 年发展综述[J]. 中国环保产业, 2018, 7: 10-24.

[8] 易端端. 铝工业污染物治理综述[J]. 轻金属, 2013, 12: 50-52.

[9] 那生巴图, 王强. 布袋除尘技术在铝冶炼工业中的应用与发展[J]. 科技创业家, 2013, 23: 70.

[10] 孔凡路，鲁红，张长征. 神火商丘铝厂电解铝厂湿法净化及干法净化技术的实践[J]. 科技创新与应用, 2012, 27: 123.

[11] 刘伟明. 环境污染的治理路径与可持续增长: "末端治理"还是"源头控制"?[J]. 经济评论, 2014, 6: 41-53.

[12] 陈利生，徐征，黄卉，等. 电解铝业清洁生产案例分析及对策[J]. 昆明冶金高等专科学校学报, 2013, V29(1): 21-25.

第2章 氧化铝焙烧工序大气污染物控制

2.1 氧化铝工艺污染物排放特征

2.1.1 氧化铝工艺流程及产污节点

氧化铝是电解铝工业最重要的原料,主要由铝土矿经不同氧化铝生产工艺制备而成。纯净的氧化铝为白色无定形粉末,真密度为 3.5~3.6 g/cm³,容重为 1 g/cm³,熔点为 2050℃,沸点为 2980℃。氧化铝有多种晶型结构,电解铝生产用氧化铝主要由α-Al₂O₃和γ-Al₂O₃所组成。我国铝工业发展迅速,2010~2019 年全国氧化铝产量一直呈增长趋势(图 2-1),2019 年全国氧化铝总产量已高达 7247.4 万吨,位居世界第一。

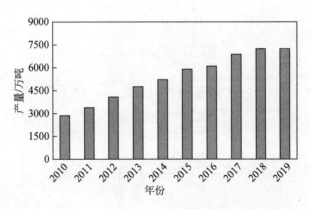

图 2-1　2010~2019 年中国氧化铝产量

从铝土矿中提取氧化铝有多种生产工艺,主要包括拜耳法、烧结法与联合法,其中拜耳法是目前生产氧化铝的主要工艺[1],目前世界上采用该工艺生产的氧化铝占总产量的 95%以上[2]。拜耳法是由奥地利化学家拜耳(K. J. Bayer)于 1889~1892 年发明的一种从铝土矿提取氧化铝的方法,一百多年来在工艺技术方面进行了许多改进,但基本原理没有发生根本性变化。

拜耳法生产氧化铝包括原料配备、溶出、沉降、分解、蒸发、焙烧工序等工段。在拜耳法生产氧化铝过程中,大气污染物主要来自以下几个方面:①原料工序；②焙烧工序；③氧化铝输运。图 2-2 给出了拜耳法氧化铝生产流程及产污节点示意图。

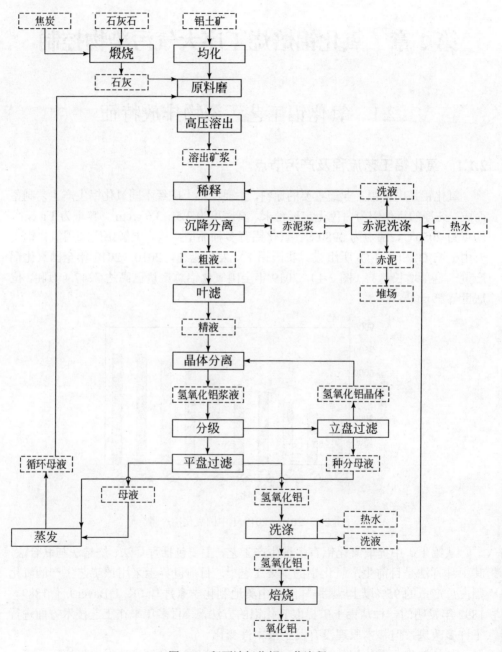

图 2-2　拜耳法氧化铝工艺流程

拜耳法生产氧化铝过程中除粉尘来源于上述几个方面外，其他污染物主要来源于氢氧化铝焙烧烟气，图 2-3 为氢氧化铝焙烧工序流程图。

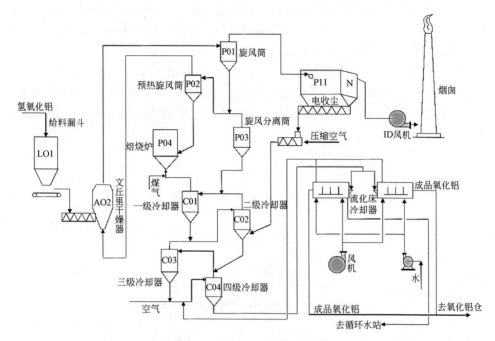

图 2-3 氢氧化铝焙烧工序流程

由铝土矿溶出得到的氢氧化铝浆液，经氢氧化铝浆液贮槽进行液位缓冲，用泵送水平盘式过滤机，对氢氧化铝进行分离及洗涤，洗涤后滤饼含水率 6%~8%，用胶带输送机送往焙烧炉喂料箱或氢氧化铝仓，过滤后母液和滤液在各自的储槽缓冲后送往种子过滤的锥形母液槽。从成品过滤或氢氧化铝仓来的氢氧化铝卸入焙烧工序的喂料箱内，喂料箱下设有皮带计量给料机，控制焙烧炉进料量。含水 6%~8% 的氢氧化铝经胶带输送机，螺旋喂料机送入文丘里干燥器内，干燥后的氢氧化铝被气流带入第一级旋风预热器中，烟气和干燥的氢氧化铝在此进行分离，一级旋风出来的氢氧化铝进入第二级旋风预热器，并与从热分离器来的温度约为 1000℃ 的烟气混合进行热交换，氢氧化铝的温度达 320~360℃，附着水基本脱除，预焙烧过的氧化铝在第二级旋风预热器内与烟气分离卸入焙烧炉的锥体内，焙烧炉所用的燃烧空气预热到 600~800℃ 从焙烧炉底进入，燃料、预焙烧的氧化铝及热空气在炉底充分混合并燃烧，氧化铝的焙烧在炉内约 1.4 秒钟的时间内完成。

焙烧好的氧化铝和热烟气在热分离器中分离。热烟气经上述的两级旋风预热器，文丘里干燥器与氢氧化铝进行热交换后，温度降为 145℃，进入电除尘器，净化后的烟气用排风机送入烟囱排入大气。热分离器出来的氧化铝经两段冷却后温度降至 80℃，第一段冷却采用四级旋风冷却器，在四级旋风冷却过程中，氧化铝温度从 1050℃ 降至 260℃，燃料燃烧所需的空气温度预热到 800℃，第二段冷却采用沸腾床冷却机，用水间接冷却，使氧化铝温度从 260℃降为 80℃。从沸腾床冷却机出来的氧化铝用风动流槽送入氧化铝仓储存，仓底设有吨包机和散装机，氧化铝包装采用 1 吨或 1.5 吨的大袋包装，包装好的氧化铝用汽车运出厂。电除尘器收下的粉尘，用螺旋输送泵送入第二级旋风冷却器中[3]。

烧结法生产氧化铝有熟料烧成、熟料溶出、精液制备、分解和蒸发等主要的生产工序。在烧结法生产氧化铝过程中，大气污染物主要来自以下几个方面：①原料破碎；②熟料烧制；③氧化铝焙烧；④氧化铝输运。图 2-4 给出了烧结法氧化铝生产流程。

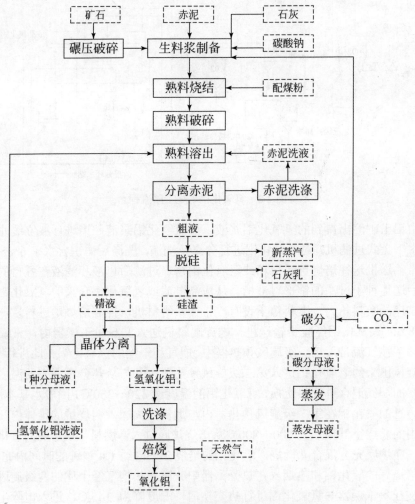

图 2-4　烧结法氧化铝工艺流程

烧结法生产氧化铝过程中除粉尘来源于上述几个方面外，其他污染物主要来源于熟料烧成窑烟气和氢氧化铝焙烧烟气，其中氢氧化铝焙烧工序流程与拜耳法类似，如图 2-3 所示，烧结法氧化铝工艺流程如图 2-4 所示，图 2-5 为熟料烧结流程图。

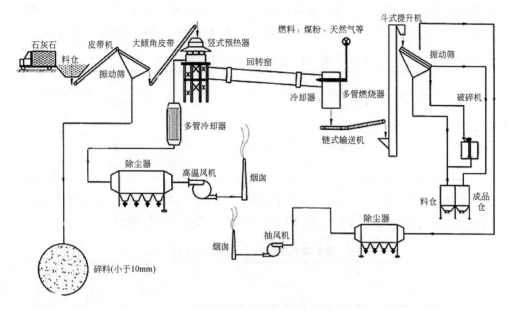

图 2-5　熟料烧结流程图

熟料烧结是将铝土矿、石灰（或石灰石）、碱粉、无烟煤以及碳分母液按一定比例，送入原料磨中磨制成生料浆，经过料浆槽调配成各项指标合格的生料浆，送入熟料窑，在 1200～1300℃的高温下发生一系列物理化学变化进行烧结。烧结的目的是使铝土矿中的 Al_2O_3 转变成易溶于水或稀碱溶液的化合物铝酸钠（$Na_2O \cdot Al_2O_3$），使 Fe_2O_3 转变为易水解的铁酸钠（$Na_2O \cdot Fe_2O_3$），SiO_2、TiO_2 等杂质转变为不溶于水或稀碱液的 $2CaO \cdot SiO_2$、$CaO \cdot TiO_2$ 等化合物，以便在下一步溶出过程中将有用组分与有害杂质分离开来。经烧结过程，冷却后成外观为黑灰色的颗粒状物料即熟料[4]。

2.1.2　氧化铝污染物排放特征

1. 粉尘

氧化铝生产过程中粉尘主要可分为无组织排放污染源和有组织排放污染源，无组织排放的粉尘主要来源于原料堆场和运输、筛分及成品贮存等产生的扬尘，有组织排放的粉尘主要来源于生产过程中必然产生并且排放地点和排放量相对固定的产污节点，如熟料烧成过程及氢氧化铝焙烧过程产生的粉尘[5]。原料准备系统的尘源多而分散，熟料烧成过程及氢氧化铝焙烧过程产生的烟气量大，含尘浓度高，温度高。

氧化铝熟料粉尘具有颗粒较细、含碱（刺激性强）、易吸潮结巴的特性。中国铝业河南分公司氧化铝厂熟料烧成窑烟气测试分析结果如表 2-1 所示，从表中可以看出粉尘含量达到 12.5 g/m³，粉尘粒度小于 60 μm，含碱量高达 4.24 kg/h。

表 2-1　含尘废气和粉尘性能

项目	数值
废气流量/(m³/h)	150000
粉尘含量/(g/m³)	12.5
粉尘粒度/μm	<60
含碱量/(kg/h)（以 Na₂CO₃ 计）	4.24

表 2-2 为中国铝业山东分公司[6]氧化铝熟料窑窑尾烟气中粉尘成分分析结果，可以看出熟料窑烟尘中含有大量的 CaO，Na₂O，K₂O，碱性较强。

表 2-2　熟料窑窑尾烟气中干窑灰的成分（%）

SiO₂	Al₂O₃	Fe₂O₃	CaO	Na₂O	K₂O	TiO	SO₄²⁻	Cl⁻
3.82	12.20	1.28	4.03	38.28	9.99	0.05	24.17	6.18

氢氧化铝焙烧是氧化铝生产过程中的最后一道工序[7]，颗粒物初始排放浓度为 30～40 g/m³，表 2-3 为经过电除尘后的颗粒物排放浓度，从表中可以看出平均排放浓度为 40～233 mg/m³。

表 2-3　氢氧化铝焙烧炉颗粒物排放浓度统计

序号	浓度范围/(mg/m³)	台数	所占总数/%	累计比例/%
1	40～49.15	3	20	20
2	60～98.5	4	26.7	46.7
3	106～200	6	40	86.7
4	231.6～233	2	13.3	100
合计	40～233	15	100	

2. 二氧化硫（SO₂）

熟料烧结过程中 SO₂ 主要来自于原料铝土矿和燃料煤中的硫，其中铝矿石中的硫通常以硫化物和硫酸盐的形式存在，固体燃料中硫以单质形式或有机硫形式存在，在烧结过程中以单质和硫化物形式存在的硫发生氧化反应生成 SO₂，以硫酸盐存在的硫发生分解反应释放出 SO₂，由于熟料呈碱性，相当于燃料烟气的脱硫剂，所以烟气中 SO_2 浓度可得到一定程度的净化，排放烟气中二氧化硫浓度较低。若烧成煤含硫量较高，烟气中 SO_2 浓度也会相应增加，熟料烧成窑 SO_2 排放浓度一般为 $400\sim800\ mg/m^3$。

目前我国氧化铝焙烧炉采用天然气、自制煤气和重油 3 种燃料[7]。由于燃料含硫量的不同，焙烧炉烟气 SO_2 排放浓度变化很大，浓度范围 $60\sim4600\ mg/m^3$，燃用未脱硫自制煤气的，最高浓度甚至超过 $8000\ mg/m^3$。使用天然气的焙烧烟气 SO_2 排放浓度一般在 $10\ mg/m^3$ 以下。因天然气成本较高，目前我国氧化铝生产企业使用煤气发生炉自制煤气的占较大比重，需对自制煤气脱除 H_2S，从而降低氧化铝焙烧烟气 SO_2 浓度。表 2-4 为一些企业氧化铝焙烧炉烟气 SO_2 排放浓度统计数据，从表中可以看出氧化焙烧烟气 SO_2 平均浓度范围为 $35\sim180\ mg/m^3$。

表 2-4　氧化铝厂焙烧炉烟气 SO_2 排放浓度统计

企业名称	燃料类型	浓度范围/(mg/m³)	均值/(mg/m³)		
			2014 年	2015 年	2016 年
企业 A	天然气、自制煤气+湿法脱硫	3.06~459.52	18.42	133.11	58.28
		1.24~181.87	77.76	—	46.09
		5.18~315.76	135.36	106.69	170.02
		9.85~236.9	68.5	105.14	157.39
		1.93~315.76	57.36	57.46	118.94
企业 B	自制煤气+湿法脱硫	1.69~256.76	56.89	66.04	114.24
		186~248[*]		211[*]	
企业 C	天然气、自制煤气+湿法脱硫	42.77~318.3	177.6	153.86	151.07
		47.17~563.2	240.1	96.54	102.39
企业 D	自制煤气+湿法脱硫	2.17~143.9	59.14	60.3	87.06
		1.85~181.6	79.95	46.94	94.4
		1.87~134.73	52.08	55.81	35.25
		6.28~155.99	100.61	71.76	67.42
		17.68~169.43	56.87	90.98	67.86
企业 E	天然气	ND[*]		ND[*]	

注：标注*的为实测数据，其他为在线监控数据

3. 氮氧化物（NO_x）

氧化铝焙烧过程中 NO_x 的生成主要有两个阶段，一是点火阶段，二是燃料燃烧和高温反应阶段，主要分为燃料型、热力型和快速型 NO_x，具体比例目前尚不明确。烟气 NO_x 中 NO 占 90% 以上，NO_2 占 5%~10%，NO_x 生成量受燃料氮含量、

氮的存在形态、空气过剩系数等因素的影响[8]。

氧化铝焙烧工序的氢氧化铝焙烧炉采用天然气和企业自制煤气时，其 NO_x 排放浓度差异较大。表 2-5 为一些氧化铝企业焙烧炉烟气 NO_x 排放浓度统计数据，监测数据显示，采用天然气作为燃料，其 $NO_x<100$ mg/m³；采用自制煤气，NO_x 在 $200\sim400$ mg/m³；使用天然气与煤气掺烧，NO_x 通常在 200 mg/m³ 以下。

表 2-5 氧化铝厂焙烧炉烟气 NO_x 排放浓度统计

企业名称	燃料类型	浓度范围/(mg/m³)	均值/(mg/m³)		
			2014 年	2015 年	2016 年
企业 A	天然气、自制煤气	38.37~245.22	109.21	105.98	137.43
		3.27~275.37	60.41	178.35	166.22
		2.19~231.52	88.25	128.21	168.79
		16.08~259.21	124.64	150.99	199.92
		42.93~255.95	109.60	114.02	173.87
企业 B	自制煤气	1.59~328.41	220.33	228.09	230.15
		247~263*		257.33*	
企业 C	天然气、自制煤气	37.55~216.2	144.54	123.77	140.12
		46.84~233.1	173.60	129.99	68.82
企业 D	自制煤气	1.37~278.67	94.06	107.13	142.35
		1.65~394.31	234.08	68.94	152.03
		2.22~294.15	163.05	106.13	139.25
		20.21~349.35	186.60	118.23	147.51
		88.56~335.73	194.03	139.38	151.92
企业 E	天然气	10.8~14.8*		12.97*	

注：标注*的为实测数据，其他为在线监控数据

2.2 颗粒物控制技术

2.2.1 无组织排放颗粒物收集与控制技术

氧化铝工序粉尘无组织排放污染源可分为点源和面源两类，其中点源的特点是扬尘点明确，如物料的破碎、筛分、转运、成品输送等过程。产生的废气温度较低或接近常温，流量较小。一般是将扬尘点密封后，通过集气设施将含尘气体引入除尘设备（图 2-6），氧化铝行业大多采用集中式除尘系统，除尘器可以使用电除尘或布袋除尘器等[9]。

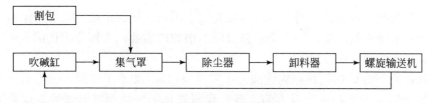

图 2-6　除尘工艺流程

面源的特点是扬尘面积大，位置不确定。造成扬尘的主要原因是自然风，扬尘点包括石灰石、铝土矿、固体燃料等原料及成品堆存料场，通常采用防雨布覆盖料堆，而对占地面积较大的原料堆场宜采取防风抑尘网，堆场周边设挡土墙，挡土墙外侧防风抑尘网的高度必须大于物料高度 1～2 m，可避免扬尘污染。目前一些企业已采取这一方法，如中铝河南分公司、中州分公司的原矿堆场实施封闭措施，山东魏桥氧化铝的原矿堆场加装防风抑尘网，抑尘效果良好，可解决以往氧化铝生产企业存在原料堆场无组织排放问题[10]。

在原料堆场采用料堆喷水降尘，可起到抑尘的作用，但物料表面水分蒸发后，还是会造成大量扬尘；对于燃料长时间大量喷水会造成燃料含水量高，影响燃烧工况；而对于氧化铝粉末，吸水后，会在一定程度上影响其理化性质，为后续储存、运输及应用带来麻烦。喷洒扬尘抑制剂也可以控制扬尘，扬尘抑制剂可分为润湿浸透型和保护膜形成型两类：前一类主要是使小颗粒物凝并团聚，增大颗粒质量，适用于装卸及输送过程；后一类主要是在物料表面形成保护膜，适用于露天储存的物料[11]。为降低扬尘抑制剂的费用，喷洒扬尘抑制剂降尘的措施应和喷水降尘、表面防雨布覆盖等措施结合使用[12]。

除上述措施以外，为消除厂区粉尘污染，可采用干粉料密闭输送方式消除对环境所造成的污染；对于长距离运输可采用管状胶带机，实现物料的封闭运输；对于生产过程可对粉状干料配比方式进行优化，避免落差和振动造成的扬尘，同时可通过强化物料混匀，减少混合料中细粉末的含量[13]。

2.2.2　氧化铝生产工序烟气颗粒物控制技术

氧化铝生产过程中有组织排放的粉尘主要来源于熟料烧成窑烟气及氧化铝焙烧烟气。

熟料烧结是烧结法氧化铝生产工艺中的一个重要工序，主要作用是将用湿磨磨制好的含水率 40%～44% 的生料浆烧制成合格的熟料，其主机设备为湿法回转窑，燃烧介质为干法磨制的煤粉。由于烧结温度高达 1200～1300℃，料浆水分大，窑尾产生大量高温、高湿、高浓度含尘气体，粉尘组分主要是 Na_2O 和 Al_2O_3。经旋风除尘后，仍含有 3～10 g/m^3 有价值的含碱物料，须经进一步除尘后才能排空，否则生产成本将大幅上升且污染环境。2000 年以前，我国约有近半数的熟料窑窑尾电除尘器为仿苏联的棒帏式电除尘器。由于熟料产量年年提高，电场风速加大，因此排放状况日益恶化，粉尘排放浓度超过了国家的环保标准。随着国家对污染物排放要求越来越严格，结合企业自身降本增效的需要，大部分氧化铝企业需要对电除尘器进行升级改造[14]。

氧化铝焙烧炉烟气颗粒物的成分主要是 Al_2O_3，如不予治理，既污染环境又造成氧化铝的损失和生产成本的上升。我国氧化铝焙烧烟气治理基本均采用电除尘器，可适应高温高湿烟气，经除尘后烟气颗粒物通常可满足 50 mg/m³（GB 25465—2010）的排放限值，但随着 2016 年 GB 25465—2010 修改单的出台，以及近来河南省等地区提出的铝行业超低排放，要求颗粒物排放低于 10 mg/m³，我国氧化铝焙烧炉面临着大范围的升级改造需求。

以下主要围绕熟料烧成窑烟气及氧化铝焙烧烟气常用的电除尘、布袋除尘、电袋复合除尘技术原理及应用情况进行介绍。

1. 电除尘技术

1）原理、结构及分类

电除尘技术是利用直流高压电源产生的强电场使气体电离，进而使悬浮尘粒荷电，并在电场力的作用下，将悬浮尘粒从气体中分离捕集的除尘技术[15, 16]。

电除尘包括以下四个物理过程（图 2-7）：①施加高压电产生强电场使气体电离，产生电晕放电；②悬浮尘粒荷电；③荷电尘粒在电场中的运动与捕集；④电极清灰。

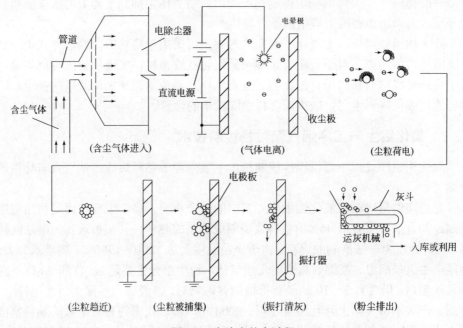

图 2-7　电除尘基本过程

　　典型的电除尘器结构如图 2-8 所示,电除尘器本体结构主要包括烟箱系统(含进出气烟箱、气流分布板和槽形板)、电晕极系统（含电晕线、电晕极框架、电晕极振打、绝缘套管和保温箱)、收尘极系统(含收尘极版和收尘极振打)以及壳体系统和储卸灰系统。

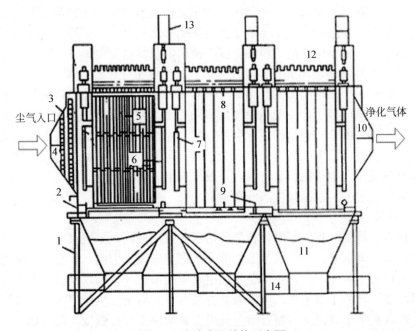

图 2-8　电除尘器结构示意图

1. 设备支架；2. 壳体；3. 过风口；4. 分均口；5. 放电极；6. 放电极振打装置；7. 放电极悬挂框架；8. 收尘极；9. 收尘极振打装置及传动装置；10. 出气口；11. 灰斗；12. 防雨板；13. 放电极振打传动装置；14. 清灰拉链机

　　A. 电晕放电

　　电晕放电过程是在两个曲率半径相差较大的金属极板上，通以高压直流电，形成电场强度分布极不均匀的电场。继续升高加在两极间的电压，电场强度也随之增大，当金属线附近 2～3 mm 区域内电场强度增大至临界点时，在电晕线附近的少量游离子在电场力的作用下被加速，并在运动中与中性气体相碰撞，使中性气体分子变为正离子和电子。自由电子获得了足够的能量，它和气体分子碰撞产生正离子和新的电子，而新生的电子立刻又参与到碰撞电离中去，使得电离过程加强，生成更多的正离子和电子。如此一来，在电晕极附近的狭小区域就产生了放电条件，形成电晕[17]。

　　B. 悬浮尘粒荷电

　　在电除尘器的空间电场中，尘粒的荷电量与尘粒的粒径、电场强度和停留时间等因素有关。尘粒的荷电机理基本分两种，一种为电场荷电，另一种为扩散荷电。其中，电场荷电是离子在外电场力作用下沿电力线有秩序的运动，与尘粒碰撞使其荷电，扩散荷电是离子无规则的热运动使得离子通过气体而扩散，扩散时离子与气体中所含的尘粒相碰撞，使粉尘获得电荷。粉尘粒径大小不同，荷电机制也有所差异。对于粒径大于 1.0 μm 的尘粒，电场荷电是主要的；对于粒径小于 1.0 μm 的尘粒，扩散荷电是主要的；而粒径在 0.1～1.0 μm 之间的尘粒，二者均起重要作用。对于大多数实际应用的工业电除尘器所捕集的尘粒范围而言，电场荷电更为重要。扩散荷电是由于离子无规则的热运动使得离子通过气体而扩散，扩散时离子与气体中所含的尘粒相碰撞，使粉尘获得电荷[18]。

C. 荷电尘粒的运动与捕集

尘粒荷电后，在电场力的作用下，带着不同极性电荷尘粒分别向相反的电极运动，并沉积在电极上。工业电除尘器多采用负电晕。在电晕区内，少量带正电荷的尘粒沉积到电晕极上，而在电晕外区的大量尘粒带负电荷，因而向收尘极运动。尘粒的捕集与很多因素有关，如尘粒的比电阻、介电常数和密度、气体的流速、温度和湿度，电场的伏安特性以及收尘极的表面状态等。所以尘粒在电除尘器中的捕集过程，要根据具体条件来确定。

D. 电极清灰

电极表面粉尘沉积较厚时，将导致击穿电压降低，电晕电流减小，尘粒的有效驱进速度显著下降，使电除尘器性能受到严重影响。因此，及时有效地清除电极表面的积灰，防止二次扬尘，是实现电除尘的最后一个物理过程，也是保证电除尘器高效运行的重要条件。电极清灰方式有湿式清灰、机械清灰和声波清灰三种，后两者属于干式清灰。振打清灰效果主要取决于振打强度与振打频率。声波清灰用的是气动式声源，是对整个电除尘器内部的清灰，比机械清灰具有全面性。

2）影响电除尘器性能的因素

影响电除尘器性能的因素很多，大致可分为四大类：烟气特性、粉尘特性、设备结构和操作条件等（图 2-9）。它们之间的相互作用决定了电除尘器内电晕电

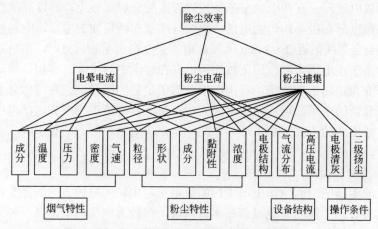

图 2-9　电除尘器性能的主要影响因素

流的大小、粉尘荷电和捕集情况，最终影响到电除尘器的除尘效率。

A. 烟气特性

烟气的温度和压力影响电晕始发电压、起晕时电晕极表面的电场强度、电晕极附近的空间电荷密度和分子离子的有效迁移率等。温度和压力对电除尘器性能的影响可以通过气体密度的变化来进行分析。

$$\delta = \delta_0 \frac{T_0}{T} \frac{p}{p_0} \qquad (2-1)$$

式中，δ_0 为烟气在 T_0 和 p_0 时的密度，kg/m^3；T_0 为标准温度，273 K；p_0 为标准大气压，101.3 kPa；T 为烟气实际温度，K；p 为烟气实际压力，kPa。

参数 δ 随温度的升高和压力的降低而减小，当 δ 降低时，电晕始发电压、起晕时电晕极表面电场强度和火花放电电压都要降低，致使电场电压升不起来，而熟料烧成窑烟气出口温度 200～250℃，氧化铝焙烧炉烟气出口温度 150～200℃；除尘器的最佳运行温度在 140～150℃之间，如果排烟温度高于此范围，将直接影响电除尘的电压、电流等参数，所以降低排烟温度，对电除尘器效率的提高也是很明显的[19]。

烟气湿度不仅可以影响电场电压，还会影响粉尘的比电阻性质。例如，当粉尘比电阻过大时，增加湿度，水分子黏附在粉尘上，可以降低粉尘比电阻，使反电晕不易产生；同时，烟气中水分对粉尘比电阻的影响会因其他化学物质的存在而加剧，如 SO_3，SO_3 借助于在湿度增加时会加快酸蚀粉尘表面，使之释放出更多的电荷载体，影响电除尘器的电晕放电特性。

B. 粉尘特性

粉尘具有黏附性，可使细微粉尘粒子凝聚成较大粒子，这对粉尘捕集是有利的，但是粉尘黏附在除尘器壁上会堆积起来，造成除尘器发生堵塞故障。在电除尘器中，若粉尘的黏附性强，粉尘会黏附在电极上，即使加强振打力也不容易将粉尘打下来，进而出现电晕线肥大和阳极板粉尘堆积的情况，影响工作电压升高，致使除尘效率降低[20]。

粉尘粒径分布对电除尘器总的除尘效率有很大的影响，这是因为荷电粉尘的驱进速度随粉尘粒径的不同而变化，根据公式：

$$\omega = \frac{DE^2 a}{6\pi\mu} \qquad (2-2)$$

式中，D 为与粉尘性质有关的常数；E 为电场强度，V/m；ω 为粉尘驱进速度，m/s；a 为粉尘半径，cm；μ 为烟气的黏度，g/(cm·s)。

驱进速度与粒径大小成正比，除尘效率随着粉尘粒径增大而升高，对电除尘器进行的分级效率试验表明，当粉尘粒径小于 30 μm 时，电除尘器效率显著下降，而当粒径小于 10 μm 时，效率呈现直线下降。熟料窑及氧化铝焙烧烟气中粉尘中 Na_2O 和 Al_2O_3 含量较高，碱性氧化物的粉尘密度小、颗粒细、比电阻高、易黏附在极板、极线上，且粉尘在温度<250℃时的电阻率是 $3.6×10^8$~$1.14×10^{11}Ω·cm$，属高电阻率物料，会降低粉尘的驱进速度，影响电除尘器的除尘效率[21]。

C. 电场特性

电除尘器在工作时应具有良好的电场特性，故电流、电压必须匹配得当。高压供电电源是电除尘器的核心部分，电除尘器内，二次电压和二次电流的大小决定着荷电粉尘的驱进速度，输出电压越高，电场强度越高，电场对荷电粉尘的作用越大，粉尘的驱进速度也就越大，电场运行电压提高 30%，带电粒子在电场中驱进速度提高 69%，而当线电流密度由 0.4 mA/cm 增加到 0.8 mA/cm，驱进速度由 59 cm/s 增加到 112.5 cm/s。

电除尘器所用的高压供电电源技术主要包括主电路技术、高压电源控制技术和高低压集成技术。现有高压电源主要采用高频电源或三相电源来替代传统单相电源。不同高压电源的区别在于运行电压、电流（二次电压、电流）、峰值电压和功率因数等，而不同厂家的区别则主要在于控制技术。

表 2-6 所示为单相电源、三相电源和高频电源的性能比较。三相电源功率因数一般在 0.85~0.95 之间，而单相电源功率因数往往较低，为 0.6~0.8。在已有的单相电源改造为三相的应用中，功率因数可以自 0.55 上升至 0.93。

表 2-6 电除尘器电源性能比较

参数	单相电源	三相电源	高频电源
设计平均电压/kV	72	80	85
设计峰值电压/kV	110	82	85
电压纹波系数（满负荷）/%	50~100	<5	<1
电压纹波系数（限流、间歇）/%	50~200	2~5	100~200
平均运行电场强度/(MV/m)	0.15~0.25	0.30~0.40	0.25~0.30
对本体适应性	三相电源≈单相电源<高频电源		
对粉尘质量浓度适应性	三相电源<单相电源<高频电源		

除供电方式外，极线配置如电极结构、布置方式等均会影响除尘器内的电场和电离电量。在捕集细颗粒物的条件下，选用能产生较大电晕电流的放电极可以克服空间电荷和电晕抑制的影响；对于板式电除尘器来说，理想的放电间距应大约为极板间距的一半，使得任何一个放电极都能达到最佳的电晕放电情况，即电流密度达到最佳值。

D. 电极清灰

清除电极表面积灰的方法有多种，其中机械振打清灰方法应用得最广泛。选取合理的振打部位、振打强度和振打制度，是保证电极清洁、减少二次扬尘和提高除尘效率的重要手段。阴极振打装置的主要作用是清除阴极系统的积灰，保证电除尘器正常运行。阳极振打装置的作用是定期清除极板表面积灰，防止或减少二次扬尘。影响清灰效果的因素除本体结构外，还与粉尘特性、烟气性质和供电控制方式等因素有关。减少振打系统的故障率、防止电晕线断线、防止收尘极板变形等也是提高清灰效果的重要因素。

电极表面的清灰效果直接影响电除尘器电场运行参数，是电除尘器持续高效运行的重要保障。氧化铝焙烧烟气湿度大，成分复杂，极板上电荷容易积累，若不及时清除，除尘效率将急速下降，应选择振打力度较强的底部侧向振打作为主要振打方式。

3）新型金属网电除尘器

氢氧化铝焙烧炉广泛采用"热回收+焙烧炉+电除尘器"的技术流程，通过电除尘器去除烟气中的粉尘，同时对烟气中的 Al_2O_3 粉尘进行回收，由于烟气温度高、粉尘成分以高比电阻的 Al_2O_3 粉尘为主、粉尘浓度高、粒度细，现有常规电除尘难以满足《铝工业污染物排放标准》（GB 25465—2010）修改单中氢氧化铝焙烧炉 10 mg/m³ 以下的颗粒物排放要求和我国日益严格的工业领域环保需求。

A. 金属网电除尘原理

金属网电除尘技术是通过将烟气中的颗粒物垂直流向接地阳极的金属网，从而使荷电及未荷电颗粒物在多种力的作用下被金属网截留，使烟气中的颗粒物被有效去除的一种除尘技术。金属网电除尘技术的阳极采样接地金属网。根据阴极结构不同可分为常规芒刺类和金属网两种类型，根据阳极金属网结构不同，分为多层金属网、蛇形单层金属网、袋式金属网等类型[22]。

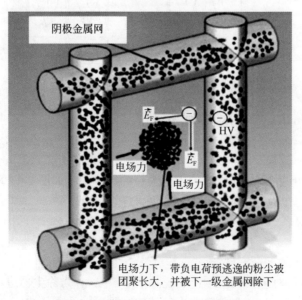

图 2-10　金属网电除尘细颗粒团聚模型

　　当部分未被捕集的荷电颗粒物准备穿过阴极金属网空隙时，带电颗粒在四周接负电压的金属丝的电场力和电晕离子风的作用下朝着空隙中心汇集，从而使颗粒物团聚，形成大颗粒，被下一级金属网有效捕集，团聚模型如图 2-10 所示。

　　B.结构设计及特点分析

　　金属网电除尘器首先通过高压静电使粉尘荷电，荷电粉尘在电场力及金属网阳极板过滤双重作用下沉积至金属网表面，然后通过振打方式使沉积在金属网上的粉尘清除至灰斗中，从而达到除尘的目的。相比常规电场，金属网电场过滤阻力较大，制造成本较高，为结合常规电场低阻力、低成本和金属网电场超低粉尘逃逸浓度的优势，集合两种技术的特点，开发了前端设置常规电场和末端设置金属网电场的复合金属网电除尘器（图 2-11）。该技术目前在氧化铝焙烧烟气已有应用，通过将现有的电除尘中的一部分改造为金属网电除尘，除尘效率明显提升[22]。

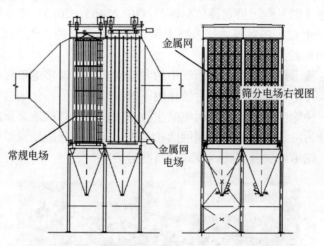

图 2-11　复合金属网电除尘结构示意图

　　C.除尘器进出口粒径和除尘效率分析

　　采用 DLPI 撞击器来测定金属网电除尘器进出口的粒径分布，DLPI 撞击器共分为 12 级，1～12 级、1～9 级、1～7 级累计分别为 PM_{10}、$PM_{2.5}$、PM_1。将 0.03～10 μm 粒径段分为 12 级，测试的尘土颗粒的质量浓度如图 2-12 所示，从测试结果可以看出，每个粒径段颗粒的质量浓度均有明显的下降。

　　按下式计算各级粒径段颗粒的除尘效率。

$$\eta = \frac{q_1 - q_2}{q_1} \times 100\% \qquad (2\text{-}3)$$

式中，η 为除尘器对某粒径段颗粒的脱除效率，%；q_1 为除尘器进口该粒径段颗粒的质量浓度，mg/m^3；q_2 为除尘器出口该粒径段颗粒的质量浓度，mg/m^3。

　　计算得到的各级粒径段颗粒的分级除尘效率如图 2-13 所示,经过计算,0.03～10 μm 粒径段颗粒的除尘效率在 40.07%～99.09%。大粒径段颗粒的除尘效率要比小粒径段颗粒的高,而且在 0.1～1 μm 处有一个较明显的低谷段。PM_{10}、$PM_{2.5}$、PM_1 在除尘器出口的质量浓度分别为 9.89 mg/m³、4.84 mg/m³、2.67 mg/m³,在除尘器进口的质量浓度分别为 518.23 mg/m³、72.18 mg/m³、24.41 mg/m³,对应的除尘效率分别为 98.09%、93.29%、89.07%。

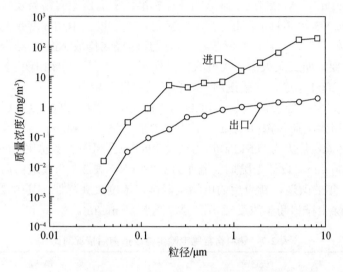

图 2-12　除尘器进出口粒径分布

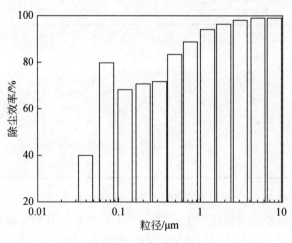

图 2-13　分级除尘效率

4）应用情况及改进措施

A. 中国铝业山东分公司氧化铝厂熟料窑窑尾电除尘器改造

中国铝业山东分公司氧化铝厂是新中国第一个氧化铝厂，存在着设备陈旧落后，运转效率低的问题。2000 年以前，约有近半数的熟料窑窑尾电除尘器为仿苏联的棒帏式电除尘器。由于熟料产量年年提高，电场风速加大，排放状况日益恶化。2000 年 9 月的测定结果显示，6 台熟料窑窑尾电除尘排口的平均粉尘质量浓度为 302 mg/m³，大大超过了国家的环保标准。随着国家对污染物排放要求越来越严格（自 2003 年 7 月 1 日起，国家的排污收费制度已由超标准收费改为"排污收费，超标处罚"，而且正在酝酿进一步提高污染物排放标准），结合企业自身降本增效的需要，彻底淘汰棒帏式电除尘已列入工作日程。中铝山东分公司从 2000 年底开始至 2002 年底，共新投用了 6 台新式电除尘器[6]。

技术参数为：处理烟气量 440000 m³/h；烟气温度 200～250℃（瞬时温度 350℃）；进口含尘质量浓度 40 g/m³；出口含尘质量浓度 60 mg/m³；允许 CO 含量 <1.0%，壳体承压能力为-5.5 kPa，压力损失 298 Pa，漏风率 3%，总集尘面积 9792 m²，同极间距 400 mm，设计工况烟气流速为 0.78 m/s。表 2-7 为改造前后运行情况对比，经过 2 年的改造，新投用的电除尘器排口浓度大大降低，其中 2#、4#、5#、7#熟料窑电除尘排口粉尘浓度经多次测定低于 40 mg/m³。

表 2-7　熟料窑窑尾电除尘器改造前后情况对比

	改造前				改造后			
窑号	电除尘截面积/m²		电场数	电场平均风速/(m/s)	电除尘截面积/m²		电场数	电场平均风速/(m/s)
	板卧式	棒帏式			板卧式	棒帏式		
1		90	18	1.0		90	18	1.0
2		90	15	1.17	180		6	0.59
3	118		6	0.6	145		6	0.49
4		90	18	1.04	100		3	0.93
5	53	45	12	1.26	160		3	0.77
6	120		6	1.29	120		6	1.29
7	130		6	/	225		3	0.75

B. 中国铝业中州分公司氧化铝熟料窑尾电除尘扩容改造

中国铝业中州分公司氧化铝生产能力为 210 万 t/a，其中烧结法生产系统主要设备为 7 台 ϕ4.5×100 m 回转窑，氧化铝生产能力为 110 万 t/a。通过不断技术改进，到 2005 年年底，单台熟料窑的产能已超过 15 万 t/a，是设计产能的 150%，熟料窑的窑龄突破 373 天。由于工艺的日趋完善，熟料窑产能仍然有很大的潜力可挖，但是在提产过程中发现，窑尾除尘系统能力明显不足，除尘效率降低，粉尘排放量有时超过国家环保部门允许的排放标准，制约了熟料窑产能的进一步提高。因此，需要在现有条件下通过技术改造，提高除尘能力，解决窑尾除尘系统能力不足制约提产的问题。

从 1987 年起至 2006 年，中州分公司 7 台熟料窑陆续建成，窑尾电除尘器按照当时国家排放标准 150～100 mg/m³ 进行设计。其中一期工程建设时，1#、2# 熟料窑尾电除尘器按照单台截面积 60 m² 设计，2000 年技术改造后进行了加高处理，单台截面积增加为 80 m²。在其后的 3#～6# 熟料窑建设中，窑尾电除尘器均按照单台截面积 80 m² 设计，但仍然采用 60 m² 电除尘器的基础。电除尘器的有效高度为 11 m，有效宽度为 7.5 m，高宽比为 1.45，均风效果较差。熟料窑产量的提高，引起窑尾烟气排放量增加，使烟气除尘系统需处理的烟气量明显增加，且烟气中的含尘量明显增加，导致现有电除尘器除尘能力不足。

于是，为满足实际生产需要，中州分公司在现有条件下对电除尘进行扩容改造。在 1#、2# 电除尘出口与烟囱之间、在 3#～6# 电除尘进口与旋风厂房之间分别可以新增一个电场，新增电场的外形尺寸与原除尘器保持一致。同时考虑到原两台电除尘器中间有 1.5 m 的空间可以利用，在高度不变的情况下，通过增加截面宽度，使截面积由 80 m² 设计为 92 m²；同时增加的一个电场，尽可能利用有效空间，使新增有效除尘面积达到最大。在同极间距 400 mm 保持不变的情况下，每个电场较原电场增加一排极板，通道数由过去的 19 通道改为 20 通道。这样，使新增电场的有效除尘面积为 1899 m²，单台电除尘器的有效除尘面积为 6329 m²，达到设计值要求。

扩容后新增电场设计上的主要特点：烟气流速 1.06 m/s，烟气在电场内的有效滞留时间 14.49 s，比未扩容前的烟气滞留时间 9.688 s 提高了 49%，在时间上为烟气充分荷电提供了保证；由于增加了电场宽度，高宽比为 1.37，较原电场的 1.45 有大幅度改善，均风效果较以前有较大的改善；新增电场与老电场之间间距设计为 890 mm，较原电场相邻之间间距 290 mm 增大了 600 mm，因此，新增电场荷电时，相邻电场不受影响，与原电场间相互独立，互不干涉[23]。

表 2-8 为改造前后烟气排放含尘量对比表。4# 和 6# 熟料窑电除尘扩容改造后运行效果良好，除尘器出口排放碱量 Na_2CO_3 低于 20 kg/h。

表 2-8　改造前后烟气排放含尘量对比

设备名称	测定项目	出口（东）	出口（西）	烟气排放含尘量 /(mg/m³)	排放碱量 Na_2CO_3/(kg/h)	备注
4#窑电除尘	标况含尘浓度 /(mg/Ndm³)	2063	705	1381	209.39	改造前
	标态风量/(Ndm³/h)	98600	99400			
	同上	94	117	104	16.77	改造后
		114400	95200			

续表

设备名称	测定项目	出口（东）	出口（西）	烟气排放含尘量 /(mg/m³)	排放碱量 Na₂CO₃/(kg/h)	备注
6#窑电除尘	同上	939 105500	1020 101600	979	155.19	改造前
	同上	33 101100	35 96800	34	5.13	改造后

C. 中国铝业山东有限公司滤网式电除尘器在氧化铝焙烧炉的改造实践[24]

中国铝业山东有限公司有 4 台循环流态焙烧炉，炉内系统为正压，单台炉额定产能为 1600 t/d。焙烧炉尾部各配一台 75 m² 二电场电除尘器，单台烟气量为 250000 m³/h，出口烟气温度 180～210℃。改造前出口烟气含尘量为 50～100 mg/m³，原有电除尘器已不能满足 10 mg/m³ 的特别排放限值。

2015 年 11 月启动"1#焙烧炉除尘系统改造"，在现有 2 电场电除尘器后串联一台单室 1 电场金属滤网式电除尘器，不锈钢滤网作为电除尘器阳极，新建除尘器流通面积 115 m²，电场数 1 个，通道数 28 个，滤网积尘面积 2419 m²，极间距 460 mm，具体参数如表 2-9 所示。2016 年 6 月开工，2016 年 12 月投运。9 月实测颗粒物排放浓度平均 6.30 mg/m³，低于 10 mg/m³ 的排放限值（表 2-10）。每年减少颗粒物排放 84 t，按每吨氧化铝价值 2620 元/t 计算，综合回收价值 22.00 万元。

表 2-9　金属滤网式电除尘器主要参数[22]

项目	参数
处理烟气量	250000 m³/h
流通面积	115 m²
金属网过滤面积	2419 m²
电场长度	4.8 m
电场高度	9 m
烟气流速	0.6 m/s
入口含尘	450 mg/m³
出口含尘	＜10 mg/m³
除尘效率	97.7%
压力损失	＜500 Pa
运行二次电压	55 kV
运行二次电流	1300 mA

表 2-10　环保效果预测

排放点	改造前		改造后	
	排放浓度/(mg/m³)	排放量/(t/a)	排放浓度/(mg/m³)	排放量/(t/a)
氧化铝焙烧炉	~50	105	<10	21

2. 布袋除尘技术

1）原理、结构及分类

布袋除尘器是一种干式高效除尘器，它利用纤维编织物制作的布袋过滤元件来捕集含尘气体中的固体颗粒物，对于亚微米级的粉尘有很好的收集效果。布袋除尘对尘粒的捕集机理主要包括以下六种作用：

A. 筛分作用

含尘气体通过滤料时，滤料纤维间的孔隙或附着在滤料表面粉尘间的孔隙把大于孔隙直径的粉尘分离下来，称为筛分作用。对于新滤料，由于纤维间的孔隙很大，除尘效率低，当在滤料上逐步建立粉尘层时，筛分作用逐渐增强。清灰后，由于滤料表面及内部还残留一定粉尘，所以仍能保持比较高的除尘效率。

B. 惯性碰撞作用

当含尘气体通过滤料纤维时，气流将绕过纤维，而大于 1 μm 的尘粒由于惯性作用仍保持直线运动，离开气流流线前进，撞击到纤维上而被捕集。所有处于粉尘轨迹临界线内的大粉尘均可达到纤维表面而被捕获。粉尘粒径越大，气流流速越大，惯性作用越明显。

C. 扩散作用

当粉尘颗粒粒径在 0.2 μm 以下时，由于粉尘极为细小，由气体分子热运动使其产生的扩散，使粉尘被纤维捕集，这种扩散作用随着气流的速度降低而增大，随着粉尘粒径减小而增加。

D. 拦截作用

当含尘气流接近滤布纤维时，细小的粉尘仍随气流一起运动，若粉尘的半径大于尘粒中心到纤维表面的距离时，则粉尘因与纤维接触而被拦截。

E. 静电作用

当含尘气体通过纤维滤料时，气流摩擦使纤维和尘粒都可能带上电荷，从而增加了纤维吸附尘粒的能力，一般来说，粉尘和滤料所带电荷相反，有利于尘粒吸附在滤料上，可以提高除尘效率。若粉尘与滤料所带电荷相同，情况则相反。静电效应一般在尘粒粒径小于 1 μm，气流速度很低时，才显示出来。

F. 重力沉降作用

含尘气流通过纤维层时，尘粒在重力作用下，沉降到纤维表面上，这种作用只有在尘粒较大（>5 μm）时才存在。

　　上述各种捕集机理，对某一尘粒来说并非同时有效，起主导作用的往往只是一种或两三种机理的联合作用。其主导作用要根据粉尘性质、滤料结构、特性及运行条件等实际情况确定。

　　布袋除尘包含了过滤除尘和清灰两个过程，含尘气体通过新滤料时，粉尘被阻留在滤料上，形成粉尘层/滤饼，纺织滤料本身的除尘效率不高，通常只有50%～80%，但多孔的粉尘层具有更高的除尘效率，因而对尘粒的捕集起着更为重要的作用。

　　针刺毡滤料的出现使布袋除尘工作原理出现了变化[图2-14（a）]，针刺毡具有分布均匀且有一定纵深的孔隙结构，能使尘粒深入滤料内部，有着"深层过滤"的作用，在不依赖粉尘层的条件下，具有较好的粉尘捕集效果。"表层过滤"是在滤料表面造成具有微细孔隙的薄层，其孔径小到可使大部分尘粒都被阻留在滤料表面，也就是说直接靠滤料的作用来捕集粉尘，如图2-14（b）所示，表层过滤既不像纺织滤料那样依赖粉尘层的过滤作用，也不像针刺毡滤料那样让尘粒进入滤料深层，要实现表面过滤，关键是要有一种质密而又有许多微孔、易于清灰的薄膜材料。

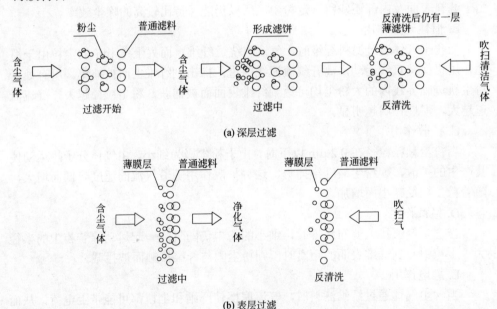

图 2-14　粉尘过滤原理

　　滤料表面的粉尘不断增加，导致压力降不断增加，滤料孔隙变小，气流穿过的速度增加，当达到一定上限值时，会形成"针孔"，把有些已经附在滤料上的细小粉尘挤压过去使净化效率降低，此时需要对滤袋清灰，否则会引起除尘效率的显著降低。清灰的基本要求是从滤料上迅速、均匀地清落沉积的粉尘，且不损伤滤袋，同时又能保持一定的粉尘初层，并且只消耗较少的动力。布袋清灰方式一般应用逆气流反吹清灰和脉冲喷吹清灰。

以反吹布袋除尘为例，当烟气进入除尘器的进风口时，较大的尘粒在气流分布挡板的阻挡下坠入集灰斗，烟气进入滤袋室，经滤袋过滤后烟尘被阻挡在滤袋的外边，气体经滤袋之后由净烟气室的出风口排出，滤袋外积聚的粉尘厚度增加，当滤袋前后压差达到上限设定值时，关闭进风口，分室定位反吹机构启动，通入与过滤气流方向相反的气流，利用反吹风口的吸力，通过滤袋变形及反吹风的作用，使粉尘崩落沉降，完成清灰。而脉冲喷射式清灰过程是压缩空气在极短的时间内高速喷入滤袋，袋口设有文丘里管，可诱导数倍于喷射气流的空气进入袋中，形成空气波，使滤袋由袋口至滤袋底部产生急剧膨胀和冲击震动造成很强的清灰作用，具体清灰过程如图 2-15 所示。

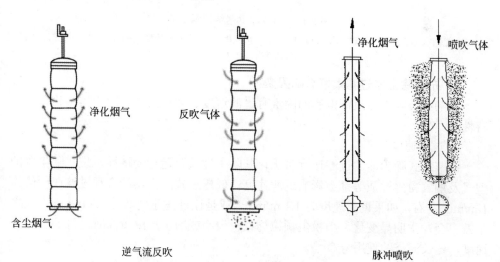

图 2-15　清灰过程

典型的布袋除尘设备有尘气室、净气室、滤袋、清灰装置、卸灰装置五部分外加输气管道、动力设备、控制设备组成（图 2-16）。其中，滤袋是布袋除尘设备的主要部分，布袋除尘设备的性能在很大程度上取决于滤料的性质。

布袋除尘器的种类一般根据清灰方法和结构特点两方面来进行划分，根据清灰方法的不同，布袋除尘器可分为机械振动类、分室反吹类、喷嘴反吹类和脉冲喷吹类，其中机械振动会影响布袋滤袋的寿命，一般使用得较少；根据结构特点可分为上进风式、下进风式和侧进风式，圆袋式和扁袋式，吸入式和压入式，内滤式和外滤式，密闭式和敞开式，目前铝行业常用的主要为脉冲清灰布袋除尘器。

图 2-16　布袋除尘器结构示意图

1. 净气室；2. 出风烟道；3. 进口风门；4. 进口风门；5. 花板；6. 滤袋；7. 检修平台；8. 灰斗；9. 吹扫装置；
10. 清灰臂；11. 检修门

2）布袋除尘器过滤效率影响因素

影响布袋除尘器过滤效率的因素有过滤速度、运行阻力、除尘器结构、滤袋特性等[25-27]。

A. 过滤速度

调节袋式除尘器的过滤速度可优化其除尘性能及运行经济性。袋式除尘器的型式及烟气粉尘性质等都会影响过滤速度。低压袋式除尘器的合理过滤速度值为 1 m/min 左右，如果调整速度为 1.1 m/min，或是让过滤速度低于 0.8 m/min，其除尘效率会发生明显变化。当粉尘颗粒物直径较小或粉尘浓度较高时，可调节过滤速度，延长滤袋的使用寿命[28]。

B. 运行阻力

袋式除尘器的运行阻力影响着整个系统的动力消耗，同时影响过滤效率和除尘周期。袋式除尘器的总运行阻力 Δp，由结构运行阻力 Δp_C、除尘滤袋运行阻力 Δp_F 以及滤袋表面积聚粉尘运行阻力 Δp_D 构成：

$$\Delta p = \Delta p_C + \Delta p_F + \Delta p_D \qquad (2\text{-}4)$$

式中，Δp_C 为除尘器进出口及气流分布装置、内部挡板等装置造成的流动运行阻力。

除尘滤袋运行阻力 Δp_F 为：

$$\Delta p_F = \xi_f \mu v \qquad (2\text{-}5)$$

式中，ξ_f 为滤袋运行阻力系数；μ 为气体的黏度；v 为过滤速度。

通常，除尘滤袋运行阻力小于 300 Pa，粉尘层运行阻力与滤袋、粉尘颗粒物、烟气温度等因素都有关系，具体的变量关系如何，通过大量的实验可以得出，不仅如此，还要结合实验过程中多种影响因素。在一定的条件下，粉尘层运行阻力在同等速度下，粉尘堆积的厚度越大，袋式除尘器滤袋表面会出现不平的现象，粉尘层过滤会加大运行阻力，研究表明：①过滤的速度低于 0.5 m/min时，粉尘层堆积的厚度与运行阻力没有关系，有影响的情况下，也产生较小的影响，因此可以忽略这一现象的影响；②过滤速度低于 1.2 m/min，并且高于0.5 m/min，粉尘层厚度值为固定数值，如持续增加粉尘颗粒层的厚度，影响会产生变化。因此，增加袋式除尘器运行阻力能够提高除尘效率，但运行阻力不是越大越好，需找到这两个变量之间的最佳平衡点，现阶段最佳平衡点的取值范围在 1300～1500 Pa。

C. 除尘器结构

布袋除尘器主要是由上部箱体、中部箱体、下部箱体、清灰系统以及排水机构等部分构成，要想保证布袋除尘器的工作效率与质量，就需要我们根据实际情况选择合适的滤袋材料，并采用先进的清灰系统，由此看来，清灰方法是布袋除尘工作中最关键的环节之一。目前，我国布袋除尘器的最常见清灰方法有：气体清灰、机械振打清灰、人工敲打等。其中气体清灰主要是利用高压气体对滤袋进行反吹，从而清除滤袋上存在的积灰，气体清灰主要包括脉冲喷吹清灰法、反吹风清灰法等；机械振打清灰也就是通过机械设备对排列的滤袋进行一系列的振打，从而清除滤袋上的积灰；人工敲打也就是通过人力对每个滤袋进行拍打，以清除滤袋上的积灰。布袋除尘设备的工作机理是含尘烟气通过过滤材料，尘粒被过滤下来，过滤材料捕集粗粒粉尘主要靠惯性碰撞作用，捕集细粒粉尘主要靠扩散和筛分作用[29]。

D. 滤料特性

滤料的粉尘层也有一定的过滤作用。过滤材料的进步可以推动布袋，除尘器的发展，布袋除尘设备除尘效果的优劣与多种因素有关，但主要取决于滤料。布袋除尘器的滤料就是合成纤维、天然纤维或玻璃纤维织成的布或毡，根据需要再把布或毡缝成圆筒或扁平形除尘滤袋。在对高温、高湿度、腐蚀性气体进行除尘时，布袋除尘的应用受滤料材质的限制；滤袋是否易破损也是滤料影响除尘效率的因素。因此根据烟气性质，选择出适合应用条件的滤料是十分必要的。滤料的发展将大大推广布袋除尘器的应用。近几年纺织业的发展，耐高温滤料多样化，除了诺梅克斯、美塔斯外，P84、莱登（RrTUN）滤料的应用越来越多。由微细玻璃纤维与耐高温 P84 等化学纤维复合，利用特殊工艺制成的新型 FMS（氟美斯）耐高温针刺毡在钢铁、水泥、天然气、化工等行业已有不少成功的应用。玻纤滤料在增强其抗折、耐磨性等方面获得进展，前几年还成功开发了专门适用于垃圾焚烧的玻纤滤料。特别是聚四氟乙烯薄膜技术的发展，大大推动了除尘技术的进步，由美国戈尔公司首先开发成功的聚四膜的表面过滤，使之成为低阻高效、高可靠性及耐高温的新型过滤材料[30]。

3）氧化铝生产工序布袋除尘滤料选择

氧化铝焙烧粉尘粒度细，相比于电除尘器，布袋除尘器对细颗粒物的捕集效率较高，是实现工业烟气细微粒子捕集的最有效方式[31]。

常用布袋滤袋对 $PM_{1.0}$、$PM_{2.5}$ 和 PM_{10} 的过滤效率如表 2-11 所示，6 种滤料对细颗粒物的捕集效率相差较大，尤其是对 $PM_{1.0}$ 和 $PM_{2.5}$，除涤纶针刺毡外，其他滤料对 PM_{10} 的过滤效率均在 95% 以上，$PM_{2.5}$ 的过滤效率在 72.23%～95.45%，而 $PM_{1.0}$ 的过滤效率仅为 40.12%～83.17%，覆膜玻纤针刺毡对三种颗粒物的过滤效果最好，表明常规的滤料尽管对总颗粒物的过滤效率很高，但对细颗粒物的过滤效率较低。

表 2-11　常用滤料分粒径捕集效率（按质量分数计算，%）

粒径级别	$PM_{1.0}$	$PM_{2.5}$	PM_{10}
涤纶针刺毡	45.67	72.73	92.31
PPS 针刺毡	41.35	92.86	98.28
PPS 水刺毡	40.12	91.61	98.10
聚酰亚胺针刺毡	72.96	88.24	97.24
覆膜玻纤针刺毡	83.17	95.45	99.34
覆膜玻纤机织布	77.23	92.31	99.13

针对 PM_{10} 的捕集，纤维滤料应选择较细、较短卷曲型、不规则端面型，结构以针刺毡为优，如用织物应用斜纹织，或表面进行拉毛处理。针对细颗粒物 $PM_{2.5}$ 等的捕集，应选择粗细混合棉絮层、具有密度梯度的针刺毡及表面喷涂、浸渍或覆膜等滤料，过滤材料的纤维直径越小，单位体积中的纤维越多，孔径越小越密，对微细粉尘的捕集能力越强，滤料阻力越低。因此，为捕集 $PM_{2.5}$ 等细颗粒物，提高滤料过滤效率的核心应在于增加滤料接尘面的致密度，减小单纤维直径。目前，新型滤料如基于三叶型纤维的滤料、基于海岛纤维的滤料、水刺加工滤料、纺黏一体型滤料等已在其他行业开始应用，未来有望应用于氧化铝工序烟气净化[32]。

4）应用情况及改进措施

A. 中国铝业山东分公司 4# 熟料窑袋式除尘器的应用

与其他工业窑炉相比，袋式除尘器在烧结法氧化铝熟料窑的应用尚为少见，其主要原因：一是氧化铝熟料窑为湿法窑，一般烧结法熟料窑烟气含水率约 36%～38%，遇低温时结露导致黏灰板结，影响滤袋的透气性；二是受制于除尘袋材料的适用性，熟料窑烟尘中含有大量的 CaO、Na_2O、K_2O，遇水溶解显强碱性，易腐蚀滤袋。而随着国家环保标准的不断提高，单独的电除尘器已经无法满足要求，于是，中国铝业山东分公司[33]考虑使用除尘效率更高的袋式除尘器。

改造所选的 4#熟料窑规格为中 4.5 m×75 m，熟料产能 1700 t/d，主机设备为湿法回转窑配单筒冷却机，燃烧器为三通道喷煤管；窑尾立烟道后配 2 台旋风除尘器、2 台排风机（风量 250000 m³/h、电机功率 450 kW）和 1 台 225 m² 双室 6 仓电除尘器。原熟料烧结电除尘工艺流程见图 2-17（a）。根据实际测定和计算，立烟道顶部的烟气量为 286090 m³/h，检测的烟气温度为 180～240℃；烟气中的水蒸气含量为 31%～38%、粉尘含量为 250～300 g/m³。

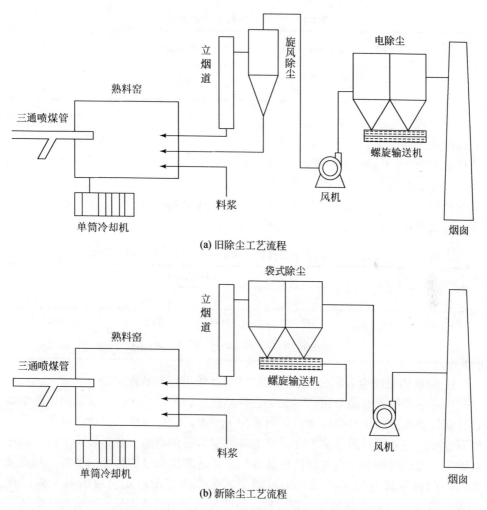

(a) 旧除尘工艺流程

(b) 新除尘工艺流程

图 2-17　新旧除尘工艺流程

烧结法熟料窑烟气含水较高，遇低温时结露导致粘灰板结，影响滤袋的透气性。因此窑尾至除尘器烟道不宜过长，对烟道及袋式除尘器采用保温处理，防止烟气温降过快以致产生结露，工艺流程如图 2-17（b）所示。由于熟料窑烟气温度一般为 180～240℃，且含有大量的 CaO、Na_2O、K_2O 等碱性成分，普通除尘袋无法在此工况下正常使用，因此选用性能较高的聚四氟乙烯（PTFE）覆膜除尘袋。聚四氟乙烯合成纤维除尘袋的正常运行温度为 240℃，瞬间温度为 280℃，能耐全部 pH 值范围内的酸碱侵蚀。

工艺设备参数的确定：袋式除尘器流程处理烟气能力为 45000～55000 m^3/h，占全部烟气量的 13%；选用低压脉冲袋式除尘器，参数如表 2-12 所示。

表 2-12　低压脉冲袋式除尘器参数

处理风量	过滤面积	滤袋规格及材料	适应温度	瞬时温度	清灰压力及耗气量	设备阻力
45000 m^3/h	1050 m^2	ϕ 120×5500 mm，PTFE 覆膜	230℃	270℃	0.2～0.3 MPa，1.5 m^3/min	≤1100 Pa

对袋式除尘器的除尘效率进行了测定，结果见表 2-13。实际测量袋式除尘器流程的排放浓度低于 15 mg/m^3，低于项目改造时的地方排放标准要求（淄博市工业排放标准 50 mg/m^3），与电除尘相比，袋式除尘器除尘效果较好，且在电耗方面袋式除尘器具有较大优势，节电意味着进一步减少了粉尘、二氧化碳和二氧化硫的排放。因此，袋式除尘器应用于烧结法氧化铝熟料窑尾气除尘，在节能减排方面较之电除尘器可以创造更大的社会效益。

表 2-13　袋式除尘器替代旋风除尘器和电除尘器的测定数据

监测点	温度/℃	静压/Pa	风量/(m^3/h)		含尘量/(g/m^3)
			工况	标况	
进口	195	−1600	61523.46	34950.00	266.56
出口	172	−3080	70848.95	41126.81	0.01218

B. 山东铝业股份有限公司氧化铝循环焙烧炉增设布袋除尘器

山东铝业股份有限公司[34]氧化铝循环焙烧炉自建设以来，一直采用电除尘器进行烟气处理，由于环保标准更新到 ≤30 mg/m^3，仅依靠原来设计的电除尘器已经不能够满足要求，所以需要在原来的电除尘器后面增加一台布袋除尘器，经过电除尘器处理过的含尘气体继续过滤处理，以达到国家排放标准。当时，布袋除尘器在国内也没有应用在氧化铝焙烧工艺的先例，所以没有可借鉴经验，在 2009～2010 年经多次研究探讨和分析，并结合氧化铝焙烧烟气实际情况（烟气参数如表 2-14 所示）设计了袋式除尘器，于 2011 年投运。

表 2-14　氧化铝焙烧烟气参数

类别	参数
物料粒度	1～10 μm
干烟气成分	$Al_2O_3 \leq 10\ g/m^3$，12.33% CO_2，7.47% O_2，SO_2（276 mg/m^3）
湿度	40%
温度	≤190～210℃，最高 260℃（2 h）
处理风量	260000 m^3/h
进口浓度	100 mg/m^3～10 g/m^3
出口浓度	≤30 mg/m^3
工作压力	±7000 Pa

氧化铝焙烧炉增设除尘系统主要由冷风阀、旁通管道、长袋脉冲袋式除尘器、风机、烟囱等组成，增设布袋除尘器的工艺流程如图 2-18 所示。

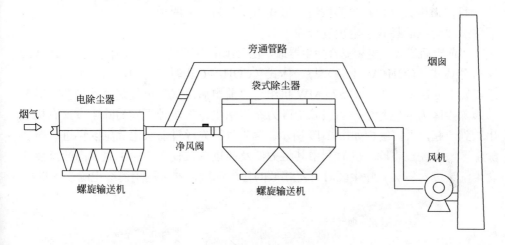

图 2-18　工艺流程图

袋式除尘器由箱体、灰斗、电动振打装置、蒸汽加热装置、平台、栏杆、气路系统及电气控制系统、立柱等组成，参数如表 2-15 所示。

表 2-15　袋式除尘器性能参数

处理风量	过滤面积	滤袋规格及材料	过滤风速	活塞阀	清灰方式
260000 m^3/h	5060 m^2	$\phi160 \times 7000$ mm，PTFE 覆膜	0.85 m/min	96 个，3 英寸*	脉冲喷吹，离线清灰

*1 英寸=2.54 cm

本套除尘器在山东铝业有限公司得到了很好的应用，不仅改善了厂部的整个工作环境，并且大大提高了产量。使用布袋除尘器后，经环保局检测的排放浓度为 19 mg/m³，满足国家环保排放标准；产量也由原来的 900 t/d 增至 1200 t/d，满负荷生产甚至能达到 1300～1400 t/d，大大提高了该厂的经济效益。

3. 电袋复合除尘技术

1）原理、结构及分类

电袋复合除尘器是集合电除尘器和袋式除尘器的优点而开发的一种新型除尘装置，是电除尘器与袋式除尘器的组合。它的工作原理是：含尘烟气经过气流分布板均匀地进入电除尘部分，在除尘电场的作用下大部分粉尘荷电，并在电场力作用下向收尘极移动并在收尘板上去除带电性和沉积；经过电除尘处理后含有少量粉尘的烟气少部分通过多孔板进入袋收尘区，大部分烟气向下部，然后由下而上地进入袋除尘区，粉尘被阻留在滤袋表面上，经过电除尘与布袋除尘的纯净烟气经提升阀进入烟道排出。

目前，电袋复合除尘器按组合形式主要分为以下两种：

A. "前电后袋式"电袋复合除尘器

"前电后袋式"电袋复合除尘器最早由美国电力研究所开发，命名为 COHPAC，又有分体式（COHPAC I 型）与一体式（COHPAC II 型）两种，第一个工业应用于美国 Big Brown 电厂的 575 MW 机组。"前电后袋式"电袋复合除尘器一般是前级除尘区为静电除尘，后级除尘区为布袋除尘，将两种不同的除尘方式有机地串联到一起，主体结构如图 2-19 所示。含尘气流先经过前级电除尘区再进入布袋除尘区，在经过电除尘区时利用其阻力低及捕集颗粒较大的粉尘效率高的特点使含尘气流进入后级袋除尘区时有着较低的粉尘浓度，并可利用前级电除尘区的荷

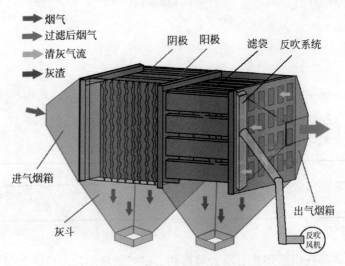

图 2-19 "前电后袋式"电袋复合除尘器结构示意图

电效应提高粉尘在滤袋上的过滤特性。L. Canadas 等在实验室的测试表明这种除尘器的效率高达 99.9%，前场电除尘器的运行可以有效减小后部袋除尘器的运行阻力，同时减少清灰周期，提高滤袋寿命。2000 年后，国内如龙净环保、菲达环保等，也纷纷引进该技术，并根据应用行业进行二次开发。

"前电后袋式"电袋复合除尘器适合于现有电除尘改造项目，在电除尘第一、二级电场的基础上，拆除后面的电场，改用布袋除尘设备，既节省改造成本，又能高效去除 $PM_{2.5}$ 微细颗粒物，且系统运行成本相对较低[35]。

B. "电袋一体式"电袋复合除尘器

"电袋一体式"电袋复合除尘器又被称为嵌入式电袋复合除尘器（advanced hybrid particulate collector），由美国南达科他大学开发。它是在电除尘中嵌入氯代结构，电除尘电极与滤袋交错排列。其主要技术特点和原理与"前电后袋式"除尘技术相似，除尘效率可达 99.993%～99.997%。尽管这种除尘器结构更加紧凑，气体经过路径短而本体阻力小，诸多方面性能优于"前电后袋式"电袋复合除尘器，但也存在电极放电对滤袋的影响、滤袋更换、电极与滤袋嵌入结构布置等问题，在气流均布上仍有待完善。2002 年这种除尘器在美国 Big Stone 燃煤电厂 450 MW 机组上投运，但清灰频繁，设备阻力偏高，仍需进行改造。

C. "静电增强型"电袋复合除尘器

"静电增强型"电袋复合除尘器的一般形式是：含尘气流通过一段预荷电区，使含尘气流中的固体颗粒带电，带电的固体颗粒随含尘气流进入后级过滤段被滤袋过滤层收集。该形式在结构上有点类似"前电后袋式"，只是"静电增强型"的电场区主要用来对粉尘荷电，收尘则主要由后面的滤袋完成。由于电荷效应，大大提高了粉尘在滤袋上的过滤特性，使滤袋的透气性能和清灰性能得到明显改善。

2）电袋复合除尘器改进的关键技术

电袋复合除尘系统作为一种新的除尘方式，它具有许多优点，但由于还没有一种成熟的理论能够对电袋复合除尘技术进行系统的量化，所以电袋复合除尘技术需要通过进一步的探索予以解决的问题，以提高其的整体性能和扩大其的适应范围。工业应用的"前电后袋式"电袋复合除尘器内，烟气在电场区和布袋区的气流流向不同，容易产生高、低速度区，涡流，死角，以及对布袋的直接冲刷等问题，显著降低电袋复合除尘器的捕集效率。因此需要合理的安排静电除尘单元和布袋除尘单元的结合问题，提高电袋复合式除尘器内部的气流均布性。

为保障良好的除尘性能，电场区和布袋区之间需要添加导流构件，湿气流分布均匀，可采用"斜气流"的分布方式。中国科学院过程工程研究所发明的复合内构件，上方为百叶窗结构，下方为多孔板结构，布置在电场区和布袋区之间的垂直断面上，湿气流通过电场区后斜向下进入布袋区，避免对前排布袋的直接冲刷，同时使该垂直断面上的速度分布更加均匀。

此外，考虑到氧化铝焙烧烟气的高温、高湿、高碱尘特性，采用金属纤维滤袋替代传统滤袋材质，可实现较高的除尘效率和系统稳定性，目前已在氧化铝行业初步应用。

3）应用情况

某氧化铝厂原除尘系统按烟气量 30 万 m^3/h，除尘效率 99.8%进行设计，采用单室 25 通道三电场电除尘器。由于除尘系统运行年限较长，装备较为落后且投运至今未进行过大规模改造工作，据第三方检测机构数据显示，改造前的除尘器出口粉尘排放浓度为 50～100 mg/m^3（标况），其烟气排放含尘浓度已无法达到设计标准和国家相关要求，因此必须进行改造，由于焙烧炉除尘器的入口粉尘浓度较高，且针对氧化铝厂的特殊工况烟气特点，正常运行时，尾部烟气的温度不大于165℃，起炉或异常情况下，尾部烟气温度可高达 300℃以上，此项目采用电除尘器改造为金属纤维电袋复合除尘器方案。

除尘改造保留设置 1 个前级电场，用于除去烟气中大部分粉尘。拆除第二、三电场阴阳极及振打系统，其内部空间改造为袋区，用于实现稳定超低排放。主要改动如下：

（1）由于利用原电除尘器的基础，改造后除尘器各纵横跨距不发生变化。

（2）保留原电除尘器一电场高低压设备及振打系统，检修一电场阴阳极，修复阳极板及更换失效阴极线。

（3）拆除原电除尘器内部二、三电场阴阳极及振打系统，利用第二、三电场的空间布置花板，安装金属纤维滤袋。袋区布置有喷吹清灰系统、压缩空气管路系统、净气烟箱等。

（4）滤袋采用耐高温金属纤维滤袋，耐温 400℃。过滤除尘采用外滤式，喷吹系统选用固定行喷吹清灰技术，喷吹清灰压力 0.25～0.35 MPa。

改造后除尘器出口颗粒物排放＜10 mg/m^3（标况），除尘器阻力＜400 Pa。

总体而言，目前，电袋复合除尘在氧化铝行业应用仍然较少，但其作为一种高效、节能的除尘设备，必将越来越在未来得到更广泛应用。

2.3 二氧化硫控制技术

2.3.1 低硫原燃料等源头控制技术

由于原料铝土矿和燃料煤中含有硫，因此在熟料烧制和氢氧化铝焙烧过程中会产生 SO_2。要降低烟气中 SO_2 含量，可采取从源头控制的方法，主要包括降低原燃料含硫量和高硫铝土矿脱硫方法[36]。

1. 降低原燃料含硫量

1）选取低硫原燃料

烧成煤含硫量是决定熟料烧成窑烟气中 SO_2 浓度的主要因素。在熟料烧制过程中，固体燃料如煤等含硫量较高，可采用焦粉替代无烟煤，可降低固体燃料用量，同时降低固体燃料的含硫率。严格控制冶金焦进厂硫含量，从源头进行控制。对装炉填充料进行定期筛分，去除较大颗粒及粉尘。由于熟料呈碱性，相当于燃料烟气的脱硫剂，所以烟气中 SO_2 可得到一定程度的净化，排放烟气中 SO_2 浓度较低。若烧成煤含硫量较高，烟气中的 SO_2 浓度也会相应增加，但经碱性熟料吸收后脱硫后，熟料烧成窑烟气中 SO_2 浓度控制在 400 mg/m^3 内是可行的。从目前了解的情况看，一般情况下排放浓度不超过 400 mg/m^3，若烟气中 SO_2 过高，通过降低烧成煤含硫即可控制。

目前我国氢氧化铝焙烧炉采用天然气、自制煤气和重油三种燃料。由于燃料含硫量的不同，焙烧炉 SO_2 排放浓度变化很大，浓度范围 60～4600 mg/m^3，燃用未脱硫自制煤气的，SO_2 浓度较高，而使用天然气的焙烧烟气 SO_2 排放浓度一般在 10 mg/m^3 以下，我国氢氧化铝焙烧炉基本均未配套脱硫设施，其排放浓度取决于燃料含硫量，采用天然气的氢氧化铝焙烧炉烟气含硫量较低，而燃用高含硫煤气或高含硫重油的，烟气含硫量较高，因此应通过采取煤气脱硫或改变燃料结构等措施控制 SO_2 排放。

2）降低含硫高的附加物使用量

在熟料烧制过程中，使用生石灰替代石灰石可降低含硫量高的原料使用，同时可降低固体燃料消耗。在采用炉渣、硅渣、蒸发母液等附加物时应充分考虑回收经济性和脱硫成本对比。未采取脱硫装置时，以不添加炉渣、硅渣、蒸发母液等含硫高的附加物为宜。

2. 高硫铝土矿脱硫

在拜耳法生产氧化铝工艺中，对矿石中的硫含量要求低于 0.7%，但随着氧化铝生产的迅速发展，优质铝土矿的用量也增加，导致铝土矿越来越贫化。我国已探明铝土矿储量中高硫型铝土矿约占资源储量的 11% 左右，合 5.6 亿吨[37]。高硫铝土矿是指硫含量大于 0.7% 的铝土矿，其中硫主要以黄铁矿（FeS_2）形式存在。硫化铁具有可在铝酸钠溶液中会转化成为 SO_3^{2-}，SO_4^{2-}，S^{2-} 等形态，使铝土矿中硫化物成为氧化铝生产中十分有害的杂质，不仅造成 Na_2O 的损失，而且铝土矿中的硫在溶出过程中，其含量提高后会使钢材受到腐蚀，并增加溶液中铁的含量，还能使得 Al_2O_3 溶出率下降，降低氧化铝的产能和产品质量[38-40]。而且会使烟气中二氧化硫含量增加，因此对高硫铝土矿脱硫也是减少熟料窑及焙烧炉烟气二氧化硫排放的可行方法。

随着世界氧化铝行业的持续不断发展，国内外的科研工作者对高硫铝土矿中硫杂质的脱除方法作了大量的研究工作。其中多数以浮选法脱硫工艺一直被普遍应用，关于高硫铝土矿中硫的脱除技术的研究，最早以国外（主要是前苏联）的选矿工作者研究最多，从实验室、工业试验及铝土矿工业的实际生产的一系列研究工作，取得了一定效果[41-43]。而目前主要的方法大致有以下几种：浮选法脱硫，预焙烧脱硫，添加还原剂烧结法脱硫等。

1）浮选法

浮选法是利用矿物表面物理化学性质的不同使有效矿物与脉石矿物之间达到分选，而且加入的浮选药剂可以调节和控制这种差异，对目的矿物更直接地进行分选，达到效果，从而表现出浮选法很强的适应性[44]。浮选法的脱硫主要根据硫一般以黄铁矿的形式赋存于铝土矿中，根据黄药类捕收剂对铝土矿中的黄铁矿具有捕收效果，而且捕收效果很好。黄药类捕收剂是硫化矿的捕收剂，同时铝矿物在铝土矿中的赋存状态属于氢氧化物和氧化物，不会被黄药类捕收剂捕收。所以，理论上通过浮选药剂可以达到脱硫的效果。浮选工艺主要根据抑多浮少的原理，可通过药剂与矿物的作用，达到浮选除硫的效果[38, 45]。

浮选法的缺点在于黄药类捕收剂的类型、药剂的用量、浮选时间及铝土矿的粒度等参数对浮选效果都有影响。比如，在浮选过程中药剂的选择，丁黄药和异丁黄药比乙黄药的选择性和捕收硫的能力强；铝土矿中矿物可磨性的差异，通过对铝土矿的破碎和磨矿，改变了矿石的粒度，极易使脉石矿物过磨，导致矿物的泥化，降低脱硫效率。此外，浮选工艺复杂的操作，处理大量的矿石，需要很大的补充药剂量，在进行下步的操作时要对矿石进行清洗，会浪费大量的水，同时还要处理大量尾矿[46]。

前苏联乌拉尔工学院对含硫2%的铝土矿进行浮选脱硫，获得含硫低于0.41%的精矿，氧化铝回收率为99.17%；北乌拉尔铝土矿采用筛分-光电拣选-浮选联合流程的工业试验也获得成功，前苏联还对库尔葛萨斯克含硫化铁和碳酸盐铝土矿进行了半工业试验，优先浮选黄铁矿，再选碳酸盐、最后得到尾矿铝土矿精矿；南乌拉尔铝土矿经一次粗选、两次精选、两次扫选工艺，分别得到硫化物精矿和尾矿，原矿含硫由2.22%降到0.19%，且硫化矿精矿作为氧化镍矿熔炼过程的硫化剂，提高了矿石综合利用度，并在工业试验取得成功[39, 47]。

我国浮选法脱硫早已在工业上应用，中国铝业重庆分公司针对南川铝土矿的特点，采用浮选脱硫创新生产工艺，每年可回收硫精矿3万余吨，氧化铝的回收率近90%，实现了资源的综合利用。

2）预焙烧脱硫

预焙烧工艺作为矿石预脱硫及铝土矿活化预处理手段，是目前众多铝土矿前处理技术中可行性比较大的一种方式，已经在各地开始进行研究及半工业试验[48]。将铝土矿在适当的条件下加以焙烧时，其矿物因发生一系列复杂反应如脱水、分解、晶型转变等，导致矿物晶型结构畸变，表面孔隙和裂纹增加，使得矿石的比表面积增大，表面结构得以改善，氧化物化学活性增高，从而强化了其与碱液的反应能力[49]。但如果焙烧温度过高，会造成铝土矿烧结，过渡态的氧化铝开始转化成晶体结构完整的刚玉，比表面积反而减小了[50]。结晶完善的一水硬铝石转化为高活性的氧化铝及其中间态氧化铝，其过程涉及的反应如下：

$$2\beta\text{-AlOOH} = \alpha\text{-Al}_2\text{O}_3 + \text{H}_2\text{O(g)} \tag{2-6}$$

$$2\beta\text{-AlOOH} = \gamma\text{-Al}_2\text{O}_3 + \text{H}_2\text{O(g)} \tag{2-7}$$

$$\gamma\text{-Al}_2\text{O}_3 = \alpha\text{-Al}_2\text{O}_3 \tag{2-8}$$

黄铁矿在高温下与氧气发生氧化还原反应生成氧化铁和二氧化硫，使得矿石硫含量降低。其脱硫机理的主要反应为：

$$4\text{FeS}_2 + 11\text{O}_2 = 2\text{Fe}_2\text{O}_3 + 8\text{SO}_2 \tag{2-9}$$

在焙烧过程中，高岭石也发生脱水反应，并且随着焙烧温度的提高和焙烧时间的延长，反应趋于完全，高岭石的脱水产物是偏高岭石，它是一种晶格不完整的化合物，更易与碱溶液反应，因而焙烧矿的预脱硅性能也将得到改善[51]。其反应式如下：

$$\text{Al}_2\text{O}_3 \cdot 2\text{SiO}_2 \cdot 2\text{H}_2\text{O} = \text{Al}_2\text{O}_3 \cdot 2\text{SiO}_2 + 2\text{H}_2\text{O} \tag{2-10}$$

另外，矿石中的针铁矿会在 280℃左右转化为赤铁矿，这有利于赤泥颗粒的团聚和对絮凝剂的吸附，提高了赤泥的沉降性能[52]。焙烧可以同时除去矿石中的腐殖酸等有机物，减少其对种分工序的影响。可见，焙烧脱硫工艺对降低拜耳法生产氧化铝各工艺段的能耗以及高硫铝土矿的工业化应用大有益处。

3）添加还原剂烧结法

添加还原剂烧结法主要是以无烟煤为还原剂，添加在碱石灰烧结氧化铝生产的过程中，使由铝土矿、碱石灰和燃料等原料带入的黄铁矿及其他含硫化合物，在烧结时产生的硫酸钠转变成硫化钠，Fe_2O_3 转变成 FeO，最终生成 FeS 在溶出后随赤泥排出。添加还原剂烧结的整个过程如下：

$$\text{Na}_2\text{SO}_4 + 4\text{CO} = \text{Na}_2\text{S} + 4\text{CO}_2 \tag{2-11}$$

$$\text{Fe}_2\text{O}_3 + \text{CO} = 2\text{FeO} + \text{CO}_2 \tag{2-12}$$

$$\text{Na}_2\text{S} + \text{FeO} + \text{Al}_2\text{O}_3 = \text{Na}_2\text{O} \cdot \text{Al}_2\text{O}_3 + \text{FeS} \tag{2-13}$$

$$\text{Na}_2\text{S} + 2\text{O}_2 = \text{Na}_2\text{SO}_4 \tag{2-14}$$

$$4\text{FeS} + 7\text{O}_2 = 2\text{Fe}_2\text{O}_3 + 4\text{SO}_2 \tag{2-15}$$

该方法在生产上已长期使用，有很好的效果，能有效地除去铝土矿中的硫；通过添加还原剂烧结铝土矿，稳定了生产时的工艺条件，同时也降低了碱的消耗，此法已有效地应用于 Bayer 烧结联合法中烧结过程含硫化合物的去除。添加石灰除硫虽然可以达到除硫效果，节约除硫成本，但是会增加生产时铝的消耗，造成浪费[38]。

2.3.2 氧化铝焙烧烟气二氧化硫控制技术

综上所述，氧化铝工序中，熟料烧成窑通过降低烧成煤含硫量、焙烧炉通过采取煤气脱硫或改变燃料结构等措施可以控制 SO_2 排放浓度。目前我国氧化铝焙烧炉基本均未配套脱硫设施，考虑到环境压力增大，污染物排放标准越来越严格，未来对于氧化铝工序 SO_2 控制要求更高，当降低烧成煤含硫量、采取煤气脱硫、改变燃料结构等措施无法满足排放要求时，可以考虑进行烟气末端脱硫，包括湿法、干法、半干法脱硫等烟气脱硫方式。

1. NID 干法脱硫

1）NID 脱硫原理

使用 NID（new integrated desulfurization）进行干法脱硫[53]。NID 工艺是采用石灰（CaO）作为吸收剂，CaO 在消化器中加水消化成 $Ca(OH)_2$，然后与一定量的循环灰相混合进入增湿器，在此加水增湿使混合灰的水分从 2%增加到 5%，然后含钙循环灰以流化风为动力借助烟道负压进入反应器，进行脱硫反应。该技术脱硫效率高，脱硫效率可达 90%以上。其主要反应机理为：

$$CaO+H_2O \Longrightarrow Ca(OH)_2 \tag{2-16}$$

$$CaO(OH)_2+SO_2 \Longrightarrow CaSO_3 \cdot 1/2H_2O+1/2H_2O \tag{2-17}$$

$$Ca(OH)_2+SO_3 \Longrightarrow CaSO_4+H_2O \tag{2-18}$$

$$CaSO_3 \cdot 1/2H_2O+3/2H_2O+1/2O_2 \Longrightarrow CaSO_4 \cdot 2H_2O \tag{2-19}$$

2）工艺流程

未处理的热烟气经烟气分布器后进入 NID 反应器，与增湿的可自由流动的灰和石灰混合粉接触，其中的活性组分立即被子混合粉中的碱性组分吸收，同时，水分蒸发使烟气达到有效吸收 SO_2 需要的温度。气体分布、粉末流速和分布、增湿水量的有效控制确保了 SO_2 最适宜脱除率的最佳条件。处理过的废烟气流经脱硫后除尘器，在这里烟气中的粉尘被脱除，洁净后的烟气在露点温度 20℃以上，无须再热，经引风机排入烟囱。颗粒除尘器出口的烟气由引风机输送到烟囱。收集下来的固体颗粒通过增湿系统再循环到 NID 系统，除尘器除掉的粉尘经增湿后进入 NID 反应器，灰斗的灰位计控制副产品的排出。工艺流程图见图 2-20。

鉴于传统干法（半干法）烟气循环流化床脱硫技术吸收剂消化系统的复杂性及应用中产生的一系列黏结、堵塞等问题，NID 烟气脱硫技术采用生石灰（CaO）的消化及灰循环增湿的一体化设计，且能保证新鲜消化的高质量消化灰（$Ca(OH)_2$）立刻投入循环脱硫反应，对提高脱硫效率十分有利，同时也降低了吸收剂消化系统的投资和维修费用。

利用循环灰携带水分，当水与大量的粉尘接触时，不再呈现水滴的形式，而是在粉尘颗粒的表面形成水膜。粉尘颗粒表面的薄层水膜在一瞬间蒸发在烟气流中，烟气在降温的同时湿度增加，在尽可能短的时间内形成温度和湿度适合的理想反应环境。NID 技术的烟气在反应器内停留时间只需 1 秒左右，可有效地降低脱硫反应器高度。脱硫副产物为干态，系统无污水产生。终产物流动性好，适应用气力输送。脱硫后烟气不必再加热，可直接排放。循环灰的循环倍率可达 100～150 倍，使得吸收剂的利用率提高到 95%以上。脱硫效率高，脱硫效率可达 90%以上。

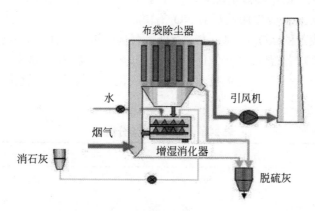

图 2-20　NID 技术工艺图

3）应用情况

NID 技术应用，烟气在反应器中高速流动，整个装置结构紧凑、体积小、运行可靠。装置的负荷适应性好。脱硫副产物为干态，系统无污水产生。终产物流动性好，适宜用气力输送。脱硫后烟气不必再加热，可直接排放。对所需吸收剂要求不高，可广泛取得，循环灰的循环倍率可达 30～150 倍。脱硫效率高，脱硫效率可达 90%以上。

2.其他技术

除 NID 烟气脱硫技术外，还可以使用湿法、干法、半干法脱硫等烟气脱硫方式[54]，具体方法及应用详见后续章节，此处不再赘述。

2.4　氮氧化物控制技术

焙烧的目的是在高温下把氧化铝的附着水和结晶水脱除，从而生成物理化学性质符合电解要求的氧化铝。气态悬浮焙烧炉（G.S.C）喂入的氢氧化铝，经文丘里闪速干燥器、旋风预热器、焙烧炉、热分离器、冷却器等设备实现脱除附着水、结晶水并实现晶型转变。经冷却器预热的燃烧空气在焙烧炉底部同喷入的燃料燃烧，燃烧后焙烧炉内空间温度达 $1000 \sim 1100℃$，燃烧火焰温度高达 $1700℃$。NO_x 生成以热力型为主，小部分为燃料型[55]。产生 NO 和 NO_2 的两个重要反应：

$$N_2 + O_2 \rightleftharpoons 2NO \qquad (2\text{-}20)$$

$$NO + \frac{1}{2}O_2 \rightleftharpoons NO_2 \qquad (2\text{-}21)$$

上述反应的化学平衡受温度和反应物化学组成的影响；平衡时 NO 浓度随温度升高迅速增加。根据检测情况看，由于窑炉燃烧状态不同，NO_x 一般排放浓度在 $300 \sim 450\ mg/m^3$，煤气脱硫后对 NO_x 有降低效果[56]。

当前较为成熟的 NO_x 控制技术，有低氮燃烧改造、选择性非催化还原脱硝技术（SNCR 技术）、中温选择性催化还原脱硝技术（中温 SCR 技术）、低温选择性催化还原脱硝技术（低温 SCR 技术）和臭氧氧化脱硝技术等。氧化铝焙烧烟气排放特征见表 2-16。

表 2-16　烟气主要组分情况

烟气条件	数据	备注
$SO_2/(mg/m^3)$	$\leqslant 50$	焙烧炉燃气脱 H_2S 后
含尘浓度/(g/m^3)	$\leqslant 100$	除尘器入口，主要成分 Al_2O_3、$Al(OH)_3$
O_2/%	~ 8	除尘器出口
CO/ppm	$\leqslant 10$	—
$NO_x/(mg/m^3)$	$300 \sim 450$	—
含湿量/%	$\leqslant 25$	除尘器入口

2.4.1　低氮燃烧技术

根据 NO_x 的生成原理分析，焙烧炉的 NO_x 主要来源于热力型。可从控制生成和降低已生成两方面考虑减排 NO_x。而控制 NO_x 生成的有效措施为降低火焰高温区和高温温度，需要从燃料烧嘴和布置形式考虑进行改进。如选择分散性更好的烧嘴，改变当前烧嘴对射式布置为旋切布置等。降低已生成 NO_x，需要同燃烧工艺相结合，通过燃料与助燃空气的配置，实现浓淡燃烧与建立还原区。如采用空气分级燃烧技术，建立底部还原区与上部燃尽区，实现 NO_x 排放控制[57]。

降低 NO_x 的生成有改变燃烧条件和降低燃料中氮含量两种方法。目前，低氧燃烧、低温燃烧[提高氢氧化铝（AH）质量、电除尘返灰改造、合理控制灼减、延长焙烧时间、AH 均布]、燃烧优化（烧嘴优化、燃料优化）以及前款措施的有机结合等较适用于焙烧炉[58]。

　　低氧燃烧通过降低燃烧室的空气系数，使得燃烧室一直是欠氧燃烧的状态，这一技术也称为空气分级[59]。焙烧炉主炉温度会降低 50~100℃，从源头上控制了 NO_x 的生成量，达到低氮燃烧的目的。

　　低温燃烧中降低主炉的生产温度，采用提高 AH 质量，降低 AH 附水量、提高 AH 的强度和粒度，对电除尘返灰进行改造，延长氧化铝焙烧时间，AH 均布等措施来控制 NO_x 的生成量。

　　燃烧优化包括烧嘴和燃料的优化。采用旋流式分散火焰烧嘴，使火焰尽可能覆盖整个窑炉燃烧截面；选用更清洁的燃料更先进的煤气生产设备来降低 NO_x 的生成量。

　　通过焙烧炉烟气控制中进行了以下调整，有效地控制了 NO_x 的产生：

　　（1）调整每个燃烧系统三排燃烧架的天然气用量分配，结合燃气压力及上下游喷气功率的调整，对高温炉室的空气/燃料比（AF）进行调节，使其处于贫氧富燃的状态。

　　（2）传统的燃气燃烧器主要以保证燃烧效率为目标，对于污染物排放控制考虑欠缺。其由于火焰刚度不足和发散，使火焰喷入火道的深度不够，造成火道内温度分布不均和局部温度过高[53]。

　　通过引入新型燃烧器，调整燃烧器喉管与喷口直径比（图 2-21），控制火焰形状使燃料与助燃空气在炉内混合更均匀，降低了燃烧过程中产生的局最高温度，降低了 NO_x 生成量。

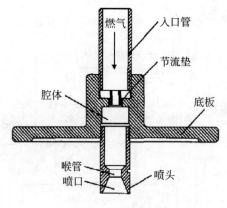

图 2-21　新型燃烧器

　　（3）燃烧器放置孔使用石棉密封，减少空气进入。对火道 1 孔、3 孔燃烧器喷嘴位置的火道墙进行维修，避免火道变形阻挡火焰燃烧，造成局部高温。

　　（4）调整鼓风机位置和开度，使鼓风机后置，延长自然冷却炉室，适当调整鼓风机开度结合火道负压使零压控制在 15 Pa 以内。这样减少供氧量，达到降低 NO_x 的产生[54]。

该技术采用需改造焙烧炉的下部结构，具有一定的 NO_x 减排能力，由于行业内缺少成熟案例，需在实施中探索。焙烧炉的运行温度参数见表 2-17。

表 2-17　焙烧炉运行温度参数

位置	P04 前	P04 出口	P03 出口	P02 入口	A02 入口	A02 出口	P01 出口	除尘出口
温度/℃	600～800	900～1050	800～950	320～400	320～380	180～220	140～180	140～180

2.4.2　选择性非催化还原（SNCR）脱硝技术

1. 技术原理

SNCR 脱硝技术是一种成熟的 NO 控制处理技术，把炉膛作为反应器，在 850～1050℃条件下，将氨的还原剂喷入烟气中[47, 60, 61]。把 NO_x 还原，生成水和氮气，从而达到脱除 NO_x 的目的。在一定温度范围和有氧气的情况下，还原剂对 NO 的还原反应在所有化学反应中占主导，表现出选择性，因此称之为选择性非催化还原。SNCR 脱硝工艺所使用的还原剂——氨的形态主要可分为液氨、氨水和尿素3 种。从技术的经济性、可靠性考虑，主要采用尿素法和氨水法 SNCR 脱硝工艺[62]。

1）氨水作还原剂

氨水法 SNCR 烟气脱硝工艺系统如图 2-22 所示。外购的氨水通过卸氨系统输

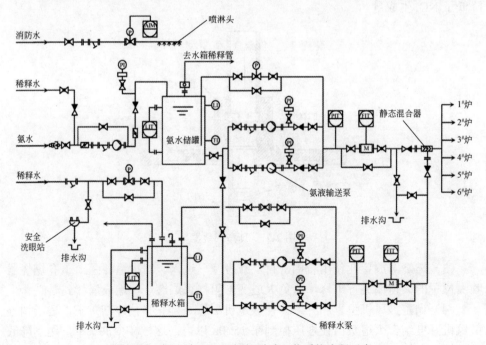

图 2-22　氨水法 SNCR 烟气脱硝工艺系统流程示意

送到氨水储罐中，经氨液输送泵抽送到静态混合器中，被来自稀释水箱的水稀释成 $w(NH_3)$=5%～10%的稀氨水；稀氨水输送到炉前计量分配系统进入脱硝喷枪，在喷枪内压缩空气和稀释后的氨水混合雾化后通过喷嘴喷入锅炉旋风分离器入口烟道；在约 900℃的温度下，稀氨水液滴与烟气中的 NO_x 发生氧化、还原反应，生成氮气和水，达到控制氮氧化物排放的目的。

2）尿素作还原剂

尿素法 SNCR 烟气脱硝工艺系统如图 2-23 所示。散装尿素经汽车运输至尿素工作区，经起重机及人工拆袋投放到尿素溶解罐。使用溶解罐内的蒸汽盘管将工业水加热至所需温度，自动控制溶解水温度。启动搅拌器，固体尿素经人工拆袋后投放到尿素溶解罐进行溶解，配制成 $w[CO(NH_2)_2]$=50%的尿素溶液，通过蒸汽盘管，保持溶解罐温度在 35℃以上，避免尿素结晶析出。尿素溶液充分搅拌后由尿素溶液输送泵输送到尿素溶液储罐，尿素溶液经输送泵送至尿素溶液计量分配系统，回流液自动返回尿素溶液储罐。尿素输送管道需要保温，控制溶液温度在30℃以上，避免管道内有尿素结晶析出。当启动尿素 SNCR 烟气脱硝工艺时，尿素溶液输送泵和稀释水泵在静态混合器充分混合，再通过计量分配系统进入喷射系统，压缩空气和尿素通过喷枪雾化细小液滴，与烟气中氮氧化物混合、反应，达到更好的脱硝效果，使排放的尾气达到最新的环保限值要求[63]。

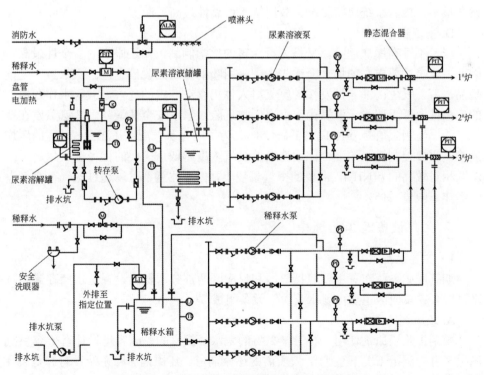

图 2-23　尿素法 SNCR 烟气脱硝工艺系统流程示意

3）两种脱硝方法的比较

尿素和氨水作还原剂的 SNCR 烟气脱硝工艺有不同的特点，现从氨逃逸量、脱硝效率、系统可靠性、安全性等对尿素和氨水的 SNCR 烟气脱硝工艺系统做简单分析。

A. 氨逃逸量

在同等工况下，尿素为还原剂时氨逃逸量最高，氨水为还原剂时次之，液氨为还原剂时最少。

B. 脱硝效率

脱硝效率是考察 SNCR 烟气脱硝工艺的重要指标。对于氨水 SNCR 烟气脱硝工艺，当氨水喷入之后需要经过液滴的雾化过程，细小的液滴与高温烟气接触瞬间汽化，才能与氮氧化物反应；对于尿素，尿素溶液喷入之后同样需要经过液滴的雾化、蒸发过程。与氨水不同，由于尿素无法直接与烟气中的氮氧化物发生反应，需要分解才能反应，尿素无法完全转化为氨气，在转化过程中产生副产品。所以尿素作还原剂的反应比较慢，效率比氨水的要差。

C. 系统可靠性

氨水作还原剂的系统设备少，控制点少。和氨水相比，液氨作还原剂的系统至少要多一个蒸发器，通常还需配置提供稀释空气的风机。尿素作还原剂的系统设备最多，控制系统比较复杂。故用氨水可靠性最高，液氨次之，尿素最差。

D. 系统安全性

尿素不存在爆炸危险，又是无毒无害的化学制品，作还原剂的安全性最高。因此，安全性要求高的场合会优先考虑采用喷射尿素的脱硝工艺。氨水虽不是危险品，万一发生泄漏，挥发性的氨气对人体仍存在一定的危害，故氨水作还原剂的安全性要低于尿素。液氨由于存在爆炸危险，系统安全性最差。液氨蒸发在空气中的爆炸极限值是 $\varphi(NH_3)=15\%\sim28\%$，为了防止氨气配制（混合）过程的爆炸危险，需要控制氨气的混合比。选取的氨气浓度越低，需要的稀释空气量越大；选取相对较高的 $\varphi(NH_3)$，需要的空气量较小，但要注意不可以超过氨气在空气中的爆炸下限值（15%）。

2. 主要设备及工艺选择

1）主要设备

烟气脱硝系统布置主要包括氨区和反应区两部分，氨区设置氨水储存罐和氨水供应泵；反应区主要由氨水喷枪等设备组成[64]。

A. 还原剂储存系统

脱硝工艺还原剂使用 $w(NH_3)=20\%$ 的氨水。氨水的贮罐容量设计有效容积应满足多台炉额定工况下至少 7 天所需的还原剂量。还原剂储存系统设有卸氨泵 1 台及其他配套设施，节能电动机用于还原剂的装卸。储罐材料为 304 不锈钢，贮罐上安装有超流阀、逆止阀、紧急关断阀和安全阀，为贮罐液氨泄漏保护所用。贮罐还装有温度计、压力表、液位计、液位变送器和相应的变送器将信号送到脱硝装置公用系统、控制系统，当贮罐内温度或压力高时报警。贮罐有防太阳辐射措施，还应防台风、暴雨（搭建防雨棚）。

灌顶装有喷淋系统，当贮罐罐体温度过高时自动喷水系统启动，对罐体自动喷淋降温；当有微量氨气泄漏时也会启动自动淋水系统，对氨气进行吸收，防止污染。氨水的贮罐四周采用围堰设计，旁边应有排水坑同时配套污水泵，排水坑大小为 1500 mm×1500 mm×1500 mm，砼结构。氨水区旁应设置安全洗眼器。

B. 还原剂输送系统及稀释系统

$w(NH_3)=20\%$ 的氨水经过氨水输送泵与稀释水在静态混合器混合后输送至炉前喷射系统。氨水溶液输送泵采用不锈钢立式多级离心泵，保证一台备用。泵电机为变频节能电机。辅助设备等关键设备必须使用国内一流产品。为保证脱硝效果，需要将 $w(NH_3)=20\%$ 的氨水溶液稀释到 5%后方能喷入焙烧炉中。通过稀释水泵，将稀释水输送至静态混合器与 $w(NH_3)=20\%$ 氨水溶液混合稀释。稀释水泵采用格兰富立式多级离心泵，保证一台备用。静态混合器应使用不锈钢材料。脱硝工艺需要设置稀释水系统，保证在运行工况变化时喷嘴中流体流量基本不变。脱硝工艺设置一只稀释水储罐，储罐材料为不锈钢，用于稀释氨水。稀释水系统应设置过滤器，以防喷枪堵塞[65]。

C. 炉前计量分配系统及喷射系统

脱硝工艺每台炉均设置一套炉前计量分配系统，包括但不限于氨水的流量调节阀、阀门、流量计、压力表等设备。喷射系统设计应能适应焙烧炉最低稳燃负荷工况和额定工况之间的任何负荷，并保证焙烧炉持续安全运行，同时能适应焙烧炉的负荷变化和机组启停次数的要求。喷射系统初步考虑安装在炉膛出口与分离器入口之间水平烟道上及分离器出口与高温过热器入口。喷射系统布置尽量考虑利用现有焙烧炉平台进行安装和维修。喷射器有足够的冷却吹扫措施以使其能承受反应温度窗口区域的最高温度，而不产生任何损坏。每台焙烧炉的喷射系统均设有就地压力表和流量指示器。喷射系统喷枪材质应采用 $1Cr_{25}Ni_{20}Si_2$ 奥氏体型耐热钢，喷嘴选择进口产品。喷射系统选择压缩空气雾化、冷却。喷枪插入水平烟道内可使用快速接头。

2）喷氨点位置选择

温度、混合效果、停留时间对 SNCR 烟气脱硝影响非常大，而这些因素取决于喷氨点位置的选取。在 850～1100℃的温度区间，还原剂和烟气能够实现快速而均匀地混合，还原剂可以达到 0.5 秒以上的停留时间，SNCR 脱硝效率最高可达 60%。在氧化铝焙烧炉系统工艺中，P04 至 P03 处烟气温度为 950～1100℃，适合采用 SNCR 脱硝。

2.4.3　选择性催化还原（SCR）脱硝技术

1. 中温 SCR 脱硝技术

1）SCR 脱硝技术原理

在众多的脱硝技术中，选择性催化还原法（SCR）是脱硝效率最高、最为成熟的脱硝技术。1975 年在日本 Shimoneski 电厂建立了第一个 SCR 系统的示范工程，其后 SCR 技术在日本得到了广泛应用。在欧洲已有 120 多台大型装置的成功应用经验，其 NO_x 的脱除率可达到 80%～90%。日本大约有 170 套装置，接近 100 GW 容量的电厂安装了这种设备，美国政府也将 SCR 技术作为主要的电厂控制 NO_x 技术，SCR 方法已成为目前国内外电厂脱硝比较成熟的主流技术[66, 67]。

选择性催化还原（selective catalytic reduction，SCR）脱硝技术主要利用 NH_3、尿素等为还原剂，在适当的催化剂上有选择性地将 NO，还原为无毒无害的产物 N_2 和 H_2O，反应原理示意图如图 2-24 所示[59]，其反应方程式一般认为是：

$$4NH_3+4NO+O_2\!=\!\!=\!4N_2+6H_2O \tag{2-22}$$
$$4NH_3+2NO_2+O_2\!=\!\!=\!3N_2+6H_2O \tag{2-23}$$

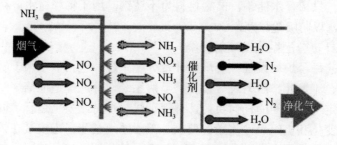

图 2-24　SCR 反应原理示意图

由于烟气中 NO_x 是主要以 NO 的形式存在，还原剂 NH_3 和 NO 的摩尔比接近 1，温度低于 400℃时，反应主要以式（2-22）为主。SCR 脱硝系统主要由三部分组成：SCR 反应器及辅助系统，氨储存及处理系统，氨注入系统等。还原剂（氨）以液态形式储存于氨罐中，在注入 SCR 系统烟气前由蒸发器蒸发气化；气化的氨与稀释空气混合，然后喷入 SCR 反应器上游的烟气中；混合后的还原剂与烟气在 SCR 反应器中在催化剂的作用下将烟气中的 NO_x 转化为 N_2 和水，从而去除 NO[68]。

2）SCR 烟气脱硝工艺的影响因素

A. 温度对催化剂反应性能的影响

目前，烟气 SCR 催化剂有很多，不同的催化剂，其适宜的反应温度也各异。如果反应温度太低，催化剂的活性降低，脱硝效率下降，则达不到脱硝的效果。

并且，如果催化剂在低温下持续运行，将导致催化剂的永久性损坏；如果反应温度太高，NH_3 容易被氧化，生成 NO_x 的量增加，甚至会引起催化剂材料的相变，导致催化剂的活性退化[69]。采用何种催化剂与 SCR 反应器的布置方式是密切相关的，目前，国内外 SCR 系统大多采用中高温催化剂，反应温度在 300～420℃。

B. 空速对催化剂性能的影响

烟气在 SCR 反应塔中的空速是 SCR 的一个关键设计参数，它是烟气体积流量（标准状态下的湿烟气）与 SCR 反应塔中催化剂体积比值，反映了烟气在 SCR 反应塔内的停留时间的大小。烟气的空速越大，其停留时间越短。一般 SCR 的脱硝效率将随烟气空速的增大而降低。空速通常是根据 SCR 反应塔的布置、脱硝效率、烟气温度、允许的氨逃逸量以及粉尘浓度来确定的[70]。

C. 摩尔比对 NO 转换的影响

理论上，1 mol 的 NO 需要 1 mol 的 NH_3 去脱除。根据化学反应平衡知识，NH_3 量不足会导致 NO_x 的脱除效率降低，但在工程实践中，NH_3 过量又会带来 NH_3 对环境的二次污染，一般在设计过程中，NH_3/NO 的值控制在 0.8～1.2 的范围内比较合适，并且结合生产负荷的变化而变化。

D. 催化剂的选择对 SCR 工艺的影响

SCR 系统中的重要组成部分是催化剂，催化剂的选择不仅仅是针对反应温度的不同来选择，并且要考虑 SCR 装置的压降、布置的合理性等因素[71]。当前流行的成熟催化剂有蜂窝式、波纹状和平板式等。平板式催化剂一般是以不锈钢金属网格为基材负载上含有活性成分的载体压制而成；蜂窝式催化剂一般是把载体和活性成分混合物整体挤压成型；波纹状催化剂是外形如起伏的波纹，从而形成小孔。当前各种催化剂活性成分大部分为 WO_3 和 V_2O_5。各种催化剂性能参数的比较见表 2-18。

表 2-18　各种催化剂性能参数的计较

性能参数	平板式催化剂	蜂窝式催化剂	波纹板催化剂
催化剂活性	低	中	高
氧化率	高	高	低
压力损失	中	高	低
抗腐蚀性	高	高	一般
抗中毒性	低	低	高
堵塞可能性	低	中	中
耐热性	中	中	中

E. WO_3 和 V_2O_5 含量对 V-W/Ti 催化剂活性的影响[72]

V 作为催化剂的主要活性组分，其含量对催化剂的活性有很大的影响，由

图 2-25（a）可以看出随着 V_2O_5 含量的提高，催化剂的活性逐步提升，催化剂的活性窗口拓宽，V_2O_5 含量在催化剂中起着重要的角色。V-W/Ti 催化剂在 300～400℃时催化效果最佳，当温度达到 300℃以上时，0.5%含量 V_2O_5 的催化剂没达到最佳脱硝效果。有研究报道了由于 TiO_2 比表面积有限，质量分数约 1%时即可在催化剂表面形成单分子层结构，再增加 V_2O_5 的量也不会增加 V_2O_5 的分散度，而催化剂此时的脱硝效率主要取决于表面 V 活性位量，过量的 V_2O_5 包裹在内部不会起到催化效果。

　　WO_3 作为一种助剂添加到 V/Ti 催化剂中，从图 2-25（b）中可以看出扩大了催化剂温度窗口，即催化剂在较低温度下也具有活性，而在高温度下具有高活性和高选择性。选择 WO_3 作为助剂是因为自身具有一定的催化活性，更主要是因为其热稳定性好，可以大幅提高催化剂的抗硫抗水性。

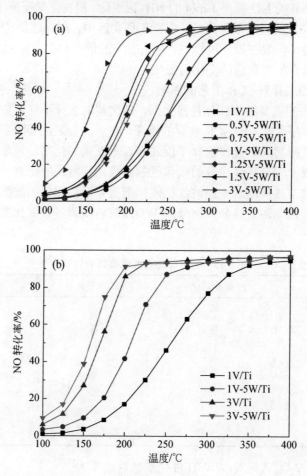

图 2-25　（a）V_2O_5 含量对 V-W/Ti 脱硝影响；（b）WO_3 对 V/Ti 催化剂的脱硝影响

F. V_2O_5 和 WO_3 含量对 V-W/Ti 催化剂抗硫抗水性的影响[72]

V_2O_5 作为 V-W/Ti 催化剂中主要的活性组分，含量的多少对催化剂的抗水抗硫性也有较大的影响。氧化铝焙烧烟气温度在 300～350℃之间，在 300℃时考察了 V_2O_5 和 WO_3 的含量对 V-W/Ti 催化剂耐水耐硫性能的影响。如图 2-26（a）所示，当 V_2O_5 含量相对较低时（0.5%、0.75%）V-W/Ti 催化剂有较差的耐水耐硫性能和脱硝效率。当 V_2O_5 含量增加到 1%以上时，V-W/Ti 催化剂有较好的耐水耐硫性并且 NO 脱除率可达到 85%以上。从图 2-26（b）可以看出，一定量的 WO_3 含量对催化剂耐水耐硫有很大辅助作用，当含量超过 5%时 WO_3 的作用并不明显。

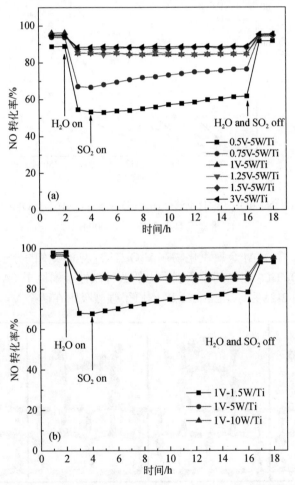

图 2-26　（a）不同 V 含量催化剂耐水耐硫性；（b）不同 W 含量催化剂耐水耐硫性

G. 碱性金属对催化剂活性影响[72]

a）碱性金属氧化物对 V-W/Ti 催化剂活性影响

将 Al_2O_3 对催化活性的影响与常规的碱性金属氧化物如 K_2O，Na_2O 和 CaO

进行比较，其 M/V 摩尔比均为 1.0。如图 2-27 所示，V-W/Ti 催化剂浸渍不同种类碱金属后在 100～400℃进行活性评价，Al_2O_3 的影响远远弱于其他碱性金属氧化物。特别是在 300℃时，1Al 掺杂显示出与新鲜样品的 NO 转化率几乎相等，而 K，Na，Ca 掺杂的那些分别为 19%，45%，72%。结果表明，金属氧化物的抑制作用依次为 $K_2O > Na_2O > CaO > Al_2O_3$，与碱性大小一致。

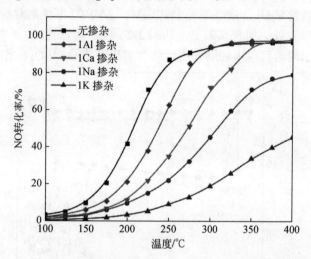

图 2-27　掺杂 Al、Ca、Na 和 K 的催化剂活性比较，反应条件：$[NH_3]=[NO]=400$ ppm，$[O_2]=0.5\%$，
平衡气 N_2，GHSV=30 000 h^{-1}

b）Na、K、Ca、Al 金属氧化物在 V_2O_5/TiO_2 表面吸附的分子模拟

吸附在 V_2O_5/TiO_2 催化剂模型表面上的四种碱性金属原子（Al，Ca，Na 和 K）的优化结构如图 2-28 所示。Ca，Na 和 K 原子强烈吸附在两个 V=O 位点的中间，

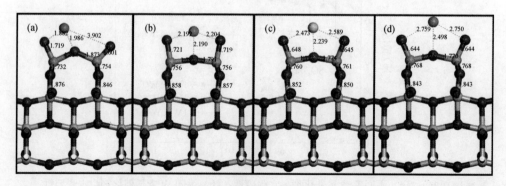

图 2-28　（a）Al 在 V_2O_5/TiO_2 上的吸附；（b）Ca 在 V_2O_5/TiO_2 上的吸附；（c）Na 在 V_2O_5/TiO_2
上的吸附；（d）K 在 V_2O_5/TiO_2 上的吸附

红球：O 原子；灰球：Ti 原子；青球：V 原子；白球：H 原子；蓝球：N 原子；粉球：铝原子；绿球：Ca 原子；
黄球：Na 原子；橙球：K 原子

特别是 Al 对 V_2O_5/TiO_2 表面的影响不同于 Ca，Na 和 K。由于 Al—O 键通常约为 1.7 Å，Al 被吸附到 V═O 之一上，导致另一个 V═O 作为活性中心，依然具有催化活性。因此，Al 对催化剂的影响比其他碱性金属（Ca，Na 和 K）弱。

c）碱性金属对 V_2O_5/TiO_2 催化剂的影响机理

在实验研究中发现负载碱性金属的催化剂活性由大到小依次为：1V-5W/Ti-Al＞1V-5W/Ti-Ca＞1V-5W/Ti-Na＞1V-5W/Ti-K，与 DFT 理论计算结果一致。图 2-29 提出了碱性金属（Al，Ca，Na 和 K）对 V_2O_5 基催化剂催化性能的影响机理。对于新鲜催化剂，NH_3 可以很容易地吸附在 Brønsted 酸位点上，形成化学吸附的 NH_4^+，反应在催化循环中进行。对于 Al 掺杂催化剂，Al 吸附在单一酸性位点上，另一个游离 V═O 仍然可以吸附 NH_3 分子，与 Al 和 NH_3 形成中间体，从而在催化循环中进一步转化。对于其他碱性金属（M=Ca，Na，K）掺杂催化剂，两个酸性位点都被 M 原子占据，形成稳定的螯合结构，其中活性位点难以释放，从而得出碱性金属对催化剂的影响由大到小为：K＞Na＞Ca＞Al。

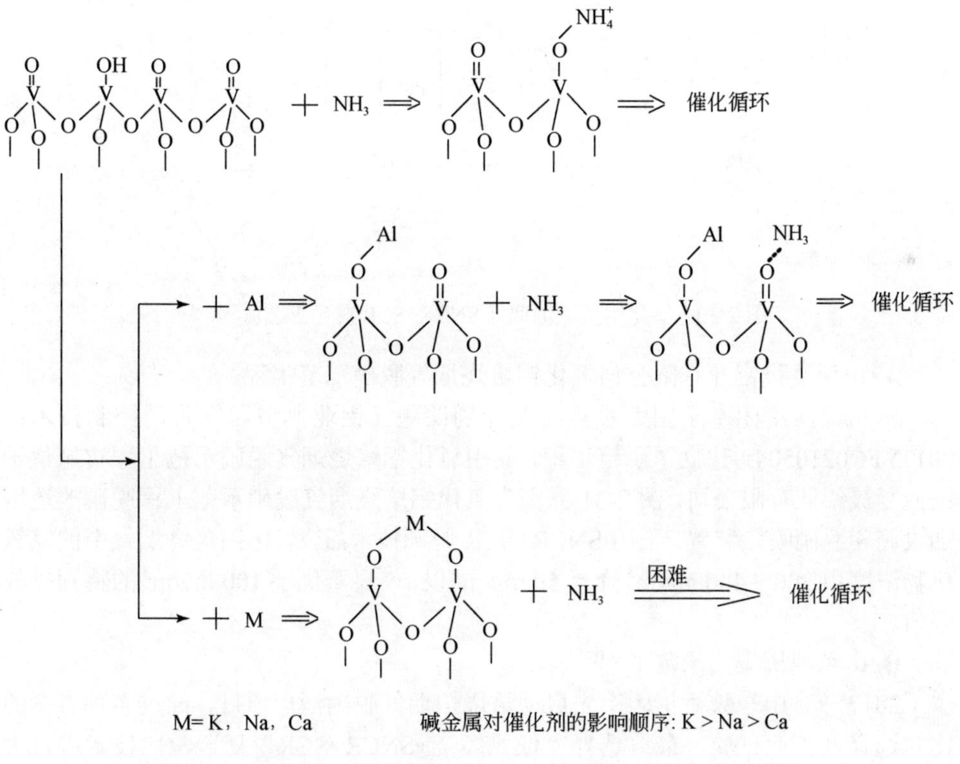

M=K，Na，Ca　　　　碱金属对催化剂的影响顺序：K＞Na＞Ca

图 2-29　V_2O_5/TiO_2 催化剂上 Al，Ca，Na 和 K 影响机理示意图

3）应用情况及改进措施

在焙烧炉系统工艺中（工艺流程见图 2-30），P04 至 P03 处烟气温度为 950～

1100℃，适合采用 SNCR 脱硝。旋风预热器 P02 出口后烟气温度稳定在 320～380℃，具有良好的 SCR 脱硝反应温度窗口。从改造难度上看，位于系统塔架外侧的 P02 后烟道至 A02 为下降烟道，具有连接烟道和设置反应器空间的作用，可实现建设 SCR 反应器的空间和工艺需求的目标；从脱硝系统运行看，A02 前烟气中的粉尘含量（氢氧化铝和氧化铝）高达 80 g/m³，催化剂的堵塞和磨损是最大的技术问题，该工况与水泥中温高尘 SCR 类似，借鉴相关设计经验，可实现稳定运行。

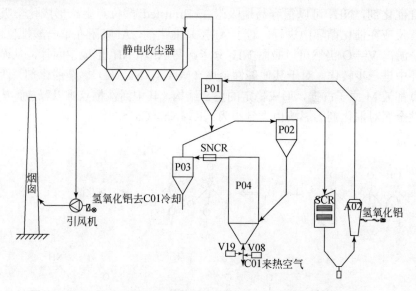

图 2-30　氧化铝焙烧炉烟气 SNCR+SCR 脱硝工艺流程[73]

A. 山西复晟铝业有限公司氧化铝焙烧烟气脱硝示范工程

杭州锦江集团基于国家重点研发计划课题（铝业典型烟气硫硝控制技术：2017YFC0210504）建立了示范工程，其中氧化铝焙烧烟气脱硝示范工程实施位于山西复晟铝业有限公司。图 2-31 分别为氧化铝焙烧烟气脱硝示范工程脱硝改造增加设施和脱硝喷氨装置。采用 SNCR+SCR 脱硝技术后，氧化铝焙烧烟气中的氮氧化物浓度由 300～400 mg/m³ 降至 50 mg/m³ 以下，显著优于 100 mg/m³ 的特别排放限值。

B. 山东魏桥集团示范工程[59]

2017 年，山东魏桥集团率先启动焙烧炉烟气脱硝治理项目，经过多种方案的比对选择及工业试验，最终选择"低氮燃烧+SNCR+SCR"复合脱硝技术进行大范围应用。2019 年年初，该公司已先后完成近 30 台焙烧炉的脱硝改造，减排效果显著。

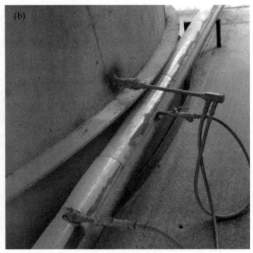

图 2-31　（a）SCR 脱硝设施；（b）SNCR 脱硝喷氨装置

2. 低温 SCR 脱硝技术

1）低温 SCR 脱硝技术概况

低温 SCR 脱硝技术是相对于中温 SCR 脱硝技术而言，普遍认为可实现 250℃ 及以下的还原脱硝技术[74]。因该工艺具有对原有设备的改动小、占地面积小、可布置在微尘环境等优点而受各研究机构的青睐。国内不少研发机构在水泥等行业试验过其性能，但未见成熟业绩报道。根据试验情况看，低温催化剂的使用对烟气中的 $SO_3(SO_2)$ 浓度较为敏感，且寿命与性能受冷凝水影响较大。从焙烧炉工艺看，最合理的布置为当前引风机前后，该处温度在 160~180℃ 之间，烟气湿度达 25%。如需使用低温 SCR 脱硝技术，必须考虑 SO_2 浓度，必要时实施煤气脱除 H_2S，将烟气 SO_2 的浓度控制在 50 mg/m³ 以内；为保持 60% 以上的脱硝率，烟气温度需升至 210℃ 以上，需设置加热（换热）系统。根据初步计算，仅升温系统就消耗 MW 级别的电量（以电加热计），运行成本高，难以承受[75]。低温 SCR 脱硝技术在焙烧炉烟气中的使用受到一定限制，在当前技术未完全成熟的情况下，不推荐使用[70]。

2）低温 SCR 催化剂的研究现状

目前，对低温 SCR 脱硝催化剂活性组分研究和应用较多的是锰及其金属氧化物，而 Mn 基低温 SCR 脱硝催化剂主要分为两类[76]：①单组分无负载 SCR 催化剂；②负载型锰氧化物 SCR 催化剂。锰及其金属氧化物之所以可以在低温段有着良好的催化效果，一是因为锰元素有着多变的价态，电子得失比较容易，有利于氧化还原反应的发生，而且锰氧化物种类较多，易于互相转变；二是锰氧化物晶体结构中含量较多的晶格氧，它可以使吸附的 NO 有效还原。Fang[77]和 Kapteijn

等[77]采用不同价态的纯锰氧化物做催化剂，以 NH_3 做还原剂，研究了不同价态的 Mn 对 NO 的催化脱除性能。结果发现烟气中 NO 的脱除率随着 MnO_x 中 Mn 价态的降低而降低，不同价态锰氧化物 SCR 催化活性排序依次为 MnO_2＞Mn_5O_8＞Mn_2O_3＞Mn_3O_4。

A. 负载型 MnO_x 催化剂

为了降低成本而不降低催化剂的活性以及抗中毒等能力，负载型 MnO_x 催化剂得到了很广泛的研究。研究表明，TiO_2 作为负载型 NH_3-SCR 催化剂载体时，能够提高催化剂的抗硫中毒能力，同时具有一定得催化性能。安忠义等[79]制备了多种 MnO_x/TiO_2 催化剂，并对比了锐钛矿型 TiO_2、金红石型 TiO_2 和 P25 型 TiO_2 载体的性能差异。研究发现，由于 P25 型 TiO_2 具有较大的比表面积，锰氧化物能更好地分布在载体的表面，生成了更多 Mn_2O_3，形成了容易解吸的 O_2^-，从而使得催化剂的催化活性得到提高。

B. 复合型低温催化剂

MnO_x/TiO_2 催化剂虽然有着优异的低温催化活性，但是真正用到氧化铝焙烧炉时，面临着成本过高、回收困难以及无法对颗粒物进一步控制等缺点。为解决上述问题，以玻璃纤维、分子筛以及蜂窝陶瓷等为载体的成型催化剂也得到了广泛关注。东华大学的李乐[80]选用耐高温的玻璃纤维为载体，改性处理后制备得到一种新型的 $Ce-Mn/GF_x$ 复合型低温催化剂。与现有的 SCR 催化剂相比，该成型催化剂在低温条件下（150℃）催化活性高，并具有较理想的抗硫性能，同时对烟气中细颗粒物也有很好的控制作用。张诚等[81]则以堇青石蜂窝陶瓷为载体，并通过浸渍法多次负载获得 $Mn-Ce/Al_2O_3$ 催化剂负载量达到 16%的 $Mn-Ce/Al_2O_3$ 催化剂堇青石复合催化剂，该成型催化剂具有一定的机械强度，100℃时脱硝率可达到75%，虽然与 MnO_x/TiO_2 催化剂相比，脱硝率有一定下降，但是成型催化剂的机械强度增加很多，环境适应性也较好。

2.4.4　臭氧氧化脱硝技术

氧化法脱硝是指采用强氧化剂将烟气中难溶于水的 NO 氧化为可被中和反应的高价 NO_x，如 NO_2、N_2O_5 等，工艺可分为氧化和吸收两个阶段，最终脱硝效率受氧化段效率和吸收段效率影响。氧化脱硝具有不受前段工序影响、控制灵活、设施改造工作量小等特点，但存在脱硝效率受限和硝酸废水处理问题，在无后续吸收设备的情况下，还需新建吸收系统。氧化脱硝技术应用，可与已有或规划建设后续烟气脱硫系统结合，实现 NO_x 的改造提效使用，不推荐单独使用[82]。

目前我国氧化铝焙烧炉基本均未配套脱硫设施，因此氧化脱硝技术在氧化铝焙烧行业上的应用还有一定的局限性。考虑到环境压力增大，污染物排放标准越来越严格，未来对于氧化铝工序 SO_2 控制要求更高，需配备脱硫时，可考虑配套臭氧氧化脱硝工艺。具体方法及应用详见后续章节，此处不再赘述。

参 考 文 献

[1] 刘丽孺, 陆钟武, 于庆波, 等. 拜耳法生产氧化铝流程的物流对能耗的影响[J]. 中国有色金属学报, 2003, 013(1): 265-270.

[2] 高贵超. 改进氢氧化铝焙烧工艺节能增效保护环境[J]. 轻金属, 1997, 11: 21-23.

[3] 周永益. 新型氧化铝生产工艺流程[J]. 河南科技, 1998, 10: 32.

[4] 单勇, 刘常林. 氧化铝熟料烧成窑的现状及发展[C]. 第十四届全国氧化铝学术会议论文集, 2004: 331-334.

[5] 易端端. 铝工业污染物治理综述[J]. 轻金属, 2013, 12: 50-52.

[6] 孙雪梅. 氧化铝熟料窑粉尘的特性和电收尘技术的应用[J]. 工业安全与环保, 2005, 31(9): 23-24.

[7] 戚立宽, 罗玉长, 杨思明. 碱石灰烧结法生产 Al_2O_3 过程中硫的化合物的排除[J]. 金属学报, 1979, 15(3): 299-304.

[8] 尹海滨, 崔士龙. 氧化铝焙烧炉烟气脱硝技术的分析及建议[J]. 中国环保产业, 2017, 9: 47-49.

[9] 曾西. LMC 型低压脉冲袋式除尘器在贵州铝厂氧化铝烧成熟料中碎中的应用[J]. 环保科技, 2004, 1: 5-8.

[10] 刘大钧. 浅谈氧化铝工业污染防治对策[J]. 轻金属, 2011, 2: 3-7+10.

[11] 谢亚辰, 马玉琦, 黄炜. 氧化铝粉装卸飞尘机理及控制方式的探讨[C]. 江苏暖通空调制冷学术年会论文集, 2013: 273-275.

[12] 车飞, 张国宁, 顾闫悦, 等. 国内外工业源颗粒物无组织排放控制标准研究[J]. 中国环境管理, 2017, 9(6): 34-40.

[13] 朱璐. 氧化铝熟料中碎粉尘治理的实践与探讨[J]. 轻金属, 2004, 4: 20-23.

[14] 田红献. 氧化铝清洁生产工艺现状及展望[J]. 安阳师范学院学报, 2004, 2: 22-24.

[15] 冯文洁, 陈巧英, 吴世哲. 提高熟料窑电收尘器收尘效率的措施[J]. 有色矿冶, 2004, 20(4): 35-37+40.

[16] 李鑫. 影响电除尘器性能参数的主要原因及对策[D]. 沈阳: 东北大学, 2010.

[17] 闫晓森, 李玉然, 王雪, 等. 电除尘器的评价指标分析及发展概述[J]. 工业催化, 2014, 22(11): 809-815.

[18] 赵书庆. 氧化铝熟料中碎电收尘系统[J]. 工业安全与防尘, 2000, 3: 3-5.

[19] 任荣彩. 影响电除尘器出口含尘量的原因及改进措施[J]. 工业安全与环保, 2008, 34(8): 12-13.

[20] 李太昌. 氢氧化铝焙烧炉电收尘粉综合利用研究进展[J]. 陶瓷, 2013, 5: 24-26.

[21] Tu G, Song Q, Yao Q. Relationship between particle charge and electrostatic enhancement of filter performance[J]. Powder Technology, 2016, 301: 665-673.

[22] 赵海宝, 何毓忠, 胡露钧, 等. 高效金属网电除尘技术研究及结构设计[J]. 轻金属, 2018, 4:

12-16.

[23] 李有荣. 熟料窑尾电收尘扩容改造[J]. 有色设备, 2009, 6: 35-39+30.

[24] 陆玉, 张任. 滤网式电除尘器在氧化铝焙烧炉的改造实践[J]. 有色冶金节能, 2018, 34(2): 43-45+42.

[25] 李茹雅, 祁君田, 殷焕荣, 等. 布袋除尘器过滤效率影响因素研究[J]. 热力发电, 2012, 41(1): 6-7+11.

[26] 李春亮. 浅析袋式除尘器除尘效率的影响因素[J]. 低碳世界, 2017, 26: 4-5.

[27] 贾立斌, 颜景昆, 刘勇. 布袋除尘器过滤效率影响因素研究[J]. 科技风, 2014, 6: 73.

[28] 李清. 钢铁行业生产工艺除尘超净排放用滤料特性的试验研究[D]. 上海: 东华大学, 2016.

[29] 那生巴图, 王强. 布袋除尘技术在铝冶炼工业中的应用与发展[J]. 科技创业家, 2013, 23: 64.

[30] 刘杰, 欧汝浩, 陈焕新. 布袋除尘器发展现状及趋势[C]. 铁路暖通空调专业 2006 年学术交流会, 2006: 118-120.

[31] 刘江峰, 徐辉, 周冠辰, 等. PTFE 覆膜滤料在氧化铝焙烧使用中的过滤性能分析[J]. 产业用纺织品, 2016, 34(6): 28-32.

[32] 刘书平, 徐彪. HBT/P84 复合滤料在昭通水泥窑头窑尾烟气除尘上的应用[C]. 全国袋式除尘技术研讨会论文集, 2009: 330-332.

[33] 范文峰, 田兴凯, 朱广斌. 袋式除尘器在氧化铝熟料窑尾气排放中的应用[J]. 有色冶金节能, 2014, 30(2): 38-41.

[34] 童翠香, 徐辉. 氧化铝循环焙烧炉增设布袋收尘器系统的设计及应用[C]. 全国袋式除尘技术研讨会论文集, 2013: 343-347.

[35] 刘栋栋, 叶兴联, 李立锋, 等. 电袋复合除尘器气流分布的数值模拟和优化[J]. 环境工程学报, 2017, 11(5): 2897-2902.

[36] 牛利民. 氧化铝厂烟气脱硫技术研究[D]. 昆明: 昆明理工大学, 2007.

[37] 彭欣, 金立业. 高硫铝土矿生产氧化铝的开发与应用[J]. 轻金属, 2010, 11: 14-17.

[38] 马智敏. 高硫铝土矿中硫的浮选脱除及机理研究[D]. 赣州: 江西理工大学, 2013.

[39] 郑立聪, 谢克强, 刘战伟, 等. 一水硬铝石型高硫铝土矿脱硫研究进展[J]. 材料导报, 2017, 31(5): 84-93+105.

[40] 戚立宽. 低品位和高硫铝土矿的处理法[J]. 轻金属, 1995, 1: 14-16.

[41] 陈文汨, 谢巧玲, 胡小莲, 等. 高硫铝土矿反浮选除硫加工成合格产品实验研究[J]. 轻金属, 2008, 9: 8-12.

[42] 陈文汨, 谢巧玲, 胡小莲, 等. 高硫铝土矿反浮选除硫试验研究[J]. 矿冶工程, 2008, 3: 34-37.

[43] Ayhan D. Demineralization and desulfurization of coals *via* columnfroth flotation and different methods[J]. Energy Conversion and Management, 2002, 43: 885-895.

[44] 牛芳银, 张覃, 张杰. 某高硫铝土矿浮选脱硫的正交试验[J]. 矿物学报, 2007, Z1: 393-395.

[45] 李长凯, 孙伟, 张刚, 等. 调整剂对高硫铝土矿浮选脱硫行为的影响[J]. 有色金属(选矿部分), 2011, 1: 56-59+26.

[46] 王晓民, 张廷安, 吕国志, 等. 高硫铝土矿浮选除硫的工艺[J]. 稀有金属, 2009, 33(5): 728-732.

[47] Salarirad M M, Behnamfard A. The effect of flotation reagents on cyanidation, loading capacity and sorption kinetics of gold onto activated carbon[J]. Hydrometallurgy, 2010, 105(1): 47-53.

[48] 李骏. 高硫铝土矿悬浮态焙烧脱硫试验研究[D]. 西安: 西安建筑科技大学, 2016.

[49] 王鹏, 魏德洲. 高硫铝土矿脱硫技术[J]. 金属矿山, 2012, 1: 108-110+23.

[50] 王一雍, 张延安, 陈霞, 等. 微波焙烧对一水硬铝石矿浸出性能的影响[J]. 过程工程学报, 2007, 2: 317-321.

[51] 郑立聪. 高硫铝土矿湿法还原脱硫的基础研究[D]. 昆明: 昆明理工大学, 2017.

[52] 张风林, 王克勤, 邓海霞, 等. 高硫铝土矿脱硫研究现状与进展[J]. 山西科技, 2011, 26(1): 94-95.

[53] 桑海波. 氢氧化铝焙烧炉烟气脱硝技术探析[J]. 世界有色金属, 2019, 18: 8-9.

[54] 王继明. 碳素焙烧炉烟气净化系统改造[J]. 科技信息, 2009, 31: 832+834.

[55] 温作仁. 敞开式阳极焙烧炉的烟气(三)[J]. 轻金属, 2006, 12: 54-58.

[56] 王素生, 蒋金龙, 鲜勇, 等. 浅谈降低焙烧炉烟气污染物排放的方法[J]. 炭素, 2018, 3: 29-34.

[57] 吕宜德, 吕元, 吕复, 等. 高效煤粉工业锅炉低氮燃烧与半干法除尘脱硫脱硝新工艺的设计及应用[J]. 工业炉, 2017, 39(1): 36-41+63.

[58] 徐良策. 低氮燃烧脱硝技术在氧化铝焙烧炉的应用[J]. 中国金属通报, 2019, 8: 9-10.

[59] 徐万福, 刘雨川, 李福春, 等. 用于高(焦)炉煤气风机的非接触螺旋槽干气密封的设计与分析[J]. 机械工程学报, 2005, 9: 194-197.

[60] Oliva M, Alzueta M U, Bilbao A M R. Theoretical study of the influence of mixing in the SNCR process, comparison with pilot scale data[J]. Chemical Engineering Science, 2000, 55: 5321-5332.

[61] Mahmoudi S, Baeyens J, Seville J P K. NO_x formation and selective non-catalytic reduction (SNCR) in a fluidized bed combustor of biomass[J]. Biomass and Bioenergy, 2010, 34: 1393-1409.

[62] 陈杏. 低氮燃烧+选择性非催化还原烟气脱硝技术(SNCR)在循环流化床锅炉脱硝工程上的应用[J]. 能源环境保护, 2013, 27(4): 33-35.

[63] 李辉. SNCR 烟气脱硝还原剂选择的分析[J]. 硫磷设计与粉体工程, 2016, 03: 4-8.

[64] 祝百东. SNCR 烟气脱硝技术的实验研究[D]. 哈尔滨: 哈尔滨工业大学, 2006.

[65] 侯致福, 杨玉环. 干态氨法 SNCR 烟气脱硝工艺设计及经济性分析[J]. 东北电力技术, 2016, 37(1): 56-58.

[66] Tang X, Hao J, Yi H, et al. Low-temperature SCR of NO with NH_3 over AC/C supported

manganese-based monolithic catalysts[J]. Catalysis Today, 2007, 126: 406-411.

[67] 华炜, 凌俊. 220t/h 水煤浆锅炉烟气脱硝工艺技术[J]. 化工进展, 2013, 32(04): 955-958.

[68] Kr Cher O, Elsener M. Chemical deactivation of V_2O_5/WO_3-TiO_2 SCR catalysts by additives and impurities from fuels, lubrication oils, and urea solution[J]. Applied Catalysis B, Environmental, 2007, 77(3): 215-227.

[69] 商雪松, 陈进生, 赵金平, 等. SCR 脱硝催化剂失活及其原因研究[J]. 燃料化学学报, 2011, 39(6): 465-470.

[70] 崔海峰, 谢峻林, 李凤祥, 等. SCR 烟气脱硝技术的研究与应用[J]. 硅酸盐通报, 2016, 3: 805-809.

[71] 王伟. SCR 脱硝反应器入口烟道流场模拟研究[D]. 济南: 山东大学, 2010.

[72] 宁汝亮. 氧化铝焙烧烟气 SCR 脱硝研究[D]. 贵阳: 贵州大学, 2019.

[73] 谷立轩. 氢氧化铝焙烧烟气脱硝工艺的探讨[J]. 有色金属设计, 2020, 47(3): 29-31.

[74] 赵桂锋, 杨文波. SCR 脱硝技术概述[J]. 锅炉制造, 2007, 2: 41-42.

[75] 孙刚森, 吕大蔚, 尹华, 等. 中低温 SCR 脱硝工艺在焦炉烟道废气净化中的应用[J]. 燃料与化工, 2017, 48(3): 36-37.

[76] 肖琨. SCR 脱硝技术用催化剂性能试验与成型研究[D]. 济南: 山东大学, 2008.

[77] Fang D, He F, Xie J, et al. Distributions and species of MnO_x included in MnO_x/TiO_2 catalysts for denitration at low temperature[C]. 中国材料大会 2012 第 3 分会场: 绿色建筑材料论文集, 2012: 111-116.

[78] Kapteijn F, Singoredjo L, Andreini A, et al. Activity and selectivity of pure manganese oxides in the selective catalytic reduction of nitric oxide with ammonia[J]. 1994, 3(2-3): 173-189.

[79] 安忠义, 禚玉群, 徐超, 等. TiO_2 晶相对 MnO_x/TiO_2 催化剂催化 NO 氧化性能的影响[J]. 催化学报, 2014, 35(1): 120-126.

[80] 李乐. 玻璃纤维负载 Ce-Mn 氧化物低温催化还原 NO 的实验研究[D]. 上海: 东华大学, 2014.

[81] 张诚, 曹鹏, 颜鑫, 等. 不同蜂窝孔径 Mn-Ce/Al_2O_3 催化剂低温脱硝性能[J]. 硅酸盐通报, 2018, 37(9): 2967-2973.

[82] 沈阳化工大学. 一种碳酸钙/氢氧化钙-石膏湿法烟气脱硫除尘技术[P]. 中国发明专利, CN201510392514.0. 2015-11-11.

第3章　石油焦煅烧工序大气污染物控制

3.1　石油焦煅烧污染物排放特征

3.1.1　石油焦煅烧工艺流程及产污节点

石油焦是预焙阳极生产的重要原料。石油焦煅烧是将生焦经热工除去石油焦中的水分、挥发分和部分硫分，从而改善其抗热震性、密度、机械强度、导电性和抗氧化性等性能的过程。煅烧后石油焦的宏观结构和微观组织都发生了明显变化，其物理和化学性能均能获得改善，煅烧后才能应用于铝用炭阳极的制备[1]。石油焦的品质和煅烧工艺条件影响着锻后焦的质量，而煅烧温度和滞留时间是影响煅烧质量的主要参数。石油焦煅烧温度一般不低于1200℃。煅烧时，原料中的一些杂质会因受热相继排出。低温阶段，O_2、N_2、CO_2、CO等首先排出。在450℃左右时，单质硫气化排出。当温度达到1200℃以上时，一部分有机硫排出。单质硫和有机硫进入气相后燃烧，生成SO_2随烟气排出。

石油焦煅烧过程中，随着挥发分被排出，焦炭结构发生了重排，煅后焦中挥发分含量越低，说明煅烧程度越高，煅后焦各项指标越好。挥发分增加1%，则体积密度降低0.01 g/cm³[1-3]。目前，主流的石油焦煅烧设备主要有3种：罐式煅烧炉、回转窑、回转床。其中国内主要采用罐式炉和回转窑，回转床在国外有应用[4]。

1. 罐式煅烧炉

罐式煅烧炉又称罐式炉。目前国内大部分小型企业均采用这一技术，该技术成熟，适用于分散煅烧。图3-1为罐式炉生产工艺流程，主要分为破碎筛分、上料、煅烧、冷却、排料、贮存等流程。罐式煅烧炉由若干个用耐火材料砌成的结构相同的垂直煅烧罐组成。每组4个罐为一个小单位，一台炉由2~20数量不等的若干小单位组成，一台炉的组数越多产量越大，近年来出现10组以上的罐式炉。每个罐的上部有加料口，下部有排料口，物料是靠自身重力从上向下移动的。根据物料运动方向与高温烟气流动方向，罐式煅烧炉有顺流式和逆流式两种煅烧炉[4]。顺流式炉烟气的流动方向与物料一致，烟气是从上面的火道往下面的火道流动，燃料从最上层火道送入；逆流式炉的烟气与物料是逆向运动，烟气从下面的火道往上面的火道流动，燃料从最下层火道送入。逆流式炉火道的高温区域处于物料加热后期最需要提高温度的部位，因此，逆流式炉有利于石油焦煅烧，优于顺流式。

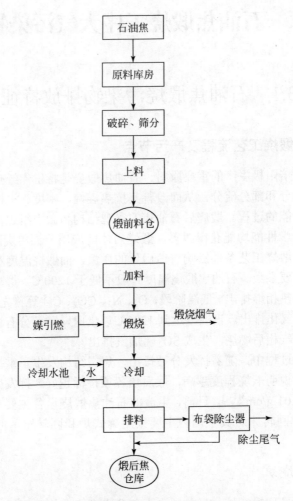

图 3-1　罐式炉生产工艺流程

　　罐式炉是利用物料挥发分燃烧的自热式煅烧设备，当物料的挥发分大于 7% 时，罐式煅烧炉不用外加燃料，全部利用物料挥发分燃烧供热。当挥发分小于 6% 时，有时需额外补充煤气等燃料，采用半连续自动加料或尽量缩短加料间隔[4]。图 3-2 为八层火道顺流式罐式煅烧炉结构[5]，煅烧时原料由炉顶加料装置加入罐内，物料依靠重力缓慢向下移动，在由上而下的移动过程中，逐渐被位于料罐两侧的火道加热，燃料在火道中燃烧产生的热量是通过火道壁间接传给原料的。罐侧壁用硅砖砌成，硅砖墙外是火道加热系统。物料在罐体上部加入后，在罐内受热并向下缓慢移动，罐壁墙接收从两侧火道传递的热量后迅速升温。当原料的温度达到350～600℃时，其中的挥发分大量释放出来。通过挥发分道汇集并送入火道燃烧。挥发分的燃烧是罐式煅烧炉的又一个热量来源。火道在罐壁两侧呈 Z 形分布，形成高达约 4 m 的煅烧带，其 3 m 多为高温带。由于所加原料的挥发分和水分不同，所以不同时间、不同罐体内部各层的温度是变化的。物料穿越每一层火道相应罐层高度所需时间约 3 h。在物料下移受热升温过程中排出水分、挥发分，物料经过 1200～1300℃以上的高温，完成一系列的物理化学变化后，从料罐底部进入水套冷却，最后由排料装置排出炉外[4]。

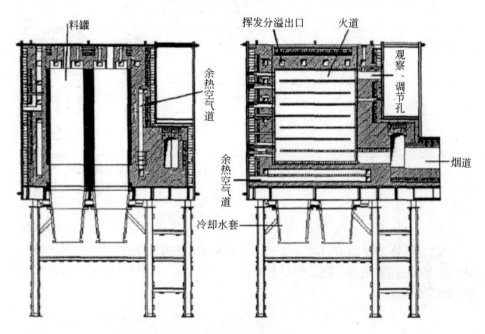

图 3-2　八层火道顺流式罐式煅烧炉结构

罐式煅烧炉在我国被广泛应用，罐式炉能够满足受热充分、间接加热的各项要求，在内部可以避免空气接触，降低氧气损耗率，能够提升成品产量和质量。但是也存在人工操作流程较多，增加了安全风险大，检修困难的问题。

2. 回转窑

回转窑煅烧工艺流程如图 3-3 所示，原料石油焦运至原料库后，卸入储仓中，用抓斗天车将其运到格筛料斗上，小于 200 mm 的料经格筛落入料斗，大于 200 mm 的料用大锤打碎后返回系统。料斗中的石油焦经振动给料机、齿辊破碎机破碎到 70 mm 以下，由皮带输送机、斗式提升机、可逆皮带机送至中间仓。也可经斗式提升机后转换到另一皮带输送机将料直接送入煅前仓。中间仓的料经振动给料机、皮带输送机、斗式提升机、皮带输送机送入煅前仓。煅前仓的料经振动给料机、皮带秤送至回转窑中煅烧。煅烧后的料经冷却机冷却，再有皮带秤、可逆皮带机送到煅后仓。

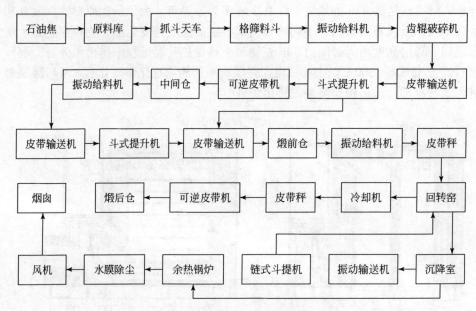

图 3-3　回转窑石油焦煅烧工艺流程

回转窑煅烧系统如图 3-4 所示[6]，主要由石油焦煅烧回转窑、高温煅烧焦冷却机和窑尾燃烧室组成，回转窑是具有纵长倾斜、可以旋转、内部衬有耐火材料的钢筒体结构。

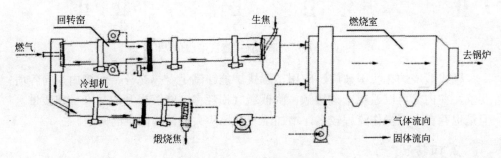

图 3-4　回转窑煅烧系统

回转窑生产时，破碎后的原料生焦从贮料仓经给料机连续向窑尾加料，随着窑体的转动，原料在倾斜的窑体内逐渐向窑头移动；从窑头喷入的燃料、石油焦的挥发分与窑头进入的空气混合燃烧，形成一个长达 5～10 m 的煅烧带，温度达到 1250～1350℃，原料在窑内停留的时间只有 60～80 min。为了使物料能在窑内移动，窑体倾斜安装，其倾斜度的大小一般为窑体总长的 2.5%～5%，窑头低、窑尾高。被煅烧物料在回转窑内受到燃烧气体的对流、热辐射和灼热耐火材料热传导的综合加热。物料因窑体转动而不停翻动，使物料交替受热，物料温度比较均匀[4]。回转窑产生的烟气经沉降室、余热锅炉、除尘器、引风机和烟囱排入大气。但由于高硫石油焦的进口使用和国家标准政策要求日趋严格，SO_2 超标烟气排入大气前需进行脱硫处理才能排入大气。

回转窑加热过程中所需的热量，主要来自三个方面：燃料燃烧热、生焦中挥发分燃烧热和石油焦烧损放热。为了充分利用挥发分的热量，使挥发分在窑内充分燃烧，提高煅烧带温度，回转窑需要进行二次、三次鼓风。一次风主要解决喷入燃料燃烧所需空气，二次风主要供给物料中逸出挥发分燃烧所需空气。对于煅烧高挥发分石油焦，进行二次鼓风后可全部利用挥发分燃烧加热而停用燃料。部分回转窑还设有三次风机，三次鼓风主要是为了提高煅烧带温度，保证煅烧质量[4]。

因回转炉结构简单、产能大、自动化程度高、施工周期短、对原料适应性强、维修费用低、使用寿命长等特点，被广泛大规模采用[7]。但也存在物料氧化烧损大，一般 10%左右，煅烧实收率低；煅烧物料在窑内转动，造成耐火材料内衬的磨损和脱落，导致物料灰分增加和检修次数较多，窑内衬检修工作量较大，设备运行成本较高，煅烧焦质量不稳定[2]。

3. 回转床

回转床主要由炉顶（固定）、侧墙（垂直）和床体（可旋转）三部分组成，固定的炉顶侧墙与旋转平台之间采用水封密闭。床可以是平的，也可以向中心倾斜，中间接均热室，下面紧接一个水平的旋转卸料台。图 3-5 为回转床结构示意图[7]。从炉顶周边进料，在搅拌耙子的定时搅拌下，原料逐渐向中心移动进入均热室，向中心运动的过程中被加热完成煅烧过程，原料共在煅烧炉内停留 1 h 左右，最后由炉底中心排出进入冷却器进行冷却[8]。燃烧器在炉顶上部，以确保炉子维持所需要的煅烧温度，其中石油焦挥发分的燃烧是能源的主要提供者，而外加煤气或重油仅为补充能源。燃烧过程所需的空气经过预热（500℃），通过煅烧炉侧墙上的边门和火嘴进入煅烧炉内[4]。煅烧过程产生的大量热烟气，通过水平烟道进入余热回收系统，该系统包括余热锅炉和空气预热器。在生焦中含有大量的焦粉，这些粉末会被回转床所产生的相对高速的气流所带走，并在后序工艺中烧掉[7]。

回转床煅烧炉的操作分原料焦的破碎和脱水，原料焦在回转床煅烧炉内煅烧及冷却，煅后焦的存储、包装，以及废热回收四部分。回转床煅烧炉煅烧技术具有煅烧质量均匀、氧化损失小、热量损失小、操作简单灵活等优点，同时也存在建设成本稍高、设备结构复杂、材质要求高、耙子及挡板等零部件易烧坏、维修工作量大等缺点[4]。

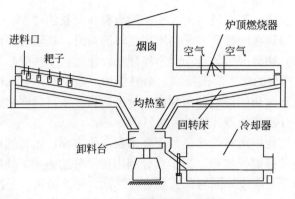

图 3-5　回转床结构示意图

3.1.2　石油焦煅烧污染物排放特征

石油焦煅烧过程中产生的主要有害物为粉尘、挥发物和 SO_2，粉尘的产生主要在原料输送、破碎、煅后焦冷却及煅烧的烟气中，通过使用布袋除尘器、水膜除尘器等可以对粉尘进行有效收集；挥发物通过工艺控制可以在窑内进行完全燃烧；SO_2 主要来自石油焦和燃料中的硫含量，石油焦煅烧过程和燃料燃烧时，其中的硫转化为 SO_2 进入烟气中，烟气中的 SO_2 浓度主要取决于石油焦的硫含量[9, 10]。

2005 年以前，石油焦多采用低硫焦进行生产，石油焦 S 含量在 0.5%～2% 之间，石油焦煅烧烟气含 SO_2 较低，通过工艺控制基本上可控制在当时国家规定的 800 mg/m³ 以下。近年来，中国对石油需求越来越大，进口原油的比例也逐渐增大。进口的石油 40% 以上来自中东地区，中东原油的硫含量在 1%～2.9% 左右。在石油加工过程中，硫大部分转到石油焦中，造成石油焦的硫含量也较高[9]。使用中东进口石油的炼油厂生产的石油焦硫含量高达 3%～7%。回转炉煅烧时，石油焦脱硫率一般为 15%～20%[11]，石油焦煅烧烟气普遍在 1000 mg/m³ 以上。随着铝行业发展和进口原油的增长，高硫焦在预焙阳极生产中的用量逐渐增大，使得石油焦煅烧烟气 SO_2 浓度增大，从而带来极大的环境压力。

表 3-1 为部分企业回转窑和罐式炉石油焦煅烧烟气的 SO_2 和 NO_x 排放浓度，其中 SO_2 排放浓度随石油焦硫含量及煅烧工艺变化而不同，煅烧过程中也有少量 NO_x 生成。近年来，随着石油焦硫含量增加和环保政策标准收紧，煅烧烟气 SO_2 控制技术需求迫切。

表 3-1　部分企业回转窑和罐式炉石油焦煅烧 SO_2 和 NO_x 排放浓度[9, 12-14]（单位：mg/m³）

地点	煅烧设备	SO_2	NO_x
青海	回转窑	1008～1514	—
云南	回转窑	1600～2500	—

续表

地点	煅烧设备	SO₂	NOₓ
山东	罐式炉	4952~5217	—
江苏	罐式炉	2800~4090	—
辽宁	罐式炉	2105	—
江苏	罐式炉	1540~1640	120~154
湖南	罐式炉	782	78
山东	罐式炉	2560	261

3.2 石油焦煅烧烟气颗粒物控制技术

回转窑石油焦煅烧过程中产生的烟气含有大量颗粒物，为此有必要对其进行治理。目前我国的预焙阳极厂大都采用贵阳铝镁设计院设计的沉灰室[15]对其进行预处理。通过向沉灰室通入空气，利用烟气高温使烟气中的焦粉和 CO 进一步燃烧。同时沉灰室隔墙还能够去除大颗粒灰尘。之后烟气进入余热锅炉回收余热，大型煅烧回转窑能进一步利用余热发电，实现烟气余热资源化利用。

经过余热锅炉的烟气再经水膜除尘器或者旋风、布袋除尘器等设备对其处理，可实现 97%以上的除尘效率，净化后烟气颗粒物浓度通常小于 75 mg/m³，满足《铝工业污染物排放标准》（GB 25465—2010）中 100 mg/m³ 的排放限值。但随着 2013 年 GB 25465—2010 修改单的出台，以及近来河南省等地区提出的碳素行业超低排放，要求颗粒物排放低于 10 mg/m³，我国石油焦煅烧炉面临着迫切的升级改造需求。

以下主要围绕石油焦煅烧烟气目前应用的水膜除尘器、旋风除尘器和布袋除尘器这三种除尘器进行介绍。

1）水膜除尘器

水膜除尘器的工作原理：含尘气流通过进口烟道进入除尘器内部，与除尘器内喷洒形成的水膜层充分接触，使尘粒被水膜层捕集，气体得以净化，而尘粒也在水的作用下凝聚后受到重力而随水流到除尘器底部，最后从排水孔排出进入沉淀池，沉淀中和，循环使用。该除尘器的优点是造价低，结构简单，能处理高温高湿度的烟气；缺点是高度较大，布置困难，而且需要对废液、泥浆进行处置。

2）旋风除尘器

旋风除尘器的工作原理：将含尘烟气沿切线进口进入除尘器，烟气在除尘器内部做旋转运动，烟气中的尘粒受到离心力的作用向外壁移动，最终与外壁碰撞受重力作用落入灰斗，由排尘孔排出，而分离后的气体形成上升内旋流由排气管排出。该除尘器的优点是结构简单，造价低廉，操作维修方便；缺点是不适于捕集 5 μm 以下的非纤维、非黏性的干燥尘粒。

3）布袋除尘器

布袋除尘器的工作原理：布袋除尘器是一种干式高效除尘器，它利用纤维编织物制作的布袋滤料来捕集含尘气体中的粉尘颗粒，主要是依靠烟气中尘粒自身的重力作用沉降、滤料空隙对烟气进行筛分过滤、尘粒受到惯性力与滤料碰撞沉降、尘粒受到布朗运动与纤维接触概率增大进而提高了对尘粒的捕集等四个方面，达到净化烟气的目的。该除尘器的优点是除尘效率高，一般在 99% 以上，对尘粒的特性不敏感；缺点是需要及时清灰，而且不能破坏初层以避免除尘效率下降。

以上介绍的三种除尘器对于石油焦煅烧烟气颗粒物控制虽然已有应用实例，但在实际运行中还需要根据各自的优缺点以及产生颗粒物的特性等进行多方面的考虑，选择合适的除尘器进行二次除尘（图 3-6）。

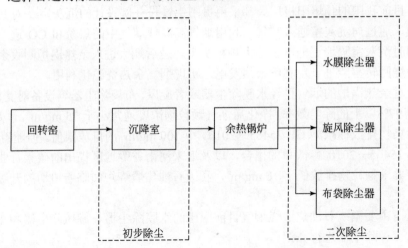

图 3-6　烟气颗粒物控制系统工艺流程图

3.3　石油焦煅烧烟气脱硫技术

目前我国以高硫焦（一般认为：低硫焦的硫含量为 1.5% 以下，中硫焦的硫含量为 1.5%～3%，高硫焦的硫含量为 3% 以上[16]）作为制备铝用预焙阳极的主要原料，在煅烧过程会产生高浓度 SO_2（1000～5000 mg/m³）。2013 年我国出台的《铝工业污染物排放标准》（GB 25465—2010）修改单，规定石油焦煅烧烟气 SO_2 特别排放限值为 100 mg/m³，2018 年河南省提出了碳素行业 SO_2 超低排放限值为 35 mg/m³，我国石油焦煅烧炉面临着迫切的脱硫系统升级改造需求。

3.3.1　低硫原燃料等源头控制技术

通过降低石油焦的硫含量,可以实现石油焦煅烧烟气中硫氧化物的源头减排。目前,该技术主要有溶剂抽提脱硫、在介质气体中脱硫、化学氧化法脱硫、添加剂脱硫等方法,下面针对不同技术做相应介绍。

1. 溶剂抽提脱硫

该方法是利用溶剂的相似相溶原理,选择合适的溶剂浸渍石油焦,溶解石油焦中的硫醚、噻吩等有机硫化物,然后抽提溶剂,达到除去硫分的目的。该方法常用芳烃或类似的化合物作浸渍溶剂。浸渍脱硫虽然流程简单,但是脱硫效率很低,如表 3-2 所示,最大脱硫效率一般不超过 20%[17],且工业大规模应用难度较大。

表 3-2　不同溶剂最大脱硫效率

溶剂	最大脱硫效率/%
邻氯苯酚	20
吡啶	19
苯酚	14
二氯乙醚	13
苯	13
对甲苯酚	9
萘	7
硝基苯	7
乙醇胺	6
甲苯	5
丙酮	2

2. 在介质气体中脱硫

一般指在加热条件下,石油焦置于固定床层的常压气氛中,通入脱硫介质,保持一定时间,硫与介质结合生成新的物相,从而除去石油焦中硫分的过程。常用脱硫介质:氧化性气体(如 CO_2、O_2、空气或水蒸气)、还原性气体(如 N_2、CO、CH_4 等)、含硫气体(H_2S、羰基硫、硫醇、CS_2、羰基硫与水的混合物、CO 与 SO_2 的混合物)和烃类气体[16]。该方法能耗较高,对设备的技术要求也比较苛刻,目前基本处在研究阶段。

(1)在氧化性气体中脱硫,在 1600 K 时在 CO_2 气体中热处理石油焦,脱硫效率可达 67%，但同时焦产率降低。石油焦在水蒸气存在下，在 900～1300 K 时脱硫效率仅为 31%。

（2）还原性气体中脱硫，将石油焦与碳酸钠在 1150～1350 K 时混合，然后在 900～1250 K 与 N_2 或 CO 和 Cl_2 的混合物直接接触，得到的石油焦硫含量小于 0.5%。但该方法引入对电解铝生产有害的杂质，不适合铝用石油焦的脱硫。

（3）在含硫气体环境中脱硫，在 1600 K 把石油焦置于 H_2S 气氛中，脱硫效率可达 84%，但该方法需引入 H_2S 气体，无法实现大规模工业应用。

（4）在烃类气体环境中热处理脱硫，大部分实验工作表明，在升高温度下，用低分子量烃类气体流化热石油焦可诱导脱硫。这些烃分解产生自由氢，从而有助于脱硫；而碳则沉积在焦孔中，从而增加了石油焦的密度。用甲烷气体在 1140 K 处理，脱硫效率可达 33%；用丁烯-2、乙烯、丙烯在 1370～1470 K 处理，脱硫率可达到 90% 以上。但这些方法，不但能耗高，存在安全隐患，很难实现大规模工业应用。

3. 化学氧化法脱硫

化学氧化法脱硫是指在石油焦中添加氧化剂，通过氧化反应实现脱硫的方法。该方法可在较温和的条件下有效脱出石油焦中的大部分有机硫和全部无机硫。肖劲等[18]采用硝酸、硝酸-冰醋酸混合液以及王水来氧化脱除石油焦中的硫，发现王水的脱硫效率最高，且石油焦粒径越小，脱硫率越高；随液固比增大、反应时间延长、反应温度升高，脱硫率先增大，达到极值后保持稳定。在最优条件下，王水的脱硫效率可达 42.3%（图 3-7）。

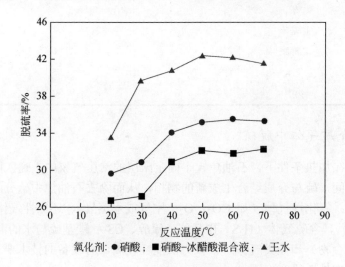

氧化剂: ● 硝酸；■ 硝酸-冰醋酸混合液；▲ 王水

图 3-7　反应温度对脱硫效率的影响

对脱硫前后的石油焦进行红外光谱分析，结果见图 3-8 和图 3-9。对比可见，经王水脱硫处理后，745 cm^{-1} 处噻吩的吸收峰（C—S 键）明显减弱，表面石油焦中的噻吩类有机硫明显减少；1700 cm^{-1} 处附近出现一个较弱的—COOH 吸收峰，1529 cm^{-1} 处以及 1333 cm^{-1} 处出现了硝基的吸收峰，这是因为在用王水对石油焦进行氧化脱硫处理时，石油焦中部分支链发生了氧化与硝化，带入了—COOH 和—NO 等含氧特征官能团。

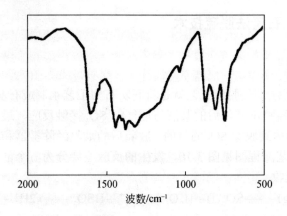

图 3-8　脱硫前石油焦试样的红外光谱谱图

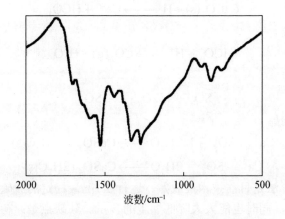

图 3-9　脱硫后石油焦试样的红外光谱谱图

该方法虽可以在一定程度上实现石油焦脱硫，但总体效率并不高，且需消耗大量的氧化剂，仍很难实现大规模应用。

4. 添加剂脱硫

在石油焦中添加氧化锌、碳酸钙、氧化铜等多种脱硫剂，通过煅烧，可以实现脱硫目的。肖劲等[19]通过自配的脱硫剂与石油焦混合脱硫，研究发现该方法能使石油焦的脱硫率达到 75%。赵普杰等[20]采用碱作为催化剂，煅烧条件下联合超声氧化深度脱硫的工艺，研究发现在粒径 80 μm、液固比 20 mL/g、反应 12 h、氧化温度 80℃、HNO_3 质量分数 65% 的条件下，总脱硫效率能达到 94% 左右。

添加剂脱硫虽能实现较高的脱硫效率，但其缺点在于会消耗大量的化学添加剂，且处理后的石油焦中会残留部分添加剂，从而影响碳电极及后续原铝质量，因此还需对该类技术进行优化。

3.3.2　石灰石−石膏法脱硫技术

1. 技术原理

石灰石−石膏法烟气脱硫工艺就是将石灰石与工艺水制成石灰浆，在吸收塔内由高速旋转的喷嘴喷出雾化后的浆液与烟气中 SO_x 接触反应，最后生成二水硫酸钙（石膏），从而达到脱除 SO_x 的目的。脱硫后的烟气经除雾器和增压风机最终从烟囱排放。其工艺流程图见图 3-10，发生的反应主要分为五个部分：

1）SO_2 的吸收

$$SO_2(g) \longrightarrow SO_2(l) + H_2O \longrightarrow H^+ + HSO_3^- \longrightarrow 2H^+ + SO_3^{2-} \tag{3-1}$$

2）石灰石溶解

$$CaCO_3(s) + H^+ \longrightarrow Ca^{2+} + HCO_3^- \tag{3-2}$$

3）中和反应

$$HCO_3^- + H^+ \longrightarrow CO_2(g) + H_2O \tag{3-3}$$

4）氧化反应

$$SO_3^{2-} + 1/2O_2 \longrightarrow SO_4^{2-} \tag{3-4}$$

5）硫酸盐结晶

$$Ca^{2+} + SO_3^{2-} + 1/2H_2O \longrightarrow CaSO_3 \cdot 1/2H_2O(s) \tag{3-5}$$

$$Ca^{2+} + SO_4^{2-} + 2H_2O \longrightarrow CaSO_4 \cdot 2H_2O(s) \tag{3-6}$$

石灰石−石膏法是目前技术最成熟、运行状况最稳定的脱硫工艺，脱硫效率能达到 95% 以上，同时也能大大降低烟尘的含量。其缺点是：初期投资大，占地面积大，运行过程中石灰浆容易结垢影响设备运行，排放的废水以及石膏需要对其进行治理。

在操作过程中，为了使设备能够高效运行，需要考虑以下参数：

1）石灰石的粒度

一般说来，粒度越小，石灰石的比表面积越大，与气体接触的面积也越大，其处理气体时的利用率也越高，但是粒度过小对气体可能造成二次污染，所以石灰石粒度一般控制在 200～300 目。

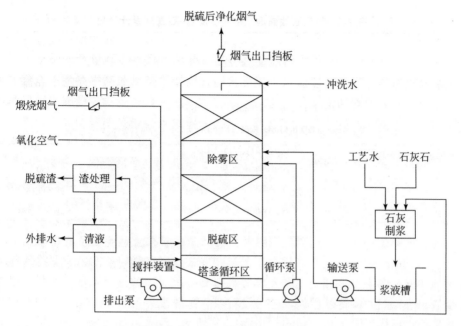

图 3-10　石灰石-石膏法工艺流程图

2）吸收温度

在吸收过程中，较低的温度有利于气体的吸收，防止被吸收的气体挥发，但是温度过低可能降低反应速率，影响处理效果。

3）pH 值

石灰浆液的 pH 值对 SO_2 的吸收效果影响很大，一般新配制的浆液 pH 值约在 8~9 之间。随着吸收 SO_2 反应的进行，pH 值迅速下降，当 pH 值低于 6 时，这种下降变得缓慢。而当 pH 小于 4 时，则几乎不能吸收 SO_2。

4）洗涤器的持液量

洗涤器的持液量对处理过程中的液相反应和吸收反应十分重要，反应器中的石灰只有在洗涤器中，在一定持液量下，与 SO_2 和 H_2O 接触，才能大量充分反应，因此洗涤器的持液量大对吸收反应有利。

2. 应用情况

某碳素厂 19 万吨/年预焙阳极生产线主要包括煅烧车间、焙烧车间、成型车间和组装车间，其中煅烧车间有 6 台 24 罐式煅烧炉，煅烧烟气采用石灰石-石膏法，其工艺设计参数如表 3-3 所示。

该项目 2018 年年初投运，系统稳定后，SO_2 浓度低于 35 mg/m³，满足国家及地方最新排放限值。

表 3-3 某厂石油焦煅烧烟气石灰石–石膏法设计参数

序号	指标名称	参数
1	吸收塔数量（台）	1
2	FGD 进口烟气量（m^3/h，标态，干基）	110 000
3	FGD 进口 SO_2 浓度（mg/m^3，标态，干基）	4000
4	FGD 出口 SO_2 浓度（mg/m^3，干）	35
5	FGD 进口烟气温度（℃）	140
6	FGD 出口烟气温度（℃）	50
7	系统脱硫效率（保证值）（%）	≥99.16
8	负荷变化范围（%）	50%～110%
9	吸收塔浆液池内浆液浓度（%）	5～15
10	吸收塔浆池 Cl 浓度（ppm）	≤20000
11	钙硫比 Ca/S（mol/mol）	≤1.03
12	吸收塔除雾器出口烟气携带水滴含量（mg/m^3）	≤60
13	工艺水耗（t/h）（平均）	10
14	石灰石消耗（t/h）	2
15	仪用压缩空气（m^3/min）	1
16	电耗（kW）	700

3.3.3 双碱法脱硫技术

1. 技术原理

双碱法脱硫工艺是采用碱金属盐类如 Na_2CO_3、$NaHCO_3$、NaOH 等水溶液与烟气中 SO_x 进行接触反应，然后用石灰/石灰乳对吸收液在再生池里进行再生，吸收液通过循环泵循环使用，而 SO_x 以最终生成的亚硫酸钙和石膏形式沉淀排出，因此在该工艺中碱金属盐类只是一种启动碱，脱硫实际消耗的是石灰/石灰乳。具体工艺流程参照图 3-11，主要包括五个部分：脱硫浆液制备与补充，塔内雾滴与烟气接触混合，塔内浆液的循环使用，再生池的浆液还原钠基碱，沉淀池对硫酸盐的脱除。

双碱法则是先用可溶性的碱性清液作为吸收剂吸收 SO_x，然后再用石灰乳或石灰对吸收液进行再生，由于在吸收和吸收液处理中，使用了不同类型的碱，故称为双碱法。双碱法的明显优点是，由于采用液相吸收，从而不存在结垢和浆料堵塞等问题；另外副产的石膏纯度较高，应用范围可以更广泛一些。克服了石灰-石膏法容易结垢造成吸收系统的堵塞的缺点。

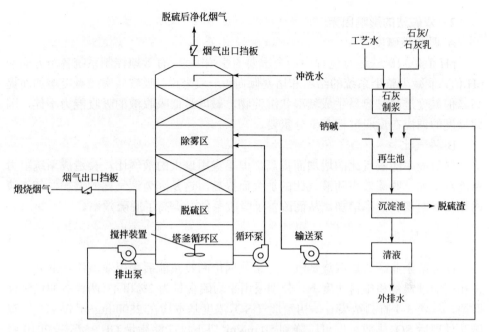

图 3-11　双碱法工艺流程图

1）双碱法主要反应

（1）吸收塔内的浆液吸收烟气中 SO_2，反应方程式如下：

用 NaOH 吸收

$$2NaOH + SO_2 \longrightarrow Na_2SO_3 + H_2O \tag{3-7}$$

用 Na_2SO_3 吸收

$$Na_2SO_3 + SO_2 + H_2O \longrightarrow 2NaHSO_3 \tag{3-8}$$

用 Na_2CO_3 吸收

$$Na_2CO_3 + SO_2 \longrightarrow Na_2SO_3 + CO_2 \tag{3-9}$$

（2）石灰/石灰乳制成 $Ca(OH)_2$ 溶液，然后与吸收塔的脱硫产物进入再生池，再生反应如下：

$$Ca(OH)_2 + Na_2SO_3 \longrightarrow 2NaOH + CaSO_3 \tag{3-10}$$

$$Ca(OH)_2 + 2NaHSO_3 \longrightarrow Na_2SO_3 + CaSO_3 \cdot H_2O + H_2O \tag{3-11}$$

由于存在一定的氧气，还会发生以下反应：

$$Ca(OH)_2 + Na_2SO_3 + 1/2O_2 + H_2O \longrightarrow 2NaOH + CaSO_4 \cdot H_2O \tag{3-12}$$

双碱法吸收 SO_2 的反应产物溶解度大，这样基本不会造成过饱和结晶以及对设备、管道、泵的结垢堵塞。动力消耗相对低，比较适合中小规模脱硫应用。脱硫效率高，能达到 95%以上。其缺点是：运行成本高，氧化反应副产物 Na_2SO_3 较难再生，而且 Na_2SO_3 的存在会降低石膏的品质。

2）双碱法的影响因素

A. 吸收液碱度

pH 值是双碱法运行过程中一个重要的影响因素，有效地控制系统各个方面的 pH 值，能减少整个系统的结垢和堵塞倾向。一般来说，吸收效率随碱度增加而提高。但碱度过高时容易生成絮凝状沉淀物，碱度过低吸收液的吸收能力不佳，因此碱度的调控在反应过程中十分重要。

B. 液气比

脱硫效率随液气比的增加而提高，但不宜用过大的液气比，会造成系统阻力和能耗增加，脱硫效率随液气比的加大而提高。这是因为液气比的增加，使气液两相接触面积和概率增加，从而改善了吸收条件，提高了脱硫效率。

2. 应用情况

江苏某企业罐式炉煅烧烟气，经余热锅炉回收热能后采用双碱法喷淋处理，在相同的进料量和排料速度下，分别采用平均硫含量为 2% 和 4% 两种石油焦进行煅烧，从表 3-4 监测结果看，初始烟气 SO_2 浓度基本均在 2800 mg/m³ 以上，经双碱法处理后 SO_2 排放浓度可以降到 50 mg/m³ 以下，能够满足 GB 25465—2010 修改单中 100 mg/m³ 的排放限值，脱硫效率 98% 以上[14]。

表 3-4　双碱法净化效果

煅烧原料	烟气	废气流量/(m³/h)	二氧化硫排放浓度/(mg/m³)	处理效率/%
S=4%	处理前	$1.71×10^5$~$1.87×10^5$	$2.80×10^3$~$4.09×10^3$	>98
	处理后	$1.25×10^5$~$1.26×10^5$	45~46	
S=2%	处理前	$1.40×10^5$~$1.66×10^5$	$2.78×10^3$~$2.83×10^3$	>98
	处理后	$1.28×10^5$~$1.45×10^5$	39~44	

3.3.4　氨法脱硫技术

1. 技术原理

氨法脱硫是用氨为吸收剂来吸收烟气中的 SO_2，然后将吸收 SO_2 后的母液直接用空气氧化的脱硫方法，可得到副产物硫酸铵化肥。该工艺中，氨是一种良好的吸收剂，和石灰相比，碱性较强，其脱硫反应为气-液反应，反应速率快，脱硫率高，吸收剂利用率高，所得副产品可作为肥料。其工艺流程如图 3-12 所示，主要包括三部分：脱硫工段、硫铵工段、氨站[11]。

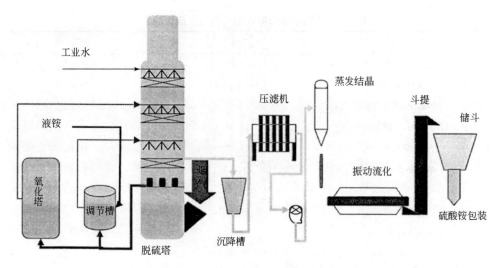

图 3-12　氨法脱硫工艺流程图

　　烟气经碳素回转窑引风机进入洗涤吸收塔下段一浓缩段，烟气在浓缩段中进行绝热蒸发降温，降温烟气再进入洗涤吸收塔上段一脱硫段，烟气中 SO_2 经氨法吸收，达标烟气经烟囱排放。脱硫吸收液进入氧化塔后，脱硫吸收液在塔内催化作用下氧化为硫铵稀溶液，在洗涤吸收塔浓缩段蒸发水分浓缩，硫铵浓度达设定指标，全部溶液经烟尘过滤后，经蒸发结晶、离心分离、干燥、包装等工序后产出农用固体硫铵化肥。

　　氨法脱硫的主要反应如下：

$$SO_2 + H_2O + xNH_3 \longrightarrow (NH_4)_xH_{2-x}SO_3 \qquad （3-13）$$

其中 $x=1.2\sim1.4$，该反应得到亚硫酸铵中间产品。直接将亚铵制成产品即为亚硫酸铵法。亚硫酸铵中间产品可采用直接氧化法生成副产物硫酸铵化肥，其反应为：

$$(NH_4)_xH_{2-x}SO_3 + 1/2O_2 + (2-x)NH_3 \longrightarrow (NH_4)_2SO_4 \qquad （3-14）$$

　　该工艺的特点是既可脱除烟气中的硫又可脱除烟气中的氮，脱硫的效率可达到 95%以上，副产物市场需求广、附加值高。但其缺点在于存在氨逃逸，会造成二次污染。

2. 应用情况

　　云南冶金集团云铝公司石油焦煅烧车间 $\varPhi2.2/1.8\times45\,m$ 回转窑四台，煅烧烟气净化采用氨法脱硫工艺，入口 SO_2 浓度按照 1800 mg/m³ 设计，出口 SO_2 浓度低于 120 mg/m³。具体工艺参数如表 3-5 所示[10, 21]。

表 3-5　云铝石油焦煅烧烟气氨法脱硫工艺参数

项目名称	单位	指标
脱硫塔烟气进口流量	m³/h	41000×3
入口 SO_2 浓度	mg/m³	1800
脱硫塔烟气进口温度	℃	170
SO_2 吸收率	%	96
氧化率	%	≥95
脱硫装置系统阻力	kPa	≤1.5
年生产时间	h/a	8000
SO_2 回收量	t/a	700
固体硫铵产量	t/a	1400
液氨原料消耗	t/a	500
排烟温度	℃	<55
出口 SO_2 浓度	mg/m³	≤120

采用该工艺后，每年可产固体硫酸铵 1400 吨，且产品质量达到农用硫酸铵标准，标准如表 3-6 所示。

表 3-6　农用硫酸铵质量标准要求

项目	指标		
	优等品	一等品	合格品
外观	白色结晶，无可见机械杂质	无可见机械杂质	
氮（N）含量（以干基计）	≥21.0	≥21.0	≥20.5
水分（H_2O）含量	≤0.2	≤0.3	≤1.0
游离酸（H_2SO_4）含量	≤0.03	≤0.05	≤0.20
铁（Fe）含量	≤0.007	—	—
砷（As）含量	≤0.00005	—	—
重金属（以 Pb 计）含量	≤0.005	—	—
水不溶物含量	≤0.01		

3.3.5　冶炼矿浆脱硫技术

1. 技术原理

早在 20 世纪 50 年代，有报道称矿浆可以作为环境友好型材料。近年来，冶炼矿浆脱硫是我国新兴的一种绿色、低成本的烟气脱硫技术，利用经过冶炼后的矿渣与一定比例的水及其他辅助剂料混合，然后与煅烧烟气中的 SO_2 接触，达到烟气脱硫的目的。在国外，此项技术的研究还仅限于专利水平，尚未涉及真正的核心技术层面。若该技术能在国内取得良好的应用和发展，将会给社会带来较大的环境和经济效益。目前，冶炼矿浆脱硫技术主要有：镁矿浆脱硫、磷矿浆脱硫、锰矿浆脱硫、铜矿浆脱硫及赤泥脱硫。

在诸多矿浆中，赤泥是一种以铝土矿为原料生产氧化铝过程中排放的细小颗粒强碱性废渣。我国氧化铝产量的逐年增加以及铝土矿品质的逐年降低，必定导致赤泥的排放量增大。据估计，每生产 1 t 氧化铝约产出 1～1.5 t 赤泥，相当于每年产生近 1.2 亿吨赤泥，2017 年全球赤泥累积排放达到约 39 亿吨。氧化铝生产工艺决定了赤泥中含有大量的有效固硫成分，如 CaO、MgO 和 Na_2O 等，利用赤泥脱硫其脱硫效果好，还可以使赤泥本身脱碱，而且，可用其代替现如今最流行的脱硫方法——石灰/石膏法，高碱性赤泥处理吸收 SO_2 等酸性气体，同时使赤泥脱碱无害化，实现"以废治废"。

不同来源的赤泥主要成分基本相同，分别为 Al_2O_3、Fe_2O_3、SiO_2、CaO、Na_2O、TiO_2 等，由表 3-7 可看出赤泥化学组分与原料来源、氧化铝生产工艺有很大关系；拜尔法赤泥的 Al_2O_3、Fe_2O_3、Na_2O 的含量比烧结法或联合法高，CaO、SiO_2 的含量相对较低。赤泥 pH 在 12～14 之间。通过表 3-8 可以得出烧结法赤泥和联合法赤泥中的 SiO_2 组分含量较高，几乎占总质量的 50%，可用于建筑材料生产；而拜耳法赤泥中则碱性物相较多，主要矿物组分为硅酸铝钠、水化石榴石、方解石和一水软铝石，且含铁量高。

表 3-7　世界不同地区赤泥的主要化学组分（质量分数，%）

地区	Al_2O_3	Fe_2O_3	SiO_2	CaO	Na_2O	TiO_2
澳大利亚（拜耳法赤泥）	27.70	40.50	19.90	—	1～2	3.50
印度（拜耳法赤泥）	21.9	28.1	7.5	10.2	4.5	15.8
山东（烧结法赤泥）	8.32	5.7	32.5	41.62	2.33	
河南（拜耳法赤泥）	25.48	11.77	20.58	13.97	6.55	4.14
山西（联合法赤泥）	10.5	6.75	22.2	42.25	3.00	2.55

表 3-8　不同生产方法赤泥的矿物组成（质量分数，%）

成分	烧结法赤泥	联合法赤泥	拜耳法赤泥
硅酸二钙	46	43	—
水合硅铝酸钠	4	4	20
水化石榴石	5	2	20
方解石	14	10	19
褐铁矿	—	4	4

续表

成分	烧结法赤泥	联合法赤泥	拜耳法赤泥
一水软铝石	—	1	21
钙钛矿	4	12	
铁铝酸四钙	6	12	
三斜霞石	7	8	
二硫化亚铁	1	—	
其他	1	—	1

　　赤泥的物相有利于进行烟气脱硫反应。高碱性赤泥浆液与 SO_2 烟气接触后，其对 SO_2 的吸收主要分为四类：①水对 SO_2 的吸收，SO_2 在水中形成亚硫酸氢根离子（HSO_3^-）、亚硫酸根离子（SO_3^{2-}）和氢离子（H^+），如反应式（3-15）所示；②可溶性碱如 $NaOH$、Na_2CO_3 与 SO_2 反应，生成 Na_2SO_3，如反应式（3-16）和式（3-17）所示；③微/不溶类碱性氧化物与 SO_2 反应，生成 $CaSO_3$、Na_2SO_3、$Al_2(SO_3)_3$，并在 O_2 存在条件下进一步氧化生成硫酸盐，如反应式（3-18）至式（3-25）所示；④铁离子对 SO_2 的催化氧化吸收反应，如反应式（3-26）和式（3-27）所示。

$$SO_2 + H_2O \Longleftrightarrow H^+ + HSO_3^- \Longleftrightarrow 2H^+ + SO_3^{2-} \tag{3-15}$$

$$2NaOH + SO_2 = Na_2SO_3 + H_2O \tag{3-16}$$

$$Na_2CO_3 + SO_2 = Na_2SO_3 + CO_2 \tag{3-17}$$

$$2NaAlO_2 + SO_2 + 3H_2O = Na_2SO_3 + 2Al(OH)_3 \tag{3-18}$$

$$2Al(OH)_3 + 3SO_2 = Al_2(SO_3)_3 + 3H_2O \tag{3-19}$$

$$CaO \cdot SiO_2 + SO_2 = CaSO_3 + SiO_2 \tag{3-20}$$

$$CaO + H_2O = Ca(OH)_2 \tag{3-21}$$

$$Ca(OH)_2 + SO_2 = CaSO_3 + H_2O \tag{3-22}$$

$$2Na_2SO_3 + O_2 = 2Na_2SO_4 \tag{3-23}$$

$$2Al_2(SO_3)_3 + 3O_2 = 2Al_2(SO_4)_3 \tag{3-24}$$

$$2CaSO_3 + O_2 = 2CaSO_4 \tag{3-25}$$

$$2Fe^{2+} + SO_2 + O_2 = 2Fe^{3+} + SO_4^{2-} \tag{3-26}$$

$$2Fe^{3+} + SO_2 + 2H_2O = 2Fe^{2+} + SO_4^{2-} + 4H^+ \tag{3-27}$$

　　研究发现，这四类脱硫过程，占比最高的为"微/不溶类碱性氧化物与 SO_2 反应"，占比高达 80%，其次为"铁离子对 SO_2 的催化氧化吸收反应"，占比 17%（图 3-13）。

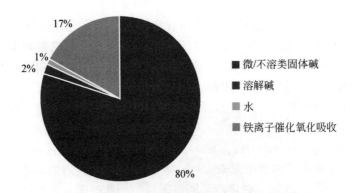

图 3-13　赤泥脱硫过程中各种脱硫过程的贡献率

　　杨国俊等[22]利用拜耳法赤泥附液与浆液开展了赤泥脱硫中试实验，研究发现 pH＞5.0 时，脱硫效率可达 98%以上。李慧萍等[23]通过用联合法赤泥浆液脱硫与传统的石灰石−石膏法进行对比实验（装置图如图 3-14 所示），拜耳赤泥对平均浓度为 1900 mg/m³ 的 SO_2 去除率可达 93%，优于同样条件下的石灰石-石膏法，处理后的赤泥碱度降低，可用作水泥生产原料。郑州大学庞皓[24]自行设计中试装置，探索了赤泥脱硫工艺参数，为工业化推广提供了理论基础和数据支持。昆明理工大学发明一种利用拜耳法赤泥浆液催化氧化处理低浓度 SO_2 烟气的方法[25]，在实现烟气高效脱硫的同时，也能将失效的赤泥与原赤泥混合至中性，将其脱水后可以满足建筑材料的要求，具有较大的环境效益和经济效益。

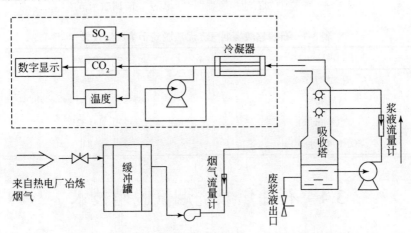

图 3-14　赤泥浆烟气脱硫及资源化工艺流程示意图

2. 应用情况

　　基于国家重点研发计划课题"铝业典型烟气硫硝控制技术"（课题编号：2017YFC0210504），昆明理工大学和杭州锦江集团有限公司联合，在杭州锦江集团下属的宁夏宁创新材料科技有限公司（原中宁县锦宁铝镁新材料有限公司）19 万吨/年预焙阳极生产线的石油焦煅烧工段，开展了赤泥法脱硫调质示范应用（图 3-15），其设计参数如表 3-9 所示。脱硫后可实现烟气 SO_2 浓度均值为 42 mg/m³，优于 GB 25465—2010 修改单中 100 mg/m³ 的排放限值。

图 3-15　宁夏宁创石油焦煅烧烟气赤泥法脱硫调质示范应用

表 3-9　石油焦煅烧烟气赤泥法脱硫示范应用效果

项目	净化后
烟气温度/℃	46
含氧量/%	18
烟气量/(m³/h)	161 321
SO_2 浓度/(mg/m³)	42

3.4　石油焦煅烧烟气脱硝技术

目前，石油焦煅烧烟气的 NO_x 控制主要通过末端治理，包括选择性非催化还原（SNCR）、选择性催化还原（SCR）及氧化脱硝技术。其中，SNCR 和 SCR 脱硝技术原理在第 2 章已详细阐述，本节将主要介绍氧化脱硝技术。

氧化脱硝技术是利用强氧化剂，如 O_3、H_2O_2、$KMnO_4$ 等，在烟道或吸收塔内将 NO 氧化成 NO_2、N_2O_5 等高价氮氧化物，然后利用吸收塔内的碱性物质，实现硫硝协同吸收。该方法氧化效率较高，能同时脱除其他污染物，设备占地面积小，可利用现有脱硫设施实现协同处置，非常适合碳素行业烟气治理。在诸多氧化剂中，随着臭氧发生器的逐渐成熟，O_3 已成为在氧化脱硝中应用最为广泛的氧化剂。

　　国外臭氧氧化脱硝技术中应用较多的为 LoTO$_x$ 工艺，此技术最早在 20 世纪 90 年代由林德 BOC 公司开发，之后与杜邦 BELCO 公司的 EDV 湿式洗涤脱硫技术结合形成 LoTO$_x$-EDV 技术，即臭氧氧化-湿法洗涤脱硝工艺[26]。目前 LoTO$_x$-EDV 技术已经在石油化工行业中大量应用。该脱硝技术的关键是采用 O_3 在温度较低的条件下将 NO$_x$ 氧化为 N_2O_5，然后通过 EDV 洗涤装置实现 NO$_x$ 的高效吸收[27]。

　　图 3-16 为 LoTO$_x$-EDV 技术吸收塔示意图。烟气经过烟道进入冷却吸收塔，与垂直方向循环浆液形成的高密度水帘充分接触后，烟气温度降至 57℃，大部分粉尘得到有效脱除；冷却后的烟气与在急冷区后部注入的臭氧（由臭氧发生器产生）混合一起进入氧化区，烟气中的 NO$_x$ 被氧化为 N_2O_5，N_2O_5 与水反应生成硝酸；氧化后的烟气上升到吸收区，与含有质量浓度 20% 的 NaOH 碱液的喷淋液充分混合，烟气中的 SO$_2$、NO$_x$ 和颗粒物得到有效吸收；脱硫后的烟气上升进入过滤模组部分，烟气中含有的催化剂粉尘微粒和酸雾得到进一步收集；然后上升至水珠分离器，分离水从分离器底部落入过滤模组区域，脱水后的净化烟气经上部烟囱排入大气。

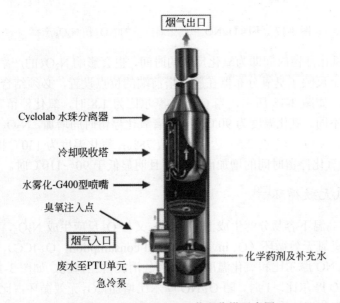

　　　　　　　　　图 3-16　LoTO$_x$-EDV 工艺吸收塔示意图

　　石油焦煅烧烟气脱硫目前主要采用石灰石-石膏法、双碱法等，与石化行业的 NaOH 法脱硫明显不同。因此，将臭氧氧化脱硝技术应用于石油焦煅烧烟气净化时，必须结合该行业的烟气工况条件、烟气流程布置、烟气脱硫设施等实际情况进行相应的设计改进。

1. 臭氧对 NO 的氧化

O_3/NO 摩尔比、氧化温度是对氧化产物影响最重要的两个因素。当 O_3/NO 摩尔比≤1 时，氧化产物为 NO_2，烟气温度低于 180℃时，氧化温度对其没有影响；O_3/NO 摩尔比>1 时，N_2O_5 产率随 O_3/NO 摩尔比增加而增加，但受温度影响较大。90～110℃是生成 N_2O_5 的最佳温度范围（图 3-17）。

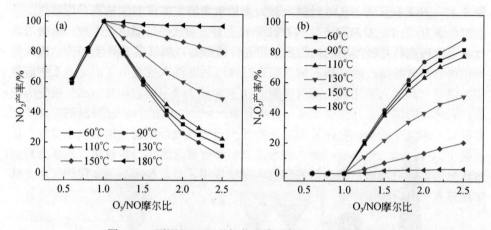

图 3-17　不同 O_3/NO 和氧化温度下的 NO_2 和 N_2O_5 产率

此外，氧化停留时间即为氧化反应的时间，也会影响 N_2O_5 的产率。氧化停留时间在工程上反映了臭氧分布器在脱硫塔前端的位点设置，必须结合现场情况进行相应研究。如图 3-18 所示，当 O_3/NO 摩尔比为 1.8 时，氧化停留时间对 N_2O_5 产率的影响不同。氧化温度为 90℃时，随着氧化停留时间增加，N_2O_5 产率先增加后趋于稳定，N_2O_5 产率在 2.5 s 达到最大值 78%；氧化温度为 130℃和 150℃时，N_2O_5 产率随氧化停留时间的增加而减小，且明显低于 90～110℃时。

2. 臭氧无效循环[28]

N_2O_5 在高温下容易分解生成 NO_2，NO_2 又与 O_3 反应生成 N_2O_5，循环往复，这是造成"臭氧无效循环（O_3 invalid cyclical consumption，O_3-ICC）"的主要原因。不同 O_3/NO 摩尔比和氧化温度下 O_3 额外消耗占比情况，如图 3-19 所示。

当 O_3/NO 摩尔比>1 时，随 O_3/NO 摩尔比增加，O_3 无效循环占比增大，且增大的速率与氧化温度有关。氧化温度 130℃，O_3/NO 摩尔比为 1.8 时，O_3 无效循环占比为 20%左右。氧化温度 180℃，O_3/NO 摩尔比为 1.8 时，O_3 无效循环占比将近 40%。

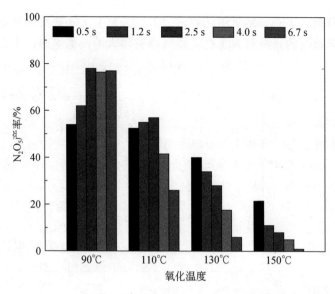

图 3-18　不同氧化温度和氧化停留时间下 N_2O_5 产率（O_3/NO 摩尔比=1.8）

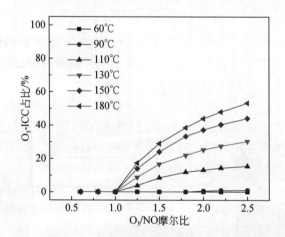

图 3-19　不同 O_3/NO 摩尔比和氧化温度下 O_3 无效循环占比（停留时间=1.2 s）

　　因此，应合理选择氧化温度，在石油焦煅烧烟气温度过高时，可以在臭氧分布器前端设置喷水降温设施，避免臭氧的无效浪费，同时保证脱硝效率。

3. NO 氧化产物吸收

1）钙基湿法吸收体系

　　在钙基湿法吸收体系中，NO_x 脱除效率严重依赖于 NO_x 种类的组成。如图 3-20 所示，NO_x 脱除效率随 O_3/NO 摩尔比升高而升高。然而，NO_x 种类的组成不仅受 O_3/NO 摩尔比的影响，还受氧化温度的影响。氧化温度为 90℃时，NO_x 的脱除效率能达到最高值。当 O_3/NO 摩尔比大于 1.0 时，NO_x 去除效率随氧化温度的升高而降低。氧化温度的升高对 NO_x 的去除效率有很大的负面影响，主要是因为，氧化温度升高时，更容易被吸收脱除的 N_2O_5 的产率会下降。

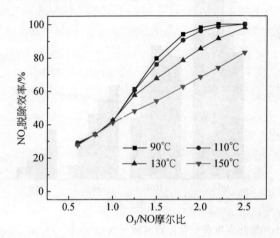

图 3-20　O_3/NO 摩尔比和氧化温度对脱硝效率的影响（停留时间=1.2 s）

O_3 是臭氧氧化脱硝工艺最大的能耗来源，因此需重点关注在整个氧化-吸收过程中的 O_3 消耗规趋分布（图 3-21），为臭氧氧化脱硝技术的优化及减量化提供支撑。

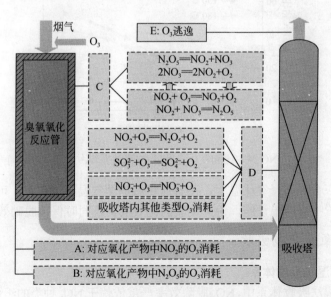

图 3-21　氧化-吸收过程 O_3 消耗规趋分布

O_3 通入到烟气中后，与烟气中的 NO 反应生成 NO_2（不包含生成 N_2O_5 减少

的 NO_2），消耗一部分 O_3，将这部分生成 NO_2 消耗的 O_3 归为 A 部分。接着，O_3 与 NO_2 反应生成 N_2O_5，将这部分生成 N_2O_5 消耗的 O_3 归为 B 部分（不包括 N_2O_5 分解后又生成 N_2O_5 消耗的 O_3）。生成的 N_2O_5 分解后转化为 NO_2，O_3 重新将 NO_2 氧化生成 N_2O_5，将这部分 O_3 无效循环归为 C 部分。剩余的 O_3 会进入喷淋塔内继续与烟气中的 NO_2 和浆液中的 NO_2、SO_3 反应，将这部分在喷淋塔内反应消耗的 O_3 归为 D 部分。最后，还有少量 O_3 没消耗，逸出喷淋塔，将这部分逸出的 O_3 归为 E 部分。

图 3-22 显示，反应温度为 90℃时，B 部分生成 N_2O_5 消耗的 O_3 占比最多，其次是 D 部分喷淋塔内消耗的 O_3 和 A 部分生成 NO_2 消耗的 O_3，最后是 E 部分吸收后逸出的 O_3 和 C 部分额外消耗的 O_3。A 和 C 部分随氧化温度升高而增大，D 部分则随着氧化温度升高而降低。在氧化温度为 150℃时，额外消耗的 O_3 高达 33.33%。因此，在臭氧氧化脱硝技术应用过程中，应合理选择 O_3/NO 摩尔比、氧化温度和停留时间。

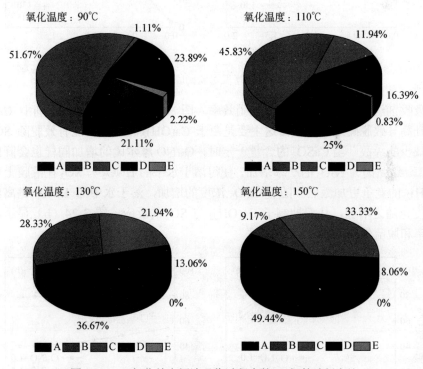

图 3-22　O_3 氧化结合钙法吸收过程中的 O_3 规趋消耗占比

2）钙基半干法吸收体系[29]

由于实际工业烟气温度波动较大，为了避免进入半干法吸收塔前烟气中 N_2O_5 的大量分解，考虑选择塔内注入臭氧从而将 N_2O_5 的生成从烟道转移至塔内。

　　在吸收过程中，塔温影响到塔内 N_2O_5 的分解以及整个吸收过程。图 3-23 显示，脱硫效率随塔温的增加而降低。这是因为塔温的升高加快了气液两相的热传递，使得液膜上的水分蒸发速率加快，减少了传质反应的时间，最终导致脱硫效率的降低。对于脱硝过程，当 O_3/NO 摩尔比＜1.0 时，由于 NO_2 在该温度范围内不分解，因此脱硝效率并未受到塔温的影响。而当 O_3/NO 摩尔比＞1.0 时，脱硝效率随塔温的增加而降低，这主要是因为高温下的臭氧无效循环及水在液膜中蒸发速率加快影响吸收。

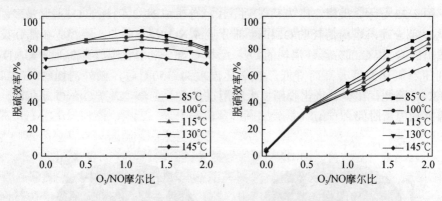

图 3-23　半干法塔温对硫硝脱除效率的影响

　　吸收剂组分也会影响脱硫和脱硝效率。图 3-24（a）显示，吸收剂中 $CaSO_3$ 占比升高导致脱硫效率降低，这主要是由于 $Ca(OH)_2$ 吸收剂（能有效脱除 SO_2）浓度减少的缘故。当 $CaSO_3$ 的含量一定时，O_3/NO 摩尔比的增加同样也会降低脱硫效率。这是因为 N_2O_5 的产率增加，使得溶于水中的 HNO_3 与 SO_2 在液膜上争夺 $Ca(OH)_2$ 的竞争更加激烈。随着 N_2O_5 浓度的增加，溶于水中的 HNO_3 电离出的 H^+ 浓度也随之增加，从而抑制了 $Ca(OH)_2$ 与 SO_2 的反应。图 3-24（b）显示，脱硝效率和脱硫效率变化趋势相似。

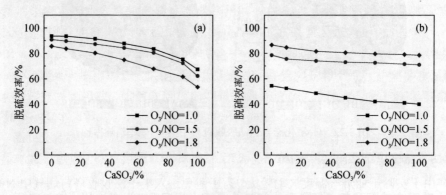

图 3-24　$CaSO_3$ 浓度对硫硝脱除效率的影响

3）赤泥法吸收体系

昆明理工大学和中国科学院过程工程研究所合作研究了臭氧氧化结合赤泥法吸收用于烟气脱硫脱硝[30]，发现赤泥吸收大致分为两个阶段（图 3-25）。第一阶段：pH 值呈现非常陡峭的下降趋势，直接从 10.03 下降到 7.0，是因为赤泥吸收 SO_2 和 NO_x，发生酸碱中和反应；第二阶段：pH 值在 7.0～3.5 之间，呈缓慢下降趋势。这一阶段主要取决于赤泥中活性组分的溶解和与酸性气体的反应能力，直到赤泥中的活性组分完全反应为止，此阶段的 SO_2 脱除效率明显下降。当 pH 值下降至 3.5 左右时，SO_2 脱除效率又呈现缓慢升高趋势，是因为液相中的 Fe^{3+} 的析出及其对 SO_2 催化氧化作用。在第二阶段，脱硝效率逐渐升高，主要是因为随着反应进行，吸收塔内亚硫酸根离子浓度逐渐升高，从而与 NO_2 反应，提高了对 NO_x 的去除效率。

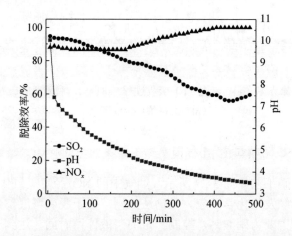

图 3-25　赤泥吸收过程 pH 值、脱硫效率和脱硝效率变化

$$SO_2 + 2Fe^{3+} + 2H_2O \longrightarrow SO_4^{2-} + 4H^+ + 2Fe^{2+} \tag{3-28}$$

$$SO_2 + H_2O + \frac{1}{2}O_2 \xrightarrow{Fe^{3+}} SO_4^{2-} + 2H^+ \tag{3-29}$$

$$2Fe^{2+} + SO_2 + O_2 \longrightarrow 2Fe^{3+} + SO_4^{2-} \tag{3-30}$$

$$2NO_2 + SO_3^{2-} + H_2O \longrightarrow 2H^+ + SO_4^{2-} + 2NO_2^- \tag{3-31}$$

$$2NO_2 + HSO_3^- + H_2O \longrightarrow 3H^+ + SO_4^{2-} + 2NO_2^- \tag{3-32}$$

$$Ca^{2+} + SO_4^{2-} \longrightarrow CaSO_4 \tag{3-33}$$

通过 XRD 对不同反应阶段的赤泥固相测试表明（图 3-26），赤泥中主要活性物质是碳酸钙（$CaCO_3$）、水合铝硅酸钠（$1.08Na_2O \cdot Al_2O_3 \cdot 1.68SiO_2 \cdot 1.8H_2O$）、霞石钙（$Na_6CaAl_6Si_6(CO_3)O_{24} \cdot 2H_2O$）和石榴石（$Ca_3Al_2(SiO_4)(OH)_8$），主要产物是钡石（$CaSO_4 \cdot 0.5H_2O$）。

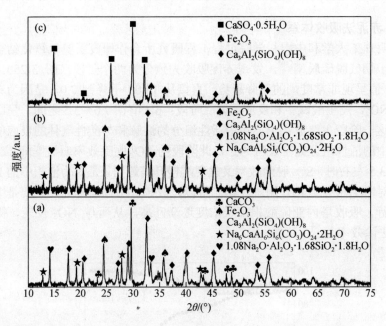

图 3-26　原赤泥（a）、赤泥（b）吸收过程（pH=5），脱硫脱硝后赤泥（c）
（pH=3.5）的 XRD 图谱

4. 臭氧氧化脱硝工艺流程

臭氧氧化脱硝工艺如图 3-27 所示，烟气中的 NO_x 经臭氧氧化后进入脱硫塔，与脱硫剂逆流接触发生化学反应。以钙法为例，由于脱硫塔底部浆液池设有氧化装置，脱硝产物主要为硝酸钙，控制一定的浆液停留时间，达到一定浓度时，形成硝酸钙晶体，掺杂于石膏浆液中，经排出泵送至旋流器进行一级脱水，旋流器底流为浓缩浆液，进入真空皮带脱水机进行二级脱水处理，得到含有石膏和硝酸钙晶体的混合滤饼。该工艺适用于现有采用钙基湿法烟气脱硫工艺的基础上增设脱硝改造，充分利用脱硫系统的操作弹性，吸收氧化后的 NO_x，并能够处理副产物[31]。

烟气中 NO_x 含量不宜过高，一方面可能影响循环泵、浆液供给泵、石膏排出泵、氧化风机、旋流器、真空皮带脱水机等设备出力不足，进而影响脱硫系统正常运行；另一方面，较多硝酸钙晶体的产生降低了脱硫石膏的纯度，可能影响脱硫副产物综合利用，若副产物抛弃填埋处理，硝酸钙溶解于水后，可能渗入地下，带来二次污染问题。现有钙基湿法脱硫系统，为了减轻设备被氯离子腐蚀，一般配套全物化脱硫废水处理系统，旋流器溢流或真空皮带脱水机滤液部分经过处理后排放，不再返回至脱硫系统循环利用，进而降低脱硫浆液中氯离子浓度，保护设备。现有脱硫废水处理系统不能去除 NO_3^-，影响脱硫废水达标排放，整体工艺系统仍需进一步完善。若厂区附近有生化污水处理系统，可将处理后含有NO_3^-的脱硫废水引至该系统厌氧段进行反硝化脱硝，或引至好氧段充当活性污泥的补充氮源。

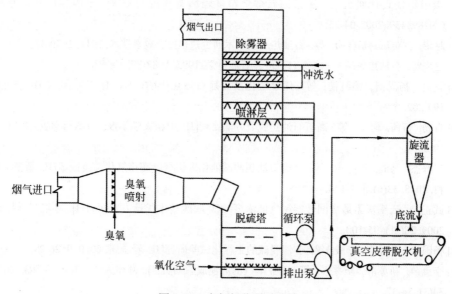

图 3-27　臭氧氧化脱硝工艺

参 考 文 献

[1] 夏训松. 石油焦煅烧工艺研究[D]. 长沙: 中南大学, 2012.

[2] 施海云, 周新林, 赵永金. 影响预焙阳极质量因素分析及改进途径探讨[J]. 炭素技术, 2003, 4: 37-42.

[3] 刘志山. 回转窑煅烧石油焦工艺分析及技术改造[D]. 长沙: 中南大学, 2005.

[4] 缪二军, 刘慧. 石油焦煅烧技术方案比较[J]. 炭素技术, 2013, 32(2): 13-18.

[5] 魏远娟, 李松杰, 崔卫滨. 浅谈石油焦煅烧设备发展现状[J]. 广东化工, 2013, 40(13): 106-107.

[6] 明文雪. 石油焦回转窑煅烧系统热工测试及平衡分析[J]. 世界有色金属, 2014, 9: 42-44.

[7] 胡海波, 韩文生. 回转床煅烧炉煅烧石油焦技术[J]. 轻金属, 1999, 12: 47-49.

[8] 胡素丽, 龙琼, 曾英. 石油焦及石油焦煅烧设备发展现状[J]. 山西冶金, 2015, 38(4): 7-8.

[9] 申国富. YL 公司石油焦回转窑煅烧烟气脱硫系统的设计与实施管理[D]. 长沙: 中南大学, 2014.

[10] 郭世平, 李宁, 牛艳娥, 等. 石油焦煅烧收尘粉的性能研究[J]. 炭素技术, 2017, 36(3): 48-50.

[11] 沈长彦, 朱莹. 石油焦煅烧烟气脱硫技术探讨[J]. 环境科学导刊, 2009, 28(B06): 101-104.

[12] 谢晟元. 炭素煅烧回转窑及冷却窑 SO_2 烟气净化的探讨[J]. 青海科技, 2008, 4: 71-73.

[13] 于磊. 大型罐式煅烧炉综合利用与研究[D]. 长沙: 湖南大学, 2013.

[14] 吕阳华. 石油焦煅烧烟气脱硫技术分析[J]. 化工管理, 2018(10): 128-129.

[15] 贵阳铝镁设计研究院. 炭素回转煅烧窑多隔墙宽体沉灰室[P]. 中国实用新型专利, CN2893439. 2007-04-25.

[16] 赵彬, 罗英涛, 苏自伟, 等. 石油焦脱硫技术研究进展[J]. 炭素技术, 2011, 2: 30-32.

[17] 王宗贤. 石油焦脱硫——综述[J]. 世界石油科学, 1995, 1: 82-87.

[18] 肖劲, 杨思蔚, 赖延清, 等. 化学氧化法脱除石油焦中的硫[J]. 化工环保, 2010, 30(3): 199-202.

[19] 肖劲, 伍茜, 何川, 等. 高硫石油焦脱硫方法比较[J]. 中南大学学报: 自然科学版, 2013, 3: 19-23.

[20] 赵普杰, 马成, 王际童, 等. 高硫石油焦的碱催化煅烧联合超声氧化深度脱硫[J]. 新型炭材料, 2018, 33(6): 117-124.

[21] 武正君. 云铝炭素煅烧回转窑尾气低浓度 SO_2 脱硫技术优选方案探讨[J]. 环境科学导刊, 2009, 28(z1): 95-100.

[22] 杨国俊, 于海燕, 李威, 等. 赤泥脱硫的工程化试验研究[J]. 轻金属, 2010, 9: 26-29.

[23] 李惠萍, 靳苏静, 李雪平, 等. 工业烟气的赤泥脱硫研究[J]. 郑州大学学报(工学版), 2013, 34(3): 34-37.

[24] 庞皓. 工业烟气赤泥脱硫中试装置的初步设计及设备选型[D]. 郑州: 郑州大学, 2013.

[25] 昆明理工大学. 一种利用拜耳法赤泥浆液催化氧化处理低浓度 SO_2 烟气的方法[P]. 中国发明专利, CN106563353A. 2017-04-19.

[26] 张明慧, 马强, 徐超群, 等. 臭氧氧化结合湿法喷淋对玻璃窑炉烟气同时脱硫脱硝实验研究[J]. 燃料化学学报, 2015, 43(1): 88-93.

[27] 马强, 朱燕群, 何勇, 等. 活性分子 O_3 深度氧化结合湿法喷淋脱硝机理试验研究[J]. 环境科学学报, 2016, 36(4): 303-308.

[28] Zou Y, Liu X, Zhu T, et al. Simultaneous removal of NO_x and SO_2 by MgO combined with O_3 oxidation: The influencing factors and O_3 consumption distributions[J]. ACS Omega, 2019, 4(25): 21091-21099.

[29] Cai M, Liu X, Zhu T, et al. Simultaneous removal of SO_2 and NO using a spray dryer absorption(SDA)method combined with O_3 oxidation for sintering/pelleting flue gas[J]. J Environ Sci, 2020, 96: 64-71.

[30] Li B, Wu H, Liu X, et al. Simultaneous removal of SO_2 and NO using a novel method with red mud as absorbent combined with O_3 oxidation[J]. J Hazard Mater, 2020, 392: 122270.

[31] 魏林生, 周俊虎, 王智化, 等. 臭氧氧化结合化学吸收同时脱硫脱硝的研究[J]. 动力工程学报 2006, 1: 112-116.

第4章 阳极焙烧工序大气污染物控制

4.1 阳极焙烧工序污染物排放特征

4.1.1 阳极焙烧工艺生产流程及产物节点

在铝用阳极碳素生产过程中，焙烧是决定预焙阳极质量的一个重要工序，同时也是耗资最大、能耗最高、污染物排放最复杂的一个工序，焙烧炉、多功能天车、阳极清理机、烟气净化系统是该工序的关键设备，每个设备的运行过程都会排放出一定量的固体、液体和气体污染物，大部分是以含炭废料为主，本章主要对阳极焙烧过程污染物、废料的产生、治理、综合利用情况进行探讨[1]。

电解铝用预焙阳极生产采用煅后焦、沥青和返回料（电解铝厂返回的电解残极、焙烧碎料、生碎料）为原料。原料经破碎、筛分、配料，生产出生阳极，再经焙烧得到预焙阳极产品。阳极焙烧工序的大气污染物排放主要来自以下几个方面：

（1）原料贮运：预焙阳极生产所用主要原料为煅后焦，由带式输送机从料仓运入贮仓内，用料时由设置在仓下的电磁振动给料机经带式输送机输送到生阳极制造工序使用。该过程会产生无组织排放粉尘。

（2）返回料处理：生产过程中产生焙烧碎料、生碎料和电解铝厂返回的电解残极经返料处理系统，通过破碎机经粗碎-中碎筛分至合适粒度，然后经斗式提升机直接送入料仓待用。该过程中，在粗碎-中碎筛分时会产生无组织排放粉尘。

（3）液体沥青制备：由汽车运送来的固体改质沥青经颚式破碎机破碎，送入沥青熔化罐内，用高温导热油间接加热熔化，经过滤机滤去杂质后进入液体沥青接收槽，再用输送泵送至沥青保温贮罐内，使用时由沥青输送泵输送至生阳极车间用于配料。该过程中，沥青熔化过滤和储槽处产生沥青烟气。

（4）生阳极制造：煅后焦（或残极料）经带式输送机、斗提机送入筛分系统，而后进入配料仓。除尘系统收集的焦粒粉尘和中碎筛分的部分细碎粒，经磨粉机磨成粉料，用于生阳极制造时填料及混捏成型过程沥青烟气的吸附剂。混捏选用预热混捏机，成型采用振动成型机。成型炭块经检测合格后进入冷却输送机冷却，然后经辊道输送机输送至炭块库贮存。不合格的生阳极块送到返加料处理系统。该过程中，混捏和成型时会产生一部分烟气。

（5）阳极焙烧：生阳极块经板式输送机送入焙烧车间，经碳块编组站编组，由多功能机组装入焙烧炉。焙烧炉用焦炉煤气作为燃料。按编制的时间表，将装好生阳极炭块的焙烧炉室接入加热系统，加热系统烟气温度为 1200℃，按设定时间完成加热焙烧后切断热源脱离加热系统，对炉室进行强制冷却，冷却到规定的时间后出炉。阳极焙烧过程中产生大量含有粉尘、沥青烟、氟化物、SO_2 和 NO_x 的烟气，是整个阳极焙烧工序的主要排污点（图 4-1）。

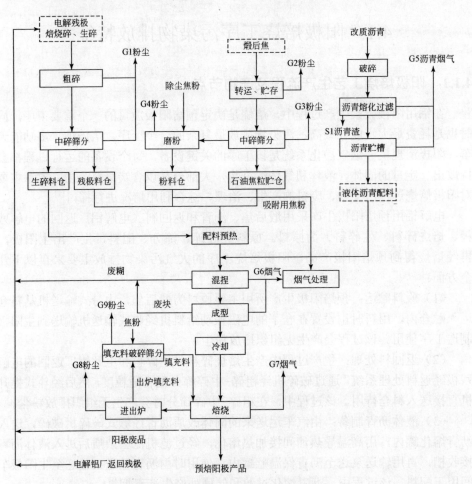

图 4-1 阳极焙烧工艺流程及产污节点

4.1.2 阳极焙烧污染物排放特征

1. 无组织排放源

预焙阳极生产过程中无组织排放源的大气污染物主要是粉尘，来源于原料储存、运输、筛分及部分生产过程。炭阳极生产主要是以石油焦、沥青、残极、生碎为原料，这些原料在破碎、运输、筛分、配料的过程中均会产生一定量的粉尘。粉状物料一般通过皮带输送机、斗式提升机来进行转运，物料运输过程中不可避免地要有高度差，因此，在有落差的部位将会产生一定量的扬尘。同时阳极焙烧工序多功能天车吸料、铺料过程，也会产生填充料粉尘；另外由于残极、生碎含水量低，废糊料、残极、焙烧废块、废生块通过抓斗天车送入破碎机时，产生大量粉尘。因此，每个炭阳极厂返回料处理工序的厂房内部环境最为恶劣。表 4-1 为某炭阳极厂各工序粉尘损耗量设计值统计表。

表 4-1　炭阳极生产（12 万 t/a）主要工序实收率

工序名称	实收率/%	损耗量/(t/a)
石油焦粗碎	99	1104
沥青破碎	99	228
中碎筛分	99	820
磨粉	99	336
配料	99.5	554
填充料	99	399
合计		3441

2. 有组织排放源

在铝用阳极生产过程中，焙烧是决定预焙阳极质量的一个重要工序，同时也是耗资最大、能耗最高、污染物排放最复杂的一个工序。阳极焙烧烟气是整个阳极焙烧工序最主要的有组织排放源，其次为混合成型时的沥青烟气。

阳极焙烧烟气成分较为复杂，与原料的成分、燃料的种类、阳极焙烧炉的状况、操作方式等均有关，主要污染物为：烟（粉）尘、沥青烟（焦油）、SO_2、NO_x 和氟化物等[2]，具有成分复杂、黏结性强、多种污染物并存且易发生着火等特点。阳极焙烧烟气多污染物排放浓度与目前的排放标准情况如表 4-2 所示。

表 4-2　阳极焙烧烟气污染物排放浓度及排放标准比较

污染物	实际排放浓度 /(mg/m³)	GB 25465—2010 排放限值/(mg/m³)	GB 25465—2010 修改单-特别排放限值/(mg/m³)	河南省超低排放限值 [b]/(mg/m³)
颗粒物	200～780	30	10	10
SO_2	108～540	400	100	35
NO_x	50～200	—	100	100
沥青烟	74～380	20	20	20 [c]

续表

污染物	实际排放浓度 /(mg/m³)	GB 25465—2010 排放限值/(mg/m³)	GB 25465—2010 修改单-特别排放限值/(mg/m³)	河南省超低排放限值 b/(mg/m³)
苯并芘	$1.57×10^{-2}$～$8.41×10^{-2}$	$3×10^{-4}$ a	$3×10^{-4}$ a	$3×10^{-4}$ a
氟化物	16～55	3.0	3.0	3.0 c

a. GB 16297—1996 大气污染物综合排放标准. 1996
b.《关于印发河南省 2019 年大气污染防治攻坚战实施方案的通知》,豫环攻坚办[2019]25 号
c. 地方限值未加严限定,参考 GB 25465—2010 修改单限值

1）粉尘

阳极焙烧烟气中的粉尘主要来源于以下几种情况:燃烧不完全产生的炭黑、燃料中不可燃固体沉淀形成的粉尘、沥青挥发物不完全燃烧产生的炭黑、烟气夹带的填充焦粉以及气流冲刷夹带的耐火材料粉尘。阳极焙烧烟气中粉尘平均浓度为 350 mg/m³,其成分以含碳组分为主。

2）SO_2

阳极焙烧炉烟气中的 SO_2 主要来源于燃料、黏结剂沥青和填充料带入的硫分的燃烧,而生阳极石油焦带入的硫分基本没有发生燃烧,因此有研究认为其大部分保留在阳极炭块内部,在电解生产时被释放出。阳极焙烧炉烟气中入口 SO_2 浓度一般在 600 mg/m³ 以下,需设置单独的脱硫设施才能实现烟气排放达标。

3）NO_x

阳极焙烧炉烟气中的 NO_x 主要分为燃料型 NO_x 和热力型 NO_x,具体成因较为复杂。阳极焙烧炉的燃料包括重油、煤气和天然气。从污染物源头减排的角度考虑,预焙阳极焙烧适合采用天然气作为燃料。新建阳极焙烧炉因炉体密封状况好、燃烧充分,NO_x 可控制在 100 mg/m³ 以内,但运行几年后的焙烧炉,因炉体密封状况逐年老化,密封效果不好,升温不易控制,NO_x 排放浓度一般在 120～180 mg/m³,工艺波动过大时会达到 200 mg/m³[3]。目前 GB 25465—2010 修改单及河南地区规定的碳素行业 NO_x 超低排放限值为 100 mg/m³,并有进一步加严趋势,需对阳极焙烧烟气进行专门的脱硝治理。

4）沥青烟（焦油）

在生阳极制造过程中,需配入 16%的沥青作为黏结剂,各铝厂大多使用改质沥青。生阳极焙烧过程中,部分未燃烧的沥青挥发物随烟气排除,烟气中沥青烟（焦油）的平均浓度在 180 mg/m³ 左右,远远超过 20 mg/m³ 的排放限值,也成为阳极焙烧工序最受关注的污染物,阳极焙烧烟气治理工艺也基本围绕沥青烟控制来开展。

5）氟化物

阳极焙烧炉烟气中的氟化物是电解铝的残极带入的。残极回收既能节省燃料,

又能提高阳极的密度和机械强度。因此，生阳极制造过程中配入 15%～30%的残阳极，大型预焙槽铝厂全部回收残极时，其配入量通常在 20%～25%。阳极焙烧烟气氟化物初始排放浓度通常在 16～55 mg/m^3，远远高于 3 mg/m^3 的排放限值，需进行脱除治理。

4.2　阳极焙烧工序污染控制耦合余热利用技术

焙烧炉能耗占炭阳极生产总能耗的 80%以上，如何充分利用阳极焙烧炉的热能一直是国内外企业研究的重点方向。到了 20 世纪末，阳极焙烧炉的设计得到了改进，例如脉冲式的火焰工艺，火焰区与预热区均采用先进的控制系统等，使焙烧的最高温度由原来的 1300℃降低到 1200℃，这使得焙烧工序能源的消耗大大减少，烟气中多种污染物尤其是 NO$_x$ 排放浓度也能够明显降低。

近几年由于燃料价格在急剧上涨，对多种烟气污染物乃至温室气体的排放量的要求也越来越高，焙烧炉烟气污染物过程控制和余热利用技术成为必然趋势。

4.2.1　阳极焙烧的热平衡

环式焙烧炉热能利用的原理就是将冷却区内储存的热量再进行内部循环利用。即冷空气进入到冷却区与热的阳极炭块、炉体和填充焦换热后被预热；加热后的空气进入到火焰或燃烧区作为助燃空气，此时变为烟道气体，进一步向下流动并将其绝大部分热量传递给冷阳极[4]。

法国 SATRUM 公司曾对焙烧炉作过详细的热平衡计算，结果见图 4-2。从整台炉来看，热收入部分源于重油燃烧（58%）、沥青挥发分燃烧（39%）和填充焦燃烧（3%）等三部分。热支出部分包括阳极和填充焦残留（30%）、排烟损失（27%）、炉面散热（9%）及冷却阳极空气带走热量（7%）等。其中，阳极和填充焦残留以及冷却阳极空气带走热量都与固体蓄热（包括阳极、填充焦、横墙和火道墙）的回收与一次空气的预热密切相关，大量漏风渗入造成的附加排烟量成为排烟热量损失的主体。

单从图中焙烧区来分析，热收入来源有：燃料（39%）、预热空气（33%）、挥发分燃烧（26%）及填充焦燃烧（2%）。热支出中，最大项是固体蓄热（70%），其次是排烟（18%）和炉体散热（12%）；同样，只针对图中冷却区分析，热收入来自固体蓄热（97%）和填充焦燃烧（3%），热支出中对节能降耗有贡献的仅有预热空气一项，其他冷却空气带走、火道墙散热等都有很大的利用空间[5]。

4.2.2　余热回收技术及应用

从图 4-3 焙烧过程得知，有两个主要热源可以利用：一个是烟道气余热，另一个是冷却区余热。

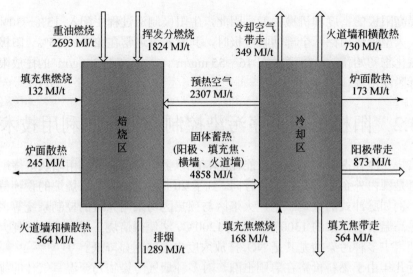

图 4-2　焙烧热平衡

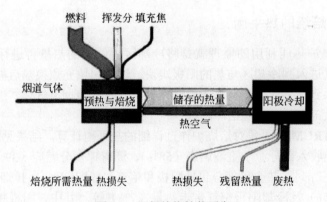

图 4-3　阳极焙烧炉热平衡

1. 烟道气净化耦合余热利用

针对阳极焙烧烟气，中国铝业股份有限公司开发了一种阳极焙烧烟气净化耦合余热利用技术（图 4-4），将阳极焙烧烟气与石油焦煅烧高温烟气（>950℃）混合，使焙烧烟气中的沥青烟、含炭粉尘燃烧，经过焚烧后的烟气使用余热锅炉对其进行余热回收，烟气进入后续污控设施净化后排放。

2. 冷却区余热利用

冷却区余热利用工艺如图 4-5 所示，是将设置在冷却区的两个鼓风架之一更换为排烟机架，这样便无须新增设备台数和投资。此外，就是将所有从冷却区收集的热空气直接送到热交换器，作为加热导热油炉的热源。从冷却区出来的热空气约 400℃，可达到加热生阳极工序导热油所需 300℃的要求。

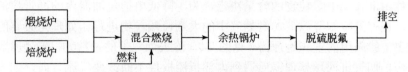

图 4-4　阳极焙烧烟气净化耦合余热利用

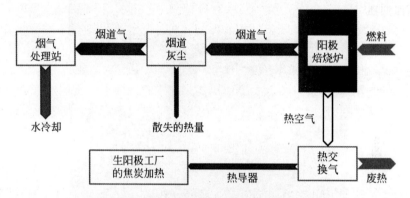

图 4-5　焙烧炉冷却区废气加热导热油炉示意图

近年来，我国碳素行业生产能力迅速增加，技术装备水平不断提高，但环境保护技术研究相对滞后。充分利用焙烧炉烟气余热是降低预焙阳极生产过程能耗、减少污染物排放的有效措施，但还是要控制好阳极焙烧升温曲线，控制好过剩空气系数，控制好烟气量和燃烧温度，是碳素行业降耗减排的合理措施[6]。

4.3　粉尘控制技术

阳极焙烧过程的粉尘主要来源于三个方面：一是天车载装出炉过程中从填充料中分离出来的粉尘，通过多功能天车吸料、铺料系统除尘器收集；二是熟阳极在清理解组的过程中，清理阳极表面黏结的填充料过程中产生的粉尘；三是阳极焙烧烟气中包含的粉尘。料箱中的填充料在负压抽力进入火道内部分混入烟气中，尤其是在炉室破损严重的情况下，烟气中的粉尘含量将大大增加，对年产 13 万吨的预焙阳极生产厂家来说，这三项每年收集的粉尘约 400 t。通过除尘设施控制后，既能实现烟气粉尘控制，又能实现含碳组分的资源化利用。

4.3.1　粉尘控制工艺

如上所述的前两种颗粒物均可通过布袋除尘器、旋风除尘器进行有效的收集处理，图 4-6 为多功能天车旋风除尘器。

而对于阳极焙烧烟气，为了提高阳极产量降低能耗，现代的阳极焙烧工艺都采用大负压、短周期，烟气流量大，烟气中颗粒物含量高，沥青与颗粒物混合物的流动性由混合物中颗粒物的含量决定，为了降低电捕焦油器内的沥青焦油排放的困难，在喷淋冷却降温前，对烟气中的大颗粒颗粒物进行预处理是必要的。工程实践中一般采用前置预处理器（见图4-7）除去烟气中的颗粒物，预处理器采用卧式结构，烟气进入预处理器后遇到内部折流板后不断改变气流方向，烟气中的颗粒物撞到折流板后落入灰斗后排出。但实际生产中仍有部分细小的颗粒物进入了电捕焦油器[1]。

图 4-6　多功能天车旋风除尘系统

图 4-7　阳极焙烧烟气预除尘系统

4.3.2　炭粉尘的回收利用

阳极焙烧过程中，部分炭粉尘经过了高温燃烧，因此通过除尘器收集的炭粉灰分较高，不适合返回阳极生产工艺重新利用，阳极焙烧过程产生的炭粉主要用于阳极钢爪保护炭环的生产，炭粉在炭环配料中约占 70%[7]，图 4-8 为阳极钢爪保护炭环实物图。

图 4-8　用炭粉尘生产的阳极钢爪保护炭环

4.4　沥青烟控制技术

在预焙阳极生产的整个流程中，产生沥青烟的主要有三个方面：①沥青熔化和液体沥青储存的两个工段；②混捏成型工段；③阳极焙烧工段。以下主要围绕这三类沥青烟的控制技术做介绍。

4.4.1　沥青熔化过程沥青烟控制技术

铝电解用阳极、阴极以及高功率石墨电极等碳素制品生产企业在其工艺生产的配料环节中均会使用液体沥青作为黏结剂，但在沥青熔化工段中的固体沥青熔化和液体沥青储存的两个环节中均会散发大量的沥青烟气。沥青烟气中除了含有微小的沥青液滴外还含有碳环烃、环烃衍生物等有机化合物，其中的苯并芘、苯并蒽、咔唑等多环芳烃类等有机物多为致癌和强致癌物质，尤其以 3,4-苯并芘为代表的强致癌物质可附着于空气中的飘尘中进入人体呼吸系统对人体造成伤害，所以对沥青熔化工段产生的沥青烟气必须净化处理后才能排放。

沥青熔化工段的工艺生产分为两个步骤：第一步，在沥青熔化炉中将固态沥青熔化；第二步，将熔化后液体沥青在沥青储槽中储存和保温。沥青熔化阶段产生的沥青烟气浓度约为 1300～1600 mg/m³，液体沥青储槽散发的沥青烟气浓度约为 800～1000 mg/m³，沥青熔化阶段产生的沥青烟量约为液体沥青储槽散发的沥青烟气量的 5～6 倍。

针对沥青熔化过程中的沥青烟气，目前主要有三类控制技术：电捕焦油器技术、焚烧法技术及水洗净化技术，其中水洗净化技术因水耗大、效率低，且存在二次污染，所以现阶段在碳素行业的沥青熔化工段已经很少使用该技术。以下主要围绕电捕焦油器和焚烧法两类技术做介绍。

1. 电捕焦油器技术

沥青熔化工段产生的沥青烟多采用一级或多级电捕焦油器（图4-9）净化技术，其工作原理为：利用净化系统的排烟引风机将沥青烟气引入电捕焦油器，沥青烟气中的小液滴和颗粒物在电捕焦油器中的电离区被电离，然后进入高压电场，在高压电场的作用下将烟气中的沥青液滴和颗粒物净化收集。该种净化技术对沥青微小液滴的净化效果较好，但对烟气中的苯并芘等致癌物质的净化效果并不理想。

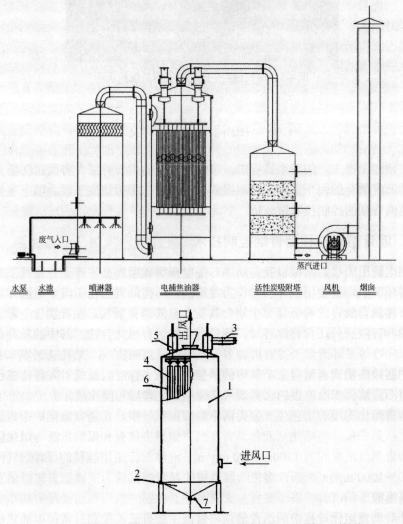

图 4-9　沥青烟气处理设备电捕焦油器示意图

1.壳体；2.下锥体；3.绝缘子箱；4.沉淀极；5.硅整流装置；6.电晕极；7.排污阀

电捕焦油器净化技术具有投资小和运行成本较低的优势,但其净化效率有限,按照净化效率95%,当入口浓度较高时,无法满足国家和行业现行环保排放标准。

此外,苯并芘的国家[8]和行业现行环保排放标准的要求分别为:3×10^{-4} mg/m³和 1×10^{-5} mg/m³(边界大气污染物排放标准),而电捕焦油器对苯并芘几乎没有处理作用,因此上述排放限值是电捕焦油器净化技术无法达到的。

2. 焚烧净化技术

焚烧净化技术是解决沥青烟气最彻底、最有效的技术之一,该技术不仅可将烟气中的微小沥青液滴充分燃烧,还可将烟气中的苯并芘等致癌物质彻底燃烧处理。碳素行业沥青烟气焚烧净化技术分为直燃式净化技术和蓄热式焚烧(regenerative thermal oxidizer,RTO)净化技术。

1)直燃式焚烧净化及余热利用技术

直燃式焚烧净化技术是将沥青熔化工段产生的高浓度沥青烟气作为助燃空气,在燃烧室内燃烧,将烟气中的沥青液滴和苯并芘等物质燃烧分解,但该种技术天然气的耗量大,应对燃烧后的烟气进行余热利用,用燃烧后的高温烟气加热碳素工艺生产用的导热油,完全或部分替代工艺用导热油热煤锅炉。

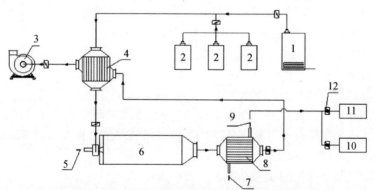

1. 沥青熔化炉;2. 液体沥青储槽;3. 排烟风机;4. 烟气回热器;5. 天然气;6. 直燃式焚烧炉;7. 导热油进口;8. 导热油换热器;9. 导热油出口;10. 导热油用户;11. 导热湍热煤锅炉;12. 阀门

图 4-10　沥青烟气直燃式焚烧净化及余热利用工艺流程图

直燃式焚烧净化及余热利用工艺流程如图 4-10 所示,将沥青熔化炉和液体沥青储槽产生的沥青烟气通过其上部集烟罩收集,沥青烟气(温度约为 100℃)通过烟气回热器进行预热,预热后沥青烟气温度 200℃,预热后沥青烟气与天然气充分混合进入直燃式焚烧炉充分燃烧,炉膛设计温度1200℃,沥青烟气在炉膛停留时间 1.5～2 s,在此温度下,烟气中的微小沥青液滴以及包括苯并芘在内的环烃、环烃衍生物等有机化合物充分燃烧,沥青烟气在直燃式焚烧炉中完成了其净化反应,燃烧反应方程式为:

$$2C_xH_y + 2(x + y/2)O_2 \xrightarrow{1200℃} 2xCO_2 + yH_2O + Q \qquad (4\text{-}1)$$

由式（4-1）可得烟气中的沥青液滴以及包括苯并芘在内的环烃、环烃衍生物等碳氢化合物（C_xH_y）与空气中的氧气（O_2）充分燃烧生成二氧化碳（CO_2）和水蒸气（H_2O），同时释放出一定热量（Q）。

对该技术的工程应用热平衡及应用性能进行计算分析：碳素厂配置一台 8 t/h 生产能力的沥青熔化炉，2 台 200 m³ 的液体沥青储槽；沥青熔化炉排烟量为 3000 m³/h，液体沥青储槽每台排烟量为 700 m³/h。

工艺生产现已配置一台 4000 kW（可调）的燃气型导热油热煤锅炉，热煤锅炉供油温度 270℃，回油温度 255℃，导热油型号：YD-300，导热油比热容（250℃）：2.608 kJ/(kg·℃)。

A. 沥青烟气焚烧余热利用热平衡参数

焚烧炉设计处理沥青烟气量：4400 m³/h；

空气过量系数：1.6；

最终排烟温度：220℃；

天然气耗量：300 m³/h；

沥青烟气浓度：1400 mg/m³。

计算结果（计算过程省略，具体计算过程见参考文献[9-12]）：

天然气燃烧产生的热量：10 453 200 kJ/h；

天然气燃烧产生的热功率：～2900 kW；

焚烧后烟气量：～4700 m³/h；

导热油加热功率：～2500 kW；

导热油加热量（按照回油温度 255℃，供油温度 270℃计算）：214.84 t/h；

沥青烟完全燃烧热值（按照 42 000 kJ/kg 燃烧热值计算）：258 720 kJ/h；

沥青烟完全燃烧热功率：71.8 kW；

沥青烟气焚烧系统总加热功率：～2562 kW；

导热油总加热量（按照回油温度 255℃，供油温度 270℃计算）：219.6 t/h；

沥青烟气焚烧余热利用系统热效率：～86%。

B. 热煤锅炉加热导热油热平衡计算

天然气耗量：290 m³/h；

空气过量系数：1.1；

最终排烟温度：220℃；

天然气燃烧产生的热量：10 104 760 kJ/h；

天然气燃烧产生的热功率：～2807 kW；

焚烧后烟气量：～3240 m³/h；

导热油加热功率：～2531 kW；

导热油加热量（按照回油温度 255℃，供油温度 270℃计算）：216.95 t/h；
热煤锅炉热效率：～90%。

C. 沥青烟气焚烧余热利用与热煤锅炉性能分析

综合上述热平衡计算结果对沥青烟气焚烧余热利用与热煤锅炉加热导热油的
性能进行对比分析，详见表 4-3。

表 4-3　沥青烟气焚烧余热利用与热媒锅炉加热导热油性能分析表

导热油加热形式	热功率/kW	导热油加热量 /(t/h)	天然气耗量 /(m³/h)	热效率/%	沥青烟气处理能力 /(m³/h)
烟气焚烧余热	2562	214.84	300	86	4400
热煤锅炉	2531	216.95	290	90	0

由表 4-3 可得出在加热导热油能力大致相同的情况下，利用沥青烟气焚烧余
热利用系统比传统热煤锅炉加热方式的天然气能耗高 3.5%，热效率低 4%，但沥
青烟气焚烧余热利用系统可处理沥青熔化炉和液体沥青储槽产生的 4400 m³/h 的
沥青烟气，其带来的环保效益是相当可观的，利用该技术可实现沥青烟＜
10 mg/m³，颗粒物＜10 mg/m³，苯并芘＜1×10⁻⁵ mg/m³，满足国家及行业最新排放
标准。

2）蓄热式焚烧（RTO）技术

RTO 装置（图 4-11）在启动时首先将烟气焚烧温度提高到 800℃以上，高温
烟气将蓄热陶瓷加热，沥青烟气在蓄热陶瓷中焚烧后外排，之后便依靠高温陶瓷
将沥青烟气焚烧净化，温度不足部分的热量依靠补充少量的天然气燃烧来实现，
焚烧炉前后温差约为 40～50℃，与直燃式焚烧炉相比天然气消耗可节约 95%。

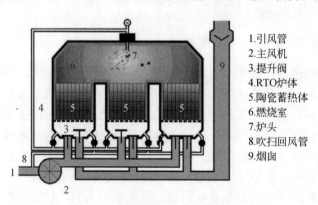

图 4-11　蓄热燃烧炉（RTO）示意图

沈阳铝镁院和沈阳铝镁科技有限公司合作将该技术应用于沥青熔化工段高浓
度沥青烟治理，在中铝连城分公司碳素一厂、碳素二厂的沥青熔化工段连续建立
示范应用，实现 RTO 出口沥青烟 4.5 mg/m³，粉尘 3.0 mg/m³，苯并芘 0.19 μg/m³，

结果显著优于国家排放限值。

4.4.2 混捏成型工段沥青烟控制技术

预焙阳极生产过程中除焙烧炉烟气和沥青罐烟气外，混捏成型过程产生的烟气也是预焙阳极生产的主要废气污染源，因此在环保治理过程中必须引起重视。

1. 混捏成型沥青烟气的产生及特性

混捏成型工序散发沥青烟的污染源主要是：混捏（混捏锅或连续混捏机）、糊料冷却机、成型机、糊料输送等。混捏工序在加料和干混过程中产生一定量的粉尘；而当液体沥青注入时，含有大量粉尘与沥青的烟气散发出来，随着湿混时间加长，烟气中粉尘含量越来越小；混捏后的排糊及冷却阶段，干糊料遇到冷空气，则大量的沥青烟气、水汽及少量粉尘散发出来；成型机在加料和成型过程产生含尘沥青烟气，糊料输送过程中也产生含尘的沥青烟气。可见混捏成型的主要废气污染物是沥青烟，其次是粉尘。其中，粉尘可通过沥青烟净化装置协同脱除，因此沥青烟才是混捏成型的重点治理对象[13]。混捏成型工段见图 4-12。

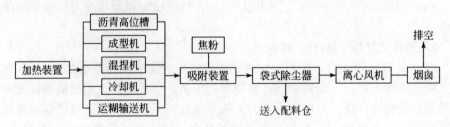

图 4-12 混捏成型工段流程图

2. 混捏成型沥青烟气治理技术

目前沥青烟的净化技术主要有：吸收法、吸附法、燃烧法、电捕法等[14-19]。其中吸收法长期运行后净化效率一般仅在 75% 左右，净化效率较低，同时将产生废水或者废洗油，引起二次污染；燃烧法净化效果很好，但该法设备投资大，运行成本高；电捕法运行简单，但是设备一次性投资较大，随着运行时间加长，受焦油影响，净化效率将下降，严重时将把管道堵死，使系统无法运行。

在诸多工艺中，吸附法以焦粉作为吸附剂，焦粉是石油焦经煅烧、破碎和磨粉后的中间原料，无须另行制备吸附剂。吸附焦油后的焦炭粉用布袋除尘器实现气固分离，回收的吸附沥青的焦粉作为混捏用料可直接使用，无须再生，做到化害为利，不存在二次污染问题。因此，焦粉吸附法成为混捏成型工段最主流的沥青烟气治理技术。该技术在国内铝用阳极生产厂混捏成型烟气上的应用如表 4-4 所示。

表 4-4　国内混捏成型沥青烟气净化应用

企业名称	治理措施	污染物	烟气初始浓度/(mg/m³)	烟气排放浓度/(mg/m³)	净化效率/%
兰州铝业	焦粉吸附净化	沥青烟	266~396	21.2~47.6	84~94
		颗粒物	453~9866	1.6~13.7	99.9
连城铝业	焦粉吸附净化	沥青烟	445.1~490.8	8.7~16.2	62.3~79.5
		颗粒物	27356~30361	9.3~18.7	99.9
抚顺铝业	焦粉吸附净化	沥青烟	27	2.7	90
		颗粒物	—	34	99.4
云南铝业	焦粉吸附净化	沥青烟	315	33	90
		颗粒物	—	—	—
万方铝业	焦粉吸附净化	沥青烟	136	5.1	96
		颗粒物	4615~9000	3.7~7.6	>99
关铝炭素	焦粉吸附净化	沥青烟	27.7	8.9	62.2
		颗粒物	6088	39.1	99.3
河南神火	焦粉吸附净化	沥青烟	—	15	—
		颗粒物	6440	14	99.8

　　四川启明星铝业有限责任公司的混捏成型工段沥青烟气结合现场的实际条件，引进了法国 Solios 公司的沥青烟气焦粉吸附干法净化工艺（图 4-13），采用研磨后的焦粉作为吸附剂，与加热保温的沥青烟气在文丘里管反应器中充分混合，吸附后的焦粉被脉冲布袋除尘器收集并返回流程，作为配料系统的原料。

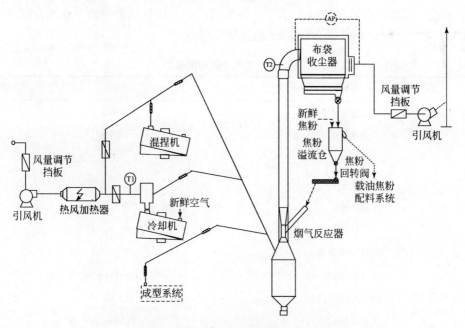

图 4-13　混捏成型工段沥青烟气焦粉吸附净化工艺流程图[20]

文丘里管烟气反应器内焦粉对沥青烟的吸附如图 4-14 所示，吸附后的焦粉和烟气进入脉冲布袋除尘器，通过压差 Δp 来控制布袋脉冲振打周期，以保证布袋能够得到一层稳定的焦粉层的保护，避免焦油和水分对布袋的损害，压差控制脉冲振打周期，延长布袋寿命。

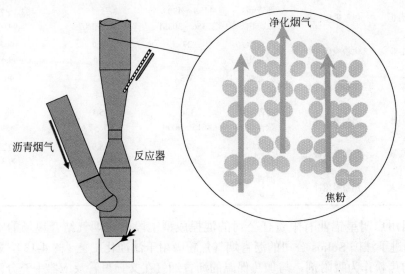

图 4-14　文丘里管烟气反应器内焦粉对沥青烟的吸附

该工程具体参数如表 4-5 所示，经测试，烟气净化后沥青烟（焦油）浓度为 3.43～4.77 g/m³，远低于 20 mg/m³ 的排放限值。

表 4-5　烟气净化相关参数

类型	参数
处理风量	40000 m³/h
过滤面积	700 m²
滤袋数量	50 列，每列 10 条，共 500 条
滤袋规格	Φ127×3500
滤袋材质	PPS 550 g/m³
进口温度	50～60℃
进口沥青烟浓度	300 mg/m³
进口粉尘浓度	17～50 mg/m³
出口沥青烟浓度	≤5 mg/m³
出口粉尘浓度	≤10 mg/m³

4.4.3 阳极焙烧烟气沥青烟控制技术

1. 阳极焙烧生产及排放特征

阳极焙烧烟气呈黄褐色，焙烧炉炉型不同，操作水平不同，焙烧炉内燃烧剩余需挥发排出的沥青焦油烟气的量、浓度、温度和成分差别很大[21]。现有焙烧炉炉型主要是密闭式环式焙烧炉（图 4-15 至图 4-17）和敞开式环式焙烧炉两种。密闭炉的密封性能好，烟气量相对要小，敞开炉密封性差，漏气量大，烟气量比密闭炉大 1 倍以上。在密闭炉中，由于温度较低，且缺氧（含氧量 2%～3%），基本上不着火燃烧。而敞开炉中，烟气温度高，粉尘浓度大，焦油量低，焦油中轻馏分少。两种炉型烟气状况见表 4-6[21]。

图4-15　处于冷却状态的部分闭式焙烧炉　　　图4-16　处于加热状态的部分闭式焙烧炉

图 4-17　处于晾热状态的部分闭式焙烧炉

表 4-6　两种焙烧炉烟气状况

炉型	烟气量 /(m³/h)	烟气温度 /℃	总焦油 /(mg/m³)	粉尘 /(mg/m³)	HF /(mg/m³)	SO₂ /(mg/m³)
敞开式	90000	150～250	200～400	400	100～200	100～150
密闭式	40000	70～150	800～1200	250	100～200	100～150

　　辽宁省环境检测中心站对沥青烟样品进行了气相色谱-质谱联机分析,共检出了 196 种主要有机污染物,其中含量较高的能被确认的共有 81 种(表 4-7),主要是多环芳烃。

表 4-7　沥青烟主要污染组分名称[13]

序号	中文名称	序号	中文名称	序号	中文名称
1	苊	28	9-乙基菲	55	苯并[b]萘[1, 2-d]噻吩
2	二苯并呋喃	29	3, 6-二甲基菲	56	苯并菲酮
3	酞酸二乙酯	30	2, 3-二甲基菲	57	苯并[b]萘[2, 3-d]噻吩
4	芴	31	1, 8-萘二甲酸酐	58	苯并[a]蒽
5	4-甲基二苯并呋喃	32	9, 10-二甲基菲	59	䓛
6	4-醛基联苯	33	1-苯基萘	60	苯并[a]蒽-7, 12-二酮
7	9-甲基芴	34	环戊酮并菲	61	三甲基苯并[a]蒽
8	9-羰基芴	35	9, 10-二甲基蒽	62	6-甲基䓛
9	硫芴	36	荧蒽	63	苯并[a]咔唑
10	菲-10	37	1, 8-二氨基蒽	64	2-甲基苯[c]菲
11	菲	38	芘	65	1-苯并噻蒽 4, 5-b1-苯并噻吩
12	蒽	39	5, 10-二氢化茚并茚	66	1, 2'-二萘
13	氨蒽	40	1-芘醇	67	2, 2'-二萘
14	菲啶	41	苯萘并呋喃	68	9-苯基蒽
15	9H-咔唑, 9-亚硝基	42	1-甲基芘	69	苯并[b]萤蒽
16	4, 5-二氢化芘	43	芴-a-腈	70	苯并[j]萤蒽
17	4-甲基硫芴	44	2-甲基芘	71	苯并[k]萤蒽
18	1-甲基菲	45	4-甲基芘	72	苯并[a]芘
19	1-甲基蒽	46	2, 3-苯并芴	73	苯并[e]芘
20	1-甲基咔唑	47	1, 2, 3, 4-四氢化苯并[a]蒽	74	二萘嵌苯
21	2-甲基菲	48	苯并[a]芴	75	1, 12-苯并芘
22	苯并芴	49	苯并[c]芴	76	茚并[1, 2, 3-d]芘
23	9-甲基蒽	50	邻三联苯	77	二苯基[a, h]蒽
24	9-羰基蒽	51	1, 3-二甲基芘	78	苯并[b]三亚苯
25	9-甲基咔唑	52	对三联苯	79	1, 2: 7, 8-二苯基菲
26	2-苯并萘	53	苯并[b]萘[2, 1-d]噻吩	80	苯并[ghi]芘
27	2, 5-二甲基菲	54	苯并[c]菲	81	二联蒽

2. 阳极焙烧烟气沥青烟净化技术

目前阳极焙烧烟气沥青烟的净化技术主要有：静电捕集法、吸收法、干式吸附法、焚烧法等，以下主要围绕这几种技术做介绍。

1）静电捕集法

静电捕集法又称为电捕焦法，是基于静电场的物理性质而进行的，沥青烟中的颗粒及大分子进入电场后，在静电场的作用下，它们可以载上不同电荷，并驱向极板，在被捕集后聚集成液体状靠自身重力作用顺板流下，从静电捕集器底部定期排出，从而达到净化沥青烟气的目的。目前国际上密闭式焙烧炉烟气治理以电捕法为主（约占 85%）[22]，我国密闭炉烟气净化也基本采用此法，如吉林、上海、抚顺、南通、成都碳素厂等，这是因为密闭炉烟气中的焦油，轻质部分在炉内并不燃烧，流动性好，有助于把黏物带走。

电捕焦装置如 4-18 所示，主要净化设备为电除尘器，有 3 种结构形式：同心圆式电捕焦油器、普通卧式电捕焦油器和宽极距预荷电式电捕焦油器。

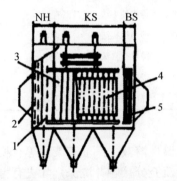

1.网极；2.分布板；3.集尘极；4.阴极框架；5.辅助集尘极

图 4-18　电捕焦装置示意图[23]

20 世纪八九十年代[24]，国外电极厂一般采用 C 型电捕器来清除废气中的焦油物质，国内碳素厂使用的是同心圆干式电捕集油器，结构及工作原理和 C 型电捕器相似，只是沉积电极不是多个钢管，而是同心圆式的几个层钢套筒。这样的结构及制作比较简单，它只能是单电场，处理气量也受到一定的限制。

针对这个问题，抚顺铝厂和鞍山静电技术研究设计院[22]合作把当时电除尘器最新的一些技术：预电荷、宽极距、辅助捕集极专用于同心圆式电干捕焦油器。在运行初期，电捕效果极好。但随着使用时间的延长，净化效率逐渐下降。

上海碳素厂、吉林碳素厂和兰州碳素厂[24]采用了比较先进的卧式板式电捕器，进行多电场电捕，净化效果好于同心圆式，净化效率可达 95%以上，但由于焦油和粉尘混合物在极板上日积月累地沉积，电捕器运行时间增加后，电捕效率就随之下降。

吉林、抚顺、贵州等铝厂[22]采用的宽极距预荷电式电捕焦油器极距加宽到400~500 mm，在电捕器前增加了全蒸发冷却塔，利用水的汽化潜热使烟气降温，根据烟气出口温度调节水量大小，控制塔内流场等影响因素，使液滴运动到塔壁和塔底之前全部蒸发，出口温度控制在80℃左右。在冷却塔和电捕器外部设保温套层，防止冷却塔壁上结露，引起腐蚀，沥青在电捕器内处于流动状态。对于设备及管道内的结疤要定期清洗。处理工艺烦琐，处理费用较高。

表4-8是静电捕集法在我国碳素厂的一些应用，电捕法对 SO_2、NO_x、氟化物没有净化效率，在实际应用中需结合其他烟气净化工艺联合使用。

表 4-8　静电捕集法在阳极焙烧炉烟气净化上的应用

铝厂名称	炉型	治理措施	污染物	烟气初始浓度/(mg/m³)	烟气排放浓度/(mg/m³)
上海碳素厂	密闭炉	静电捕集法	沥青烟	210~350	20~45
吉林碳素厂	密闭炉	静电捕集法	沥青烟	300~600	60~103
抚顺碳素厂	密闭炉	静电捕集法	沥青烟	62.2	1.2
贵州铝厂阴极焙烧炉	密闭炉	静电捕集法	沥青烟	500	7
抚顺铝厂	敞开炉	静电捕集法	沥青烟	454	20
山西丹源铝厂	敞开炉	静电捕集法	沥青烟	63.51	2.37
万方铝业碳素厂	敞开炉	静电捕集法	沥青烟	188.4	10.4

2）吸收法

利用水、钠基或钙基碱性溶液、汽油和柴油等有机类液体做吸收剂，使沥青烟的混合气与吸收液滴逆流充分接触并洗涤，除去有害物质，达到净化目的。德国 KHO 公司在 1970 年使用清水洗涤净化沥青烟气，烟气中的焦油雾滴及混合物附在水沫上，进入加了特种添加剂的集合槽中，分离了颗粒、焦油和水[25]。此装置适宜处理低温、低浓度、烟气量不大的沥青烟气。但筛板塔、填料塔易被堵塞，阻力损失大，净化效率低，仅达 60%~80%。另外，吸收焦油的水不经过处理不能排放，存在二次污染问题。因此，现在常用吸收法作为前段冷却和预处理，同时除去焙烧炉烟气中的部分 SO_2 和 HF。

3）干式吸附法

干式吸附法主要应用在敞开式焙烧炉产生烟气的治理上。吸附是物质在相的界面上，浓度自动发生变化的过程。只有具有极大表面的物质才可能是良好的吸附剂（多孔的物质或磨得很细的物质具有极大的表面）。由于吸附是放热过程，因此吸附宜在较低的温度下进行。

在实际应用的各种吸附剂中，最主要的是各种特制的活性炭。活性炭吸附性能虽好，但价格贵。用于吸附焙烧炉产生烟气干式吸附法的主要有："黑法"（石油焦粉吸附）和"白法"（Al_2O_3 吸附）。

A. 焦粉干法吸附工艺

1981 年，沈阳铝镁设计院和郑州铝厂共同在郑州铝厂碳素分厂用球磨石油焦粉稀相移动床干法吸附净化敞开式焙烧炉沥青烟气。据测定，其净化效率达到98.77%[26]。原武汉冶金科技大学也曾使用不同粒度（0.5~5.0 mm）的冶金焦粉吸附沥青烟气，实验室研究取得良好的效果[27]。该实验取得不同粒度焦炭的最佳配比为 0.5~1.5 mm 占 20%，1.5~3.0 mm 占 60%，3.0~4.0 mm 占 20%。用最佳配比的焦粉在固定床中吸附效率为 99.67%，在移动床中吸附效率为 99.5%。

牛利民、张凤霞、宁平等[28-30]以煅后焦为吸附剂，对其不同质量浓度的沥青烟气进行吸附穿透实验研究，得到在常温下 3 种粒径的煅后焦不同质量浓度沥青烟气的吸附特性曲线。实验结果表明：在 60~90℃温度范围内，煅后焦对沥青烟具有较好的吸附效果。窦波则采用旋流板塔湿式降温除尘加颗粒层吸附器净化处理小型碳素焙烧炉产生的沥青烟气，以煅后焦作为吸附剂[29]。

法国兰明詹铝厂安装了第一套焦粉干法吸附工业装置，焙烧炉有 16 个焙烧室，年产 2~2.5 万吨阳极。气体流量为 30000 m^3/h，采用天然气加热。图 4-19 为其装置图，采用雾化水冷却。从焙烧炉排出的烟气温度为 80~220℃，进入过滤器的温度为 80~90℃。

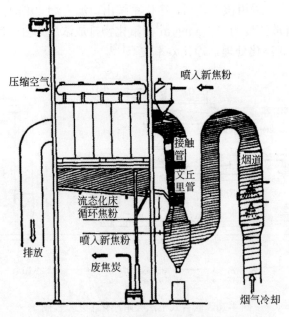

图 4-19　焦粉干法吸附工业装置流程图[31]

采用该装置后，阳极焙烧烟气完全脱色，沥青烟排放浓度为 0.65~1.6 mg/m^3，循环使用过滤器捕集的物质不影响电解槽阳极性质。但值得提出的是，该工艺中，焦粉不能脱除焙烧烟气中的 HF 气体，需额外再设置脱氟装置。

B. 氧化铝干法吸附工艺

电解铝厂配套的阳极焙烧炉一般采用氧化铝干法吸附工艺，以氧化铝为吸附剂，可同时吸附焦油和氟化物，吸附后的氧化铝返回到生产系统中重新使用。该方法具有净化效率高，处理后的烟气中各种有害物含量优于国家排放标准，操作管理方便等优点。20 世纪 80 年代，我国青海铝厂和包头铝厂分别从美国宾夕法尼亚工程公司（PEC）和法国 AI 公司引进了氧化铝干法吸附工艺。焙烧炉产生的烟气经地下烟道进入冷却塔，使烟气温度降低到 85℃左右，喷入水量由烟气温度决定，保证塔内部无水滴，出口的烟气进入反应器中与氧化铝反应，吸附焦油和氟化物的氧化铝进入布袋除尘器实现气固分离。

其缺点是当排放的烟气中沥青焦油含量较高时，净化后吸附了大量沥青焦油的氧化铝返回电解生产使用时虽绝大部分焦油会被烧掉，仍会有少部分二次散发，增大了电解烟气净化系统的负担，同时由于吸附了焦油的氧化铝流动性较差，造成电解超浓相系统运行较困难，电解槽效应次数有所增加，影响电解的生产。

沈阳铝镁设计研究院和中国铝业兰州分公司针对上述问题，合作开发了联合式干法净化技术，该技术由烟气冷却系统、电捕焦油器系统和氧化铝吸附干法净化系统组成，工艺流程如图 4-20 所示，2008 年 8 月在中国铝业兰州分公司 156 kt/a 阳极生产系统使用。采用该工艺后，净化系统出口沥青烟（焦油）排放浓度为 2~7 mg/m^3，粉尘排放浓度为 2~5 mg/m^3，氟化物排放浓度为 1~2 mg/m^3，烟气经多级净化的联合式净化处理，净化效率更高[32]。

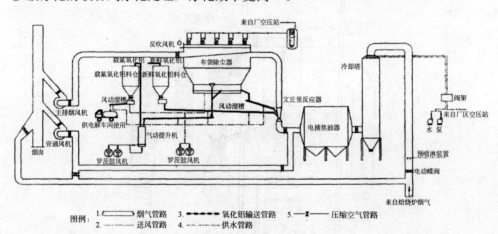

图 4-20　联合式干法吸附净化工艺流程图

4）焚烧法

沥青烟气中含有大量可燃物质，因为沥青烟的基本成分为碳氢化合物，其中又含有油粒及其他可燃物质。当温度控制在 800~1000℃之间，供氧充足，燃烧时间在 0.5 s 左右，烃类物质就可以燃烧得很完全，苯并[a]芘分解成 CO_2、H_2O 等，得以使有害物质净化，从而达到治理目的。焚烧净化技术分为直燃式净化技术和蓄热式焚烧（regenerative thermal oxidizer，RTO）净化技术。

A. 直燃式净化技术

美国、加拿大、日本等国在 20 世纪 70 年代使用过此法，将沥青烟直接燃烧。如美国 Alrco 公司的车底式焙烧炉是把焙烧烟气外引到一个专门的燃烧炉，借助于外加一些燃料使废烟气中的烃类和可燃炭粉烧掉。日本和德国的隧道式焙烧炉，则将一定区域内挥发出来的高浓度含烃类烟气抽出来打入焙烧炉本体的燃烧室，再与喷嘴喷出来的外加燃料一并燃烧，净化效果极好。我国兰州碳素厂在 20 世纪 90 年代也首次引进了日本美浓窑业公司的隧道式二次焙烧炉，其净化效果也很好[24]。因阳极焙烧烟气燃烧所需温度较高，处理气量很大，需外加燃料，运行费用高。

B. 蓄热式焚烧（RTO）净化技术

RTO 是在直燃式净化技术的基础上，针对烟气流量大、焚烧能耗高、间接换热效率低等不足，开发的蓄热式焚烧技术。装置启动时先将烟气温度焚烧至 800℃以上，高温烟气将蓄热陶瓷加热，沥青烟气在蓄热陶瓷中焚烧后外排，之后便依靠高温陶瓷将沥青烟气焚烧净化，温度不足部分的热量依靠补充少量的天然气燃烧来实现。该技术使沥青烟气中的焦油、苯并芘等有害物得到彻底的分解，充分地利用了沥青烟气燃烧产生的热量，有效地降低了补充燃料的消耗量，与直燃式技术相比天然气消耗可节约 95%，在烟气达到高效净化的同时，实现节能降耗的目的。

该技术主要用于沥青烟治理，考虑到阳极焙烧烟气中还含有 SO_2、HF 等污染物，应用时需结合其他控制技术联合使用。

4.5　焙烧烟气二氧化硫控制技术

近年来各预焙阳极生产企业为了降低原料成本，加大了高硫石油焦在预焙阳极生产中的使用，造成阳极焙烧烟气中 SO_2 浓度的增加，目前未经过净化的焙烧烟气中 SO_2 浓度实际均超过 300 mg/m³。《铝工业污染物排放标准》（GB 25465—2010）中 SO_2 的排放限值为 400 mg/m³，2013 年颁布的《铝工业污染物排放标准》（GB 25465—2010）修改单中特别排放限值中 SO_2 的排放标准为 100 mg/m³，2019年河南省更提出碳素行业 SO_2 排放限值为 35 mg/m³。因此，近年来阳极焙烧烟气面临着迫切的脱硫技术需求，已成为碳素行业环保技术研究的重点。

目前，应用于碳素阳极焙烧烟气的脱硫技术主要有湿法、半干法两大类，湿法主要包括钠碱湿法脱硫技术和石灰石-石膏法，半干法应用中主要为循环流化床（CFB）技术。以下主要围绕钠碱湿法洗涤技术、石灰石-石膏法、循环流化床（CFB）

半干法技术做介绍。

4.5.1 钠碱湿法洗涤技术

国外碳素厂的阳极焙烧烟气治理，主要采用钠碱湿法脱硫技术。焙烧炉烟气首先经重力沉降室除去粗粒粉尘后进入湿法洗涤塔，用稀 NaOH 溶液喷淋洗涤，烟气中的 HF 和 SO_2 被 NaOH 溶液吸收，一部分粉尘和沥青也被洗涤，从洗涤塔出来的烟气再经湿式电除尘净化，实现多污染物联合脱除。

白银铝厂阳极焙烧一期工程采用敞开式环式焙烧炉。3 个火焰系统，54 个炉室，每 18 个炉室组成一个火焰系统。焙烧烟气由各火焰系统抽出，汇入总烟道进入阳极焙烧烟气净化系统。烟气净化采用钠碱湿法洗涤工艺，流程如图 4-21 所示[33]。

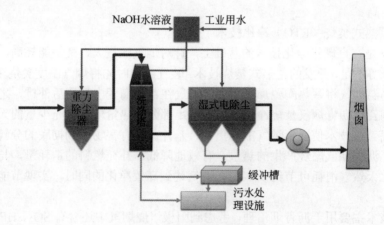

图 4-21　钠碱湿法洗涤技术

阳极焙烧烟气流量为 70000 m^3/h，配置洗涤塔高度为 25.7 m，直径$\phi_上$ 3.8 m/$\phi_下$ 5.7 m，喷淋液量 240 m^3/h，液气比 4.0 L/m^3，配置三层共 60 个涡旋型喷嘴。喷嘴直径 D=11 mm，喷淋压力为 0.3 MPa。塔顶采用旋流叶片附除雾器，雾滴被旋向塔壁，顺壁流入塔底锥体洗涤液池中，塔阻力损失约为 350 Pa。喷出氢氧化钠溶液，塔顶有旋流叶片除雾器，由 NaOH 溶液吸收烟气中的 HF 和 SO_2，并捕捉部分烟气中的颗粒物等污染物，吸收液由塔底锥体洗液池中流出，烟气由塔顶烟管引入湿式电除尘器。该工程设计参数如表 4-9 所示，运行后效果达标。

表 4-9　阳极焙烧烟气钠碱湿法洗涤工艺设计参数

烟气量	污染物/(mg/m³)							
	净化前				净化后			
7000/(m³/h)	氟	沥青烟	硫	炭尘	氟	沥青烟	硫	炭尘
	60	89.7	96	120	1.0	16.3	6.7	8.74

　　但该技术应用也存在一定问题，如污染物转移至液相需再次处理、洗涤塔物料输送管道易腐蚀或堵塞、长时间运行后沥青烟净化效率降低等问题，有待进一步优化。

4.5.2　石灰石−石膏法

　　石灰石（石灰）−石膏脱硫系统包括烟气换热系统、吸收塔脱硫系统、脱硫浆液制备系统、亚硫酸钙氧化系统、石膏脱水系统等几部分；该工艺是目前世界上最成熟应用最广泛的技术。其脱硫过程为：烟气经过除尘器、换热系统进入脱硫塔，在吸收塔与石灰乳浊液接触，浆液吸收烟气中的 SO_2，生成 $CaSO_3$，随后经过 $CaSO_3$ 氧化系统被氧化成 $CaSO_4$，即石膏。该工艺脱硫效率可以达到95%以上，适用范围广，工艺成熟，运行稳定，目前在热电、钢铁及碳素行业烟气治理方面已获得广泛应用（图 4-22）。

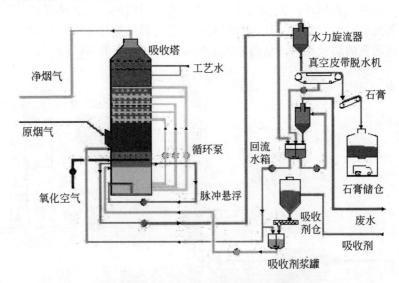

图 4-22　石灰石−石膏法脱硫工艺流程

　　济南龙山炭素有限公司阳极焙烧炉采用了单塔单循环石灰石−石膏法脱硫工艺，设计参数如表 4-10 所示[34]。使用生石灰（CaO）为脱硫剂，纯度为90%，粒度小于200 目，使用真空皮带机脱水，生产 $CaSO_4 \cdot 2H_2O$，产品含水率≤10%。该工程运行后，SO_2 排放在 $12 \sim 18 \ mg/m^3$，脱硫效率97.8%，优于国家及行业排放标准。

表 4-10　石灰石−石膏法系统设计参数

项目	单位	指标	备注
40 室环式焙烧炉	台	3	3 台产生的烟气量
烟气量	m^3/h	300000	工况

项目	单位	指标	备注
年运行时间	h	8400	
进口 SO_2 浓度	mg/m³	≤800	工况
脱硫装置 SO_2 出口折算浓度	mg/m³	≤50	焙烧炉含量按 15%
焙烧炉脱硫效率	%	93	
粉尘出口浓度	mg/m³	≤50	焙烧炉含量按 15%

4.5.3　循环流化床半干法

循环流化床（CFB）烟气脱硫工艺是由德国鲁奇公司于 20 世纪 80 年代后期开发的一种新的半干法技术（图 4-23）。这种工艺以循环流化床原理为基础，通过对吸收剂的多次再循环，延长吸收剂与烟气的接触时间，大大地提高了吸收剂的利用率和脱硫效率。循环流化床烟气脱硫工艺与循环流化床锅炉相似，它使床内达到一种激烈的湍流状态，从而加强了吸收剂对二氧化硫的吸收[35]。

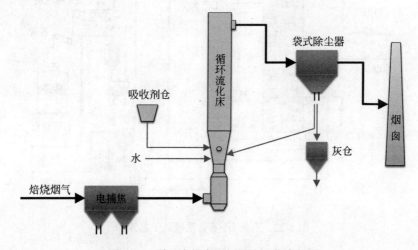

图 4-23　循环流化床烟气脱硫工艺流程图

在阳极焙烧烟气应用时，应采用电捕焦+循环流化床脱硫工艺，床内达到一种激烈的湍流状态，从而加强了吸收剂对二氧化硫的吸收。高温烟气在湍流床内与石灰浆很好地混合，二氧化硫被吸收后转变成为钙的亚硫酸盐和少量硫酸盐，反应后的固体颗粒物从床中移走。强烈的湍流状态及高的颗粒循环比提供了连续的颗粒接触，颗粒之间的碰撞使得吸收剂表面的反应产物不断地磨损剥落．从而避免了孔堵塞造成的吸收剂活性下降。新的石灰表面连续暴露在气体中。循环流化床烟气脱硫工艺与其他脱硫工艺比较，具有的技术优势包括工艺简单，无须烟气冷却和加热；设备基本无腐蚀、无磨损、无结垢，无废水排放，脱硫副产品为干态；占地少，节省空间，设备投资低等[36]。

山东兖矿铝用阳极有限公司阳极焙烧炉为 40 室环形敞开式焙烧炉，设有两套燃烧系统，烟气净化采用了电捕焦+循环流化床半干法脱硫工艺，2018 年投运。原始烟气 SO_2 浓度 260 mg/m^3，净化后 SO_2 排放低于 30 mg/m^3，优于 100 mg/m^3 的排放标准。

4.6　焙烧烟气氮氧化物控制技术

电解铝产能的增加对于预焙阳极的需求持续增长，2017 年全国预焙阳极产量 1838 万吨。随着国家环保法规、标准的不断严格，对 NO_x 排放和控制必将越来越严格[37]。以《铝工业污染物排放标准》（GB 25465—2010）修改单为例，大气污染物特殊排放限值要求 NO_x 排放浓度必须控制在 100 mg/m^3 以内，并进行在线监测，如果超出标准就得停产整顿，严重影响企业正常生产。NO_x 排放对环境的影响极大，对大气造成的污染正日益引起人们的关注，控制 NO_x 的排放是当今社会亟须解决的课题[38]。

目前，阳极焙烧烟气 NO_x 一方面可通过低氮燃烧控制，实现 NO_x 的源头和过程减排；另一方面，也可通过末端脱硝控制技术，实现 NO_x 的深度治理。脱硝技术包括选择性非催化还原（SNCR）、选择性催化还原（SCR）、活性焦/炭法、氧化脱硝技术等，其中 SCR 技术的核心是催化剂，极易被烟气中沥青烟（焦油）沉积覆盖导致失活，活性焦/炭也会被沥青烟（焦油）影响其物理和化学性能，因此 SCR 技术和活性焦/炭法在阳极焙烧烟气净化中应用较少。本书将主要围绕低氮燃烧控制技术、SNCR、氧化脱硝技术来展开介绍。

4.6.1　低氮燃烧控制技术

阳极焙烧工序不仅是影响预焙阳极质量的关键工序，也是控制预焙阳极生产成本最重要的工序。目前国内在阳极焙烧炉使用寿命、能耗及填充料消耗等技术指标方面与西方先进碳素厂相比，仍然存在着比较大的差距（表 4-11）[39]。

表 4-11　中国与西方碳素厂阳极焙烧炉技术指标对比

碳素厂	时间	指标		
		寿命火焰周期数	燃料消耗 /（GJ/t-阳极）	填充料消耗/（kg/t-阳极）
西方	20 世纪 70 年代	~60	~3.5	10
	20 世纪 80 年代	120	~2.7	5
	20 世纪 90 年代	>150	~2.4	5
	2006 年	>200	~1.8	3
国内	当前	120~150	2.2~2.8	~10

燃烧过程中生成 NO_x 的机理通常包括热力型、燃料型和瞬时型 3 种。热力型 NO_x 生成的决定因素是温度，一般认为温度＜1500 K 时，NO_x 生成量较小[40]。低氮燃烧控制的原理就是设法建立缺氧富燃料的燃烧区域，设法降低局部高温区温度，使燃烧区氧浓度适当降低等。

以瑞士 R&D、法国 Setaram 及德国 Inno-vatherm 公司为代表的国外焙烧炉燃烧装置及控制系统不仅实现了以排烟架气体内 CO 浓度的良好控制，从而达到烟道内沥青焦油的合理、完全燃烧，大大降低了单位焙烧制品的能耗水平及污染物排放水平；而且燃烧装置及控制系统对于燃气压力及其火焰形状、长度控制均有合理控制，这一方面改变了燃气火焰温度过高导致焙烧炉火道墙耐火材料的过早破损，提高了焙烧炉使用寿命，另一方面，低负压燃气燃烧控制也降低了烟气中 NO_x 的排放水平，减少了环境污染水平[39]。

当前国内燃烧装置及控制系统尽管经过多年的引进吸收，其在焙烧过程的燃烧控制方面有了长足的进步，但是整个焙烧过程采用的燃烧控制理念、数学模型及其细节等方面与西方先进水平仍有较大的差距，结果直接影响了焙烧炉的使用寿命、增加了单位焙烧制品的能耗水平及环境污染水平。应尽快开展非稳态阳极焙烧数值模拟技术，加快下一代阳极焙烧炉燃烧装置及控制系统开发，实现燃料/沥青挥发分燃烧、低 NO_x 燃烧协同控制。

4.6.2　选择性非催化还原（SNCR）技术

选择性非催化还原（selective non-catalytic reduction，SNCR）技术是一种经济实用的 NO_x 脱除技术[41]。是在无催化剂存在的条件下向炉内喷射化学还原剂，使之与烟气中的 NO_x 反应，将其还原成 N_2 及 H_2O，目前使用最广泛的还原剂为氨或者尿素[42]，两种还原剂在安全性和经济性上各占优势。使用液氨作为还原剂脱硝效率高，投资成本和运行成本相对较低，但存在氨逸出问题。从经济或运行维护成本考虑，还原剂可以选择液氨[43]。但是，SNCR 脱硝技术为了满足对氨逃逸量的限制，要求还原剂的喷入点必须严格选择在位于适宜反应的温度区域内（850～1100℃）[44]。使用 NH_3 为还原剂还原 NO_x 的主要反应为：

$$4NH_3+4NO+O_2 \longrightarrow 4N_2+6H_2O \qquad (4-2)$$

邢召路等[3]提出的 SNCR 反应的匹配温度，在焙烧炉各个运行炉室多次试验，结合焙烧炉结构组成、烟气流动方向等最终选择把 SNCR 脱硝系统的喷枪安装在 P3 预热炉室第 2 孔内，发现还原效果最好，如图 4-24 所示。

SNCR 脱硝技术应用后，在一台运行 8 年的焙烧炉进行工业试验，在投入不同氨水量下进行了多次测验。根据焙烧工艺，P3 预热炉室的烟气温度达到 850～1100℃范围之内，满足氨还原所需的温度窗口，喷雾系统可选择安装在 P3 预热炉室。因烟气在火道内按"W"形做上下曲折流动，经测验，喷雾系统在烟气上升

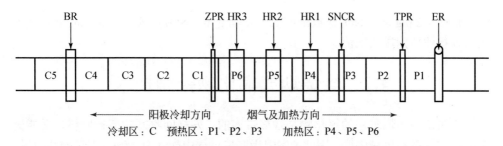

图 4-24　SNCR 脱硝系统在阳极焙烧炉投入位置示意图

时逆流喷射效果要好于烟气下流顺时喷射还原效果，喷射系统的喷枪位置应选择在 P3 炉室第 2 观察孔。SNCR 脱硝技术投用后为了防止氨逃逸，要对氨逃逸量进行检测，通过投入不同氨水量的工况下使用氨泄漏检测仪对氨逃逸量进行检测，氨逃逸量及氮氧化物排放指数见表 4-12。

表 4-12　SNCR 脱硝技术不同氨水投入量下 NO$_x$ 排放浓度测试结果

项目	O$_2$/%	NO$_x$/(mg/m^3)	折算后/(mg/m^3)	氨逃逸量/ppm
投入前	16.00	140	168	0
氨水投入量 20%	16.00	120	144	0
氨水投入量 30%	15.90	103	121	0
氨水投入量 40%	15.80	86	99.2	0
氨水投入量 50%	15.60	82.1	91.2	0
氨水投入量 60%	15.50	77.8	84.8	0
氨水投入量 70%	15.50	73.4	80.1	0
氨水投入量 80%	15.50	68.6	74.8	0
氨水投入量 90%	15.50	62	67.6	0

　　通过工业试验和不断完善技术，SNCR 脱硝技术喷雾系统安装在 P3 预热炉室第 2 观察孔处应用效果最好，应用后烟气中 NO$_x$ 排放浓度由原来的 180 mg/m^3 可降低至 90 mg/m^3 以内，脱硝脱硝率达 50%以上。

4.6.3　氧化脱硝技术

　　氧化脱硝技术是采用强氧化剂，如臭氧、过氧化氢、亚氯酸盐等，将烟气中的 NO 氧化为易溶于水或碱的 N$_2$O$_5$ 和 NO$_2$，并在后续湿法脱硫中实现脱除。具有氧化效率高、设备占地面积小、多污染物协同脱除等优点。氧化脱硝的技术原理及分类在本书第 3 章已详细介绍，本章节不再赘述。山东兖矿铝用阳极有限公司阳极焙烧炉为 40 室环形敞开式焙烧炉，设有两套燃烧系统，烟气净化采用了电捕焦+氧化脱硝+循环流化床半干法协同吸收工艺。2018 年投运后，烟气颗粒物排放浓度低于 4.2 mg/m^3，NO$_x$ 排放浓度低于 47 mg/m^3，SO$_2$ 排放低于 30 mg/m^3，优于国家及行业特别排放限值。

4.7　焙烧烟气氟化物控制技术

阳极焙烧炉烟气中的氟化物是残极带入的。残极回收既能节省原料，又能提高阳极的密度和机械强度。因此，生阳极制造过程中配入有 15%～30% 的残阳极，大型预焙槽铝厂全部回收残极时，其配入量通常在 20%～25%[45]。《铝工业污染物排放标准》（GB 25465—2010）大气污染物排放限值中氟化物（以 F 计）的排放标准、《铝工业污染物排放标准》（GB 25465—2010）修改单大气污染特别排放限值中氟化物（以 F 计）的排放标准均为 3.0 mg/m^3。进入 21 世纪，铝工业快速发展的 10 年间，阳极焙烧烟气的氟化物的治理采用传统的"冷却塔+电捕焦油器"的净化方式，一部分氟化物在冷却塔被水洗出去，但总体净化效率偏低，传统的进化工艺明显不能满足环保达标排放的要求。尤其是自 2008 年以来铝行业市场形势整体疲软，预焙阳极生产企业为了降低成本，不断加大阳极中残极的配比，烟气中氟化物的浓度短时间内可从 50～115 mg/m^3 的范围变化，碳素企业结合新的要求，在原有净化系统设备基础上，进行了"电捕焦+氧化铝干式吸附""冷却塔+电捕焦+循环流化床半干法""湿法碱洗+电捕焦"等联合工艺的改造[46]，可保证阳极焙烧烟气氟化物排放达标。总体而言，氟化物的控制基本还是通过多污染物联合脱除来实现，在日益严格的排放标准下，阳极焙烧烟气更多还是围绕沥青烟（焦油）、SO$_2$、NO$_x$ 乃至苯并芘来进行整体技术路线的选择。

参 考 文 献

[1] 付翠霞. 阳极焙烧过程污染物的产生、处理以及综合利用[J]. 轻金属, 2017, 1: 38-41.

[2] Dumoriter P. Scrubbing technology for potrooms and anode plants[C]. 8th Australasian Aluminium Smelting Technology Conference and Workshop, 2008.

[3] 邢召路, 肖利峰, 孟庆帅, 等. SNCR 脱硝技术在阳极焙烧中的应用[J]. 轻金属, 2018, 10: 42-45.

[4] 许斌, 王金铎. 炭材料生产技术 600 问[M]. 北京: 冶金工业出版社, 2006.

[5] 陈宁, 孙学信, 翁文成, 等. 影响阳极焙烧炉热耗的主要因素[J]. 华中科技大学学报(自然科学版), 2002, 11: 56-59.

[6] 杨正秀. 阳极焙烧余热利用的探讨[J]. 轻金属, 2014, 6: 40-42.

[7] 王群, 曹继明. 铝电解槽阳极钢爪保护炭环的研制及应用[C]. 南宁: 第五届铝电解专业委员会 2005 年年会暨学术交流会论文集, 2005: 79-80.

[8] 安国安. 对 GB 16297—1996《大气污染物综合排放标准》中部分污染物无组织排放监测的探讨[J]. 贵州环保科技, 2003, 3: 22-24.

[9] 王秉铨. 工业炉设计手册[M]. 2 版. 北京: 机械工业出版社, 1996.

[10] 成兰伯. 高炉炼铁工艺及计算[M]. 北京: 冶金工业出版社, 1991.

[11] 孙晋涛. 硅酸盐工业热工基础[M]. 北京: 化学工业出版社, 2010.

[12] 韩昭沧. 燃料及燃烧[M]. 北京: 冶金工业出版社, 1994.

[13] 史宝成, 徐光, 刘景泰. 沥青烟化学组分的气相色谱-质谱联机分析[J]. 环境化学, 2001, 2: 200-201.

[14] 吴萍沙. 炭素阳极混捏成型工序的沥青烟气净化新思路[J]. 轻金属, 2006, 08: 68-71.

[15] 李鸿. 浅谈沥青烟的危害及几种治理方法[J]. 有色金属设计, 2004, 3: 73-75.

[16] 任剑锋, 王增长, 牛志卿. 大气中氮氧化物的污染与防治[J]. 科技情报开发与经济, 2003, 5: 92-93.

[17] 巢文革. 沥青烟气治理方法探讨[J]. 中国建筑防水, 2005, 12: 35-37.

[18] 刘英. 沥青烟气污染与防治[J]. 贵州化工, 2001, 2: 34-39.

[19] 李淑环. 我国民营企业发展的制度环境研究[D]. 长沙: 湖南农业大学, 2007.

[20] 曾西. 脉冲袋式除尘器在阳极混捏成型沥青烟的治理上的应用[J]. 四川有色金属, 2008, 1: 49-53.

[21] 续正国, 魏柱. 我国炭素企业环保回顾与展望[J]. 炭素技术, 1995, 1: 25-30.

[22] 刘尔强. 炭素工业焙烧炉烟气污染防治对策的探讨[J]. 轻金属, 2003, 8: 46-48.

[23] 白敏茹, 白希尧. 干式电捕焦油器除尘技术[J]. 环境工程, 1993, 11(3): 32-35.

[24] 王平甫, 宫挣. 炭阳极技术[J]. 北京: 冶金工业出版社, 2002.

[25] 洪志琼. 催化燃烧法处理沥青烟气的研究[J]. 重庆环境科学, 2001, 23(6): 55-56.

[26] 张云田, 李福全, 陈俊生. 焙烧炉烟气净化方法和效果的述评[J]. 轻金属, 1995, 1: 50-54.

[27] 郭瑞康. 干法吸附法净化处理沥青烟[J]. 炭素技术, 1985, 2: 20-21.

[28] 王丽芳, 陶著, 李哲浩. 焙烧炉系统沥青烟气治理的实验室研究[J]. 炭素技术, 1994, 3: 20-23.

[29] 牛利民. 低浓度沥青烟的净化处理[J]. 有色冶金节能, 2003, 6: 32-35.

[30] 张凤霞, 宁平, 王学谦. 煅后焦吸附脱除沥青烟气实验研究[J]. 云南环境科学, 2003, S1: 152-154.

[31] Dumortier P, 王京生. 阳极焙烧炉的烟气处理方法[J]. 轻金属, 1982, 12: 38-42.

[32] 赵劲松, 杨晓军, 魏惠民, 等. 阳极焙烧炉烟气联合式干法净化技术的研发和应用[J]. 轻金属, 2009, 2: 58-63.

[33] 王皓洁. 焙烧烟气湿法净化技术的应用[J]. 轻金属, 1999, 10: 46-48.

[34] 王加东, 范兰. 脱硫技术在炭素焙烧烟气治理系统中的应用[J]. 中国金属通报, 2017, 1: 72-73.

[35] 龙辉, 吕安龙. 旋转喷雾干燥法烟气脱硫工艺在 600MW 机组应用的可行性[J]. 中国电力, 2008, 41(4): 80-83.

[36] 朱国宇. 脱硫运行技术问答 1100 题[M]. 北京: 中国电力出版社, 2015.

[37] 郎光辉, 姜玉敬. 铝电解用炭素材料技术与工艺[M]. 北京: 冶金工业出版社, 2012.

[38] 吴碧君. 燃烧过程中氮氧化物的生成机理[J]. 电力环境保护, 2003, 4: 9-12.

[39] 关淮, 许海飞. 国内外阳极焙烧技术的比较分析[J]. 轻金属, 2014, 8: 43-45.

[40] 杨宗鑫, 王兵, 林孟雄, 等. 大气污染过程中氮氧化合物对大气的危害及防治[J]. 内蒙古石油化工, 2008, 34(21): 24-26.

[41] 高洁. 国内外目前具有研究价值的烟气脱硝技术[J]. 科技信息, 2010, 7: 363.

[42] 贾世昌, 耿桂淦, 宋正华. SNCR 脱硝技术的应用探讨[J]. 中国环保产业, 2013, 3: 66-68.

[43] 项昆. 3 种烟气脱硝工艺技术经济比较分析[J]. 热力发电, 2011, 40(6): 1-3.

[44] 杨贝. 尿素热解脱硝系统电气设计[J]. 能源研究与管理, 2017, 2: 83-87.

[45] 黄粮成. 阳极焙烧炉烟气成分分析及防治[J]. 中国有色冶金, 2008, 5: 7-10.

[46] 宋海琛. 阳极焙烧烟气治理技术分析及解决方案[J]. 轻金属, 2018, 7: 49-52.

第5章 电解铝工序大气污染物控制

5.1 电解铝工序污染物排放特征

5.1.1 电解铝工艺流程及产污节点

随着社会的不断发展，电解铝已经成为现代生活不可或缺的产品，为地区经济发展做出了重要贡献。据统计，2019 年，中国电解铝年产量达到 3504 万吨，占全世界的 56%，居世界首位，并且逐年递增[1]。但是，由于电解铝属于高耗能、高污染行业，电解过程中电解槽散发的烟气中含有大量氟化物、粉尘等大气污染物，给当地环境带来了巨大的压力和挑战[2]。

目前国内外电解铝工业生产均采用霍尔–埃鲁特熔盐电解法，即以氟化盐作为熔剂，氧化铝作为熔质组成多相电解质体系[3]。电解铝生产所需原材料为氧化铝和氟化盐（冰晶石和氟化铝），将原料加到预焙阳极电解槽中，在电解槽中通过预焙阳极导入强大直流电，在 950～970℃高温条件下，熔解在电解质中的氧化铝在直流电的作用下，在电解槽内经过复杂的电化学反应，氧化铝被分解，在槽底阴极析出铝液。电解槽主要由碳素材料为主体的阳极和阴极组成。阳极碳块由阳极组装车间组装成阳极碳块组供电解槽使用。生产过程中的残极，从电解槽上卸下后送往阳极组装车间处理，铝导杆按工艺要求处理后重新组装阳极。铝电解生产用的直流电能，由整流所通过连接母线导入串联的电解槽。电解槽中的液态铝由压缩空气造成的负压吸入出铝抬包，送往铸造车间，将铝液注入混合炉，并按产品牌号要求，进行合理调配、精炼和静置，通过铸造机浇筑成重熔用铝锭。成品经质量检验、打捆、称重后送入成品堆场[4]。

使用不同材料的阳极，阴极上虽然都能获得相同的铝液，但阳极气态物质却不同。

当采用惰性阳极（不消耗阳极）时，阳极气体为 O_2，总反应式如下：

$$2Al_2O_3 =\!=\!= 4Al + 3O_2 \tag{5-1}$$

但截至目前，还未能找到经济合理、适合大规模工业生产的惰性阳极材料。实际生产过程中，主要采用碳阳极，随着电解反应的进行，阳极碳也参与电化学反应，生成 CO_2，总反应及阳/阴极反应式如下：

$$2Al_2O_3 + 3C \rightleftharpoons 4Al + 3CO_2 \tag{5-2}$$

阴极　　　　　　　　　$Al^{3+} + 3e^- \rightleftharpoons Al \tag{5-3}$

阳极　　　　　　　$O^{2-} - 2e^- \rightleftharpoons 2O（原子） \tag{5-4}$

$$2O（原子）+ C \rightleftharpoons CO_2（主） \tag{5-5}$$

$$O（原子）+ C \rightleftharpoons CO（副） \tag{5-6}$$

上述反应过程为电解铝生产的基本原理。随着反应不断进行，生产过程中需不断向电解质熔体中添加氧化铝、碳阳极及冰晶石。此外，反应过程需供给大量的直流电能（约 13000～15000 kW·h/t-Al），以推动反应向生成铝的方向进行。

在实际生产过程中，阳极气体是 CO_2（约占 70%）和 CO（约占 30%）的混合物。电解槽散发的烟气中含有大量氟化物（含气态 HF 和固态氟化物）、SO_2 及粉尘等大气污染物，是电解铝企业最主要的大气污染源。电解铝的总氟产生量为 20～40 kg/t-Al，粉尘量也较大。电解槽烟气排放的大气污染负荷占整个电解铝生产系统的 99%以上。另外，电解车间有一定量的无组织排放烟气及少量的粉尘污染等。电解铝生产中的流程及主要污染源排放点见图 5-1[5]。

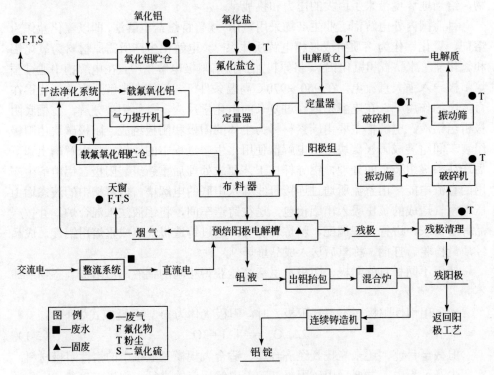

图 5-1　电解铝工艺流程及产污节点

5.1.2　电解铝污染物排放特征

电解槽散发出来的烟气由槽上集气罩收集下来的称为一次烟气，未经集气罩收集而直接进入电解厂房内由天窗排出的烟气称为二次烟气。一次烟气的体积较小，其中有害气体浓度较大；二次烟气体积较大，有害气体浓度较小。现今，世界上中间点式下料预焙槽，一次气体烟气净化都采用氧化铝吸附的干法净化回收有害气体氟。

西方国家建设铝厂的规模要经过国家或当地政府根据环保标准和当地环境容量批准。20 世纪 80 年代，欧美等国对新建设铝厂地区允许氟的环境容量为 300 t/a，铝厂环保标准规定，氟的排放量不得超过 1 kg/t-Al。随着新建铝厂规模不断增大，环保要求日趋严格，迫使 90 年代中期以后的新建铝厂采用更先进的环保技术与科学管理，铝厂排氟总量实现 0.5~0.7 kg/t-Al。国际上许多国家与部门都相应地颁布了较严格的产品排污量的控制与浓度控制标准。如美国、德国、加拿大等国对新建铝厂提出了较高标准。因此建议有针对性地制定铝行业污染物排放标准，合理调整生产设备污染物排放浓度，采用易于监察控制的吨铝排污指标与排放浓度双重控制的方法，预焙阳极电解槽的铝厂允许向大气中排放含氟的污染物应小于 1 kg/t-Al 的环保标准[6]。

在电解铝生产过程中，由于电解铝生产过程中所使用的碳阳极含有 F、S 及其他杂质，电解过程中会产生含有颗粒物、HF、SO_2、CF_4、C_2F_6 和 SiF_4 等大量有害物质的烟气。电解铝企业每 10 万吨产能不同电解槽型烟气排放特征见表 5-1。

表 5-1　每 10 万吨产能不同电解槽型烟气排放特征[7]

参数	160 kA 槽	200 kA 槽	300 kA 槽	400 kA 槽	500 kA 槽
安装槽台数/台	232	185	124	93	74
单槽排放量 /（m^3/h）	5000	6000	7000	8500	9000
总排烟量 /（m^3/h）	1160000	1110000	868000	790500	667800
生产每吨铝排烟量 /（m^3/h）	101200	97160	75600	68800	57076
烟气中 F 含量 /（mg/m^3）	148~395	154~412	198~529	218~581	108~163
烟气中粉尘含量 /（mg/m^3）	296~690	309~720	396~926	436~1017	956~1995
烟气中 SO_2 含量 /（mg/m^3）	40~158	41~164	53~212	58~232	23~226

1. 粉尘

粉尘产生量是指电解铝生产过程产生的粉尘量。由于企业在物料输送过程中采用了浓、超浓相输送系统，因此在物料输送过程中几乎没有粉尘产生，粉尘产生的环节主要在电解铝的加料、集气、阳极作业、出铝等过程中。固态物质分两类：一类是大颗粒物质（直径大于 5 μm），主要是氧化铝、炭粒和冰晶石粉尘。由于氧化铝吸附了一部分气态氟化物，一般大颗粒物质中总氟量约为 15%；另一类是细颗粒物质（亚微米颗粒），由电解质蒸气凝结而成，其中氟含量高达 45%。根据槽型的不同，烟气的组成也略有变化。预焙槽烟气中的粉尘含量大约为 20～40 kg/t-Al[8]。

《清洁生产标准　电解铝行业》（HJ/T 187—2006）规定清洁生产标准一级指标粉尘产生量小于 30 kg/t 铝。如果按照净化率 98% 估算，排放量约为 0.6 kg/t 铝[9]。根据 2008 年国家第一次污染源普查给出的产排污系数确定粉尘产生量为 100 kg/t 铝，排放量为 2 kg/t 铝[10]。《铝工业污染物排放标准》（GB 25465—2010）修改单规定粉尘排放浓度为 10 mg/m^3。

2. 氟化物

电解铝烟气中氟化物包括 HF、CF_4、C_2F_6 及 SiF_4 等，其生成原因主要分为以下几种情况。

（1）原材料和阳极等带入电解质中的水分水解冰晶石[4]：

$$2Na_3AlF_6 + 3H_2O = Al_2O_3 + 6NaF + 6HF \uparrow \qquad (5-7)$$

$$2AlF_3 + 3H_2O = Al_2O_3 + 6HF \uparrow \qquad (5-8)$$

$$2NaF + H_2O = Na_2O + 2HF \uparrow \qquad (5-9)$$

空气中的水分也能与高温的电解质发生上述水解反应，其反应程度随氟化氢含量的增加而增加。参考《工作场所有害因素职业接触限值　第 1 部分：化学有害因素》（GBZ 2.1—2007）中工作场所空气中氟化氢的最高容许接触浓度为 2 mg/m^3。

（2）对于阳极效应产生 CF_4 和 C_2F_6，其生成机理目前存在争议[11]。一种认为，氟离子放电超过冰晶石的分解电压而释放 F_2，F_2 直接与碳阳极发生反应生成 CF_4 和 C_2F_6：

$$4Na_3AlF_6 + 3C = 12NaF + 4Al + 3CF_4 \qquad (5-10)$$

$$2Na_3AlF_6 + 2C = 6NaF + 2Al + C_2F_6 \qquad (5-11)$$

另一种争议认为，冰晶石分解产生的 F_2 先反应生成中间产物碳酰氟 COF_2，而后 COF_2 与碳阳极进一步反应生成 CF_4 和 C_2F_6：

$$4Na_3AlF_6 + Al_2O_3 + 5C = 3COF_2 + 12NaF + 6Al + C_2F_6 \qquad (5-12)$$

$$2COF_2 = CO_2 + CF_4 \qquad (5-13)$$

$$3COF_2 + 2C == 3CO + C_2F_6 \tag{5-14}$$

临近阳极效应时，气体中的 CF_4 量只有 1.5%～2%，而在阳极效应发生时 CF_4 高达 20%～40%[8]。

（3）原材料中二氧化硅等各种杂质，高温下在电解质中发生复杂的化学反应，生成 SiF_4 等气体[8]：

$$4Na_3AlF_6 + 3SiO_2 == 2Al_2O_3 + 12NaF + 3SiF_4 \uparrow \tag{5-15}$$

$$4AlF_3 + 3SiO_2 == 2Al_2O_3 + 3SiF_4 \uparrow \tag{5-16}$$

氟化物中的 CF_4 和 C_2F_6 其温室作用的效果是 CO_2 的 6500～10000 倍，并且会对臭氧层造成不同程度的影响。氟化物对人体的眼睛、皮肤和呼吸系统产生危害，长期接触会产生慢性中毒。烟气 HF 是一种有毒的气体污染物，被列为国家重点监控的气态污染物之一，摄入过量的氟就会引起骨质硬化、骨质增生、气管炎等严重危害人体健康疾病。

全氟产生量是指电解铝生产过程中产生的氟化物（以氟计）的量，《清洁生产标准　电解铝行业》(HJ/T 187—2006)规定清洁生产一级指标为小于等于 16 kg/t 铝，二级标准指标为小于等于 18 kg/t 铝。根据 2008 年国家第一次污染源普查给出的产排污系数确定全氟产生量 23 kg/t 铝，氟化物排放系数为 0.345 kg/t 铝[10]。《铝工业污染物排放标准》（GB 25465—2010）修改单中规定电解槽烟气氟化物排放限值为 3 mg/m³，而目前国外发达国家的烟囱气氟排放限值为 2 mg/m³（世界银行标准）。

3. SO_2

电解铝工序 SO_2 排放主要集中在电解烟气。电解烟气具有流量大、SO_2 浓度低的特点，烟气中 SO_2 主要来自于预焙阳极生产的原材料石油焦。石油焦中大部分硫是有机硫，存在形态可能有很多种：①以噻吩形式连接到芳碳骨架上；②在芳香分子的侧链上或环烷侧链上；③存在于芳香片间或在集合分子的表面上；④由毛细管凝结作用、吸附作用或化学吸附作用存在于焦表面或焦孔中[12]。电解槽阳极中硫元素的变化如下[13]：

$$Al_2O_3 + 3C + 3S == 3COS + 2Al \tag{5-17}$$

$$S + CO_2 + C == COS + CO \tag{5-18}$$

$$CO + S == COS \tag{5-19}$$

$$COS + 3/2O_2 == CO_2 + SO_2 \tag{5-20}$$

$$COS + 2CO_2 == 3CO + SO_2 \tag{5-21}$$

不同油田地理位置、环境条件差异较大，导致使用中杂质种类及含量有所差别。自 2005 年以来，国内仅能满足不到 60%的需求量，其余依赖进口，而我国进口石油焦大多来自中东地区和美国，进口石油焦中的硫含量也很高[14-16]。总体来说，预焙阳极原料石油焦中的硫含量呈现迅速增长的趋势，其中部分石油焦中硫含量高达 4%～6%。一般来说，如果阳极中石油焦硫含量每增加 1%（S 元素质量分数），电解铝烟气中 SO_2 浓度将会增加 100 mg/m^3。所以如果原料石油焦硫含量大于 2%时，电解铝废气中的 SO_2 就有可能超标，具体如表 5-2 所示。使用低硫分石油焦(S≤0.5%)制备的碳素阳极，电解铝烟气 SO_2 排放浓度一般小于 50 mg/m^3；使用高硫分石油焦（S≥3%）制备的碳素阳极，电解铝烟气 SO_2 排放浓度大于 250 mg/m^3。

表 5-2　石油焦中 S 含量与电解铝烟气中 SO_2 浓度的对应关系

石油焦中 S 含量/%	电解铝烟气中 SO_2 含量浓度/(mg/m^3)
0.5	43～45
1	85～90
1.5	130～150
2	175～190
2.5	215～230
3	265～280

目前国内大部分碳素阳极生产用石油焦含硫量超过了 3%，因此 SO_2 排放总量仍较大。在目前应用最多的电解烟气干法净化中，氧化铝对 SO_2 的脱除效率很低。净化系统排放口 SO_2 浓度如表 5-3 所示，SO_2 浓度基本处于 70～200 mg/m^3。《铝工业污染物排放标准》（GB 25465—2010）修改单中规定电解槽烟气 SO_2 排放限值为 100 mg/m^3，2018 年河南省甚至提出电解铝烟气 SO_2 的超低排放限值为 35 mg/m^3，使得电解铝全行业面临着脱硫的需求。

表 5-3　电解铝烟气 SO_2 排放浓度

企业	SO_2/(mg/m^3)
企业 A	120～127
企业 B	70
企业 C	150～180
企业 D	200
企业 E	80～100
企业 F	71

4. 其他污染物

电解铝烟气除上述几种污染物以外，还含有沥青烟、CO 等污染物。

铝用预焙阳极的沥青消耗量约为 180 kg/t。作为黏结剂或浸渍剂的沥青最终都要碳化，碳化过程中根据沥青的软化点不同约 50%～60% 的沥青形成碳，而其余 40%～50% 的沥青都会在高温处理或使用过程中形成挥发分以气态或液态的形式溢出[7]。电解铝行业产排污系数中沥青挥发物产生量 40 kg/t 铝[17]。根据铝行业最新的排放标准《铝工业污染物排放标准》（GB 25465—2010）修改单，我国铝行业沥青烟的管控主要在碳素行业，电解铝烟气尚未规定其排放限值。

电解生产中，碳阳极会因为不完全反应产生 CO，电解铝行业产排污系数中 CO 产生量 330 kg/t 铝[10]，烟气排放浓度报道为 304 mg/m³[18]。目前电解铝烟气中 CO 浓度的控制主要通过生产工艺的优化来实现，尚无适用的 CO 末端治理技术[17]。

5.2　电解铝无组织排放控制技术

2019 年 7 月，生态环境部、发改委、工信部、财政部联合印发《工业炉窑大气污染综合治理方案》的通知，指导各地加强工业炉窑大气污染综合治理。方案的主要目标是，到 2020 年，完善工业炉窑大气污染综合治理管理体系，推进工业炉窑全面达标排放，京津冀及周边地区、长三角地区、汾渭平原等大气污染防治重点区域工业炉窑装备和污染治理水平明显提高，实现工业行业颗粒物、SO_2、NO_x 等污染物排放进一步下降。治理方案特别提出要全面加强无组织排放管理。严格控制工业炉窑生产工艺过程及相关物料储存、输送等无组织排放，在保障生产安全的前提下，采取密闭、封闭等有效措施，有效提高废气收集率，产尘点及车间不得有可见烟粉尘外逸。生产工艺产尘点（装置）应采取密闭、封闭或设置集气罩等措施。

2017 年起，为了加大重点区域大气污染防治工作力度，环境保护部决定实施铝工业大气污染物特别排放限值，特别排放限值对区域内铝厂颗粒物排放限定了更加严格的标准，其中对电解铝厂要求排放浓度在原来限值基础上要下降 1/2 和 2/3，其中颗粒物要达到 10 mg/m³；重点区域内的氧化铝、电解铝、再生铝、铝用碳素工业将面临更加严格的环保要求。此刻，借鉴国外成功经验，采用先进的技术和装备减少生产中的排放，提高工厂清洁生产水平成为铝企业一项迫切的任务。

无组织排放是指污染物没有经过处理，直接进入环境中。无组织排放因为排放源高度低，污染面积集中，呈地面弥漫状，持续时间长，危害大，是企业和政府关注的重点。电解铝生产无组织排放主要产生于原料贮运、残极处理、电解槽等工序。

5.2.1　原料贮运过程无组织排放

氧化铝是铝电解厂中贮存输送量最大的原料。随着铝工业朝着自动化、低成本和低能耗的方向发展，各铝厂对氧化铝输送技术要求越来越高：一是要求输送设备运行可靠、造价低、维护费用低；二是自动化程度高；三是能耗低；四是密闭性好、无泄露。气力输送具有配置灵活、密闭性好、输送效率高、运行费用低、不干扰其他保证工艺运行等优点。根据国内外氧化铝输送技术的发展趋势，先进的气力输送技术将逐步取代小车、天车供料等落后的技术。浓相输送技术属气力输送中的静压输送技术，浓相输送在输送过程中不同于稀相输送。它是直接利用压缩空气的静压能来推动物料，且物料是以非悬浮态栓状流动，因此要求的风速低，不存在能量传递和颗粒间的摩擦损失，故能耗、管壁磨损和氧化铝破损比稀相低。另外，浓相输送还具有配置灵活、占地面积小和自动化程度高等优点。

原料贮存、转运过程中产生的无组织排放污染物主要是粉尘，主要来源是原料中含有的氟化盐和氧化铝细小颗粒物扬尘。由于电解铝行业的清洁生产标准要求，目前大多采用自动化输送，密闭性高，无组织颗粒物排放量较少，可在上料、卸料等频繁的工序地点设置密闭罩将粉尘收集，采用管道输送至布袋除尘器除尘。布袋除尘器能够达到 90% 以上的除尘效率，且运行稳定可靠，只要加强管理和运行维护，可实现达标排放。最新的《铝工业污染物排放标准》（GB 25465—2010）修改单规定了氧化铝、氟化盐贮运过程中颗粒物排放浓度不超过 10 mg/m^3。

在氧化铝输送系统方面，主要有 3 种输送方式：稀相输送、浓相输送、超浓相输送[19]。以下对电解铝的主要输送方式进行简要介绍。

1. 稀相输送技术

稀相输送是气力输送中的动压输送。在输送的过程中，将压缩空气的动能传递给被输送的物料，使物料以悬浮或者集团悬浮的状态向前流动。即当气流中颗粒浓度在 0.05 m^3 料/m^3 空气以下，固气混合系统的空隙率 $e < 0.95$ 时，这种输送技术就称为稀相输送。因为是靠动能转换来传递能量，所以在输送悬浮态物料时要求风速较高。在能量传递的过程中会损失部分能量，加上悬浮颗粒间及颗粒与管壁间的摩擦损失，所以能耗比较高。同时由于输送管道中固气比低，所以管道磨损快，氧化铝破损也比较严重。一般说来，这种输送方式只适用于储仓至储仓或卸料站至储仓的输送过程，不适用于电解槽的供配料系统。虽然稀相输送占地面积比较少，设备（管道）简单，密闭性好，配置灵活，但由于上述无法解决的缺陷，它将逐渐被浓相输送和超浓相输送所取代。稀相输送是我国传统的铝厂对氧化铝原料集中输送方法，目前只剩一些小铝厂在使用这种方法输送氧化铝物料。

2. 浓相输送技术

浓相输送技术又称密相输送。随着电解铝技术的发展，电解工艺对氧化铝的质量在粒度、比表面积等方面都提出了更高的要求。以颗粒比较粗、比表面积比较大的砂状氧化铝为最佳原料，如果再采用稀相气力输送，就会使原料的优越特性遭到破坏，不能满足电解工艺的要求。所以需要采用新的输送方式——浓相气力输送。这种输送方式既能兼备稀相气力输送和机械输送的优点，又能克服二者的缺点，具有效果好、能耗低、占地少、投资省、运行可靠等优点。

浓相输送技术是一种套管式气力输送技术。与稀相输送技术相比，具有固气比高、气流速度小、输送压力低等特点。其输送气流速度一般情况为 15～20 m/s，物料流速在 10～15 m/s 左右，氧化铝的破损率低于 20%。因为固气比高，提高了固态物质浓度，所以相对减少了压缩空气用量，降低了能耗。作为气力输送，浓相输送与稀相输送机理大致相同，都是利用气流在管道中运送物料。但不同的是，稀相输送的气流速度较高，物料在高压气流中呈沸腾状态，而浓相输送是由压力容器产生的静压力移动物料输送，气流速度相对较低。在浓相输送过程中，当气体流速降低到某一临界值时，流动阻力会陡然增大，固态物质会停滞在管底使管道内气流有效通道的横截面积减小，气速在该段增大，将停滞的物料由表及里地吹走，随着管道有效横截面积空间的增大，气流速度又将降低，固体物料又会停滞。如此循环，物料以像沙丘移动式的流态化状态向前移动，即所谓的浓相输送。

浓相输送虽然具有相对于稀相输送无法比拟的优越性，但是也有一些不足之处。作为一种新型的输送方法，它比较适用于储仓对储仓或卸料站至储仓的两点输送方式，这样处理工艺配置机动灵活，又便于实现自动化控制。但不太适用于电解槽上的供配料系统，如果采用浓相输送方式上槽，控制技术复杂，需要有专门的输送阀件，设备成本较昂贵，国内目前只有部分企业采用此种技术。

3. 超浓相输送技术

超浓相输送技术是基于物料具有潜在的流态化特性来输送的一种技术。所谓的流态化是一种使固体颗粒通过与气体或流体接触转变成类似流体状态的操作。目前的输送粉末物料流态化是通过一个多孔透气层来完成的。多孔透气层（或称为沸腾板）将输送槽分为两层，上部分装有粉状物料，下部是气腔。当气腔中没有外压时，气体是常压，此时物料粒子呈静止状态；当气腔中外加压力时，气体就通过多孔板进入粉状物料层，填充粉料层的空隙，当气流达到一定速度时，粉状粒子之间原有的平衡就会被打破。与此同时，其体积增大，比重减小，粒子之间的内摩擦角及壁摩擦角都接近零，这样粉状物料就成了流体。利用这一特性进行输送即超浓相输送。

　　超浓相输送不需要以压缩空气作为输送动力,它只需较低压力的空气活动物料。输送过程中,固气比极高,空气压力只需 10 kPa 左右,所以采用一般的离心风机即可。

　　超浓相输送过程中,风动溜槽没有运动的机械部件,维修工作量小;密度接近最大,因此输送浓度高,输送速度低,管件磨损小,气体对氧化铝粒子的破损小;输送压力低,普通风机就能满足输送要求,可以完全实现自动化操作,而且控制元件少,控制操作过程也较为简单[19]。

5.2.2　残极破碎过程

　　残极清理是电解铝厂阳极组装工序中的一个环节,用途是将电解质清理下来,以便电解质回收再利用,同时保证残极重新破碎成型后阳极炭块的质量。在比较小型的电解铝厂,残极清理工作直接在电解车间进行,清理工使用大锤或风镐清理,清理下来的残极需人工用小车运行到破碎机进行破碎。该工艺依靠人工清理残极,不仅易造成工人的烫伤、砸伤,工作效率低下,而且清理过程中产生大量粉尘,造成环境污染,存在以下缺点:①劳动强度,清理过程中工人使用风镐敲击清理电解质,铲装清理下来的电解质,劳动强度较大,消耗体力。②环境污染严重,用风镐操作、铲装电解质都产生扬尘,料斗将电解质倒入破碎机前置料斗时再次产生扬尘,工作区粉尘污染严重;此外,风镐操作产生噪声污染,除对清理操作工作区产生影响外,噪声在车间内扩散,造成噪声污染。③操作过程中,由于没有围挡和除尘系统无法控制扬尘无组织扩散,微细粉尘很容易进入操作工人的呼吸道,对工人的身体危害较大[20]。

　　现场操作劳动强度大,在用风镐操作、铲装电解质的过程中都产生扬尘,将电解质运送至破碎机及破碎过程也会产生大量的扬尘。扬尘的主要成分为氧化铝、氟化铝粉尘,属于超细粉状(≤20 μm),其中部分颗粒物小于 1 μm,对操作环境影响较大,对人体健康具有极大的危害,参考《工作场所有害因素职业接触限值　第 1 部分:化学有害因素》(GB Z2.1—2007)中工作场所空气中氟化物(不含 HF)的平均容许接触浓度为 2 mg/m^3,因此需要在不同地点设置相应的密闭集气罩,将颗粒物通过管道输送至除尘器进行处理。最新的《铝工业污染物排放标准》(GB 25465—2010)修改单中规定了电解质破碎过程中颗粒物排放浓度不超过 10 mg/m^3。

5.2.3　电解车间无组织排放

　　电解槽换极过程会产生一部分无组织排放。通常情况下,电解槽本身的烟气净化系统能够防止无组织排放烟气从打开的槽盖板处跑掉。实际发生的无组织排放主要是在换极和高温残阳极冷却过程中产生,未进入烟气净化系统的这部分。更换碳阳极所需要的时间长短取决于操作工人操作的水平及熟练程度,平均需要

30～40 分钟。此外，残阳极在冷却过程中释放的烟气量占电解槽车间无组织排放的大部分。从电解槽出来的残阳极温度仍然很高，在电解车间冷却时间较长，而且没有任何保护措施，大量烟气会自由释放，因此掌握这部分无组织外排烟气的排放参数十分必要[21]。

《建设项目竣工环境保护验收技术规范电解铝》（HJ/T 254—2006）中规定了电解车间天窗排放氟化物的方法及吨铝排氟量的核定方法，可见监测电解车间天窗排放氟化物的重要性。

此外，电解车间的无组织排放还包括：①起槽和生产过程中逸出的一部分无组织排放烟气和粉尘；②换极、出铝、捞碳渣、熄灭阳极效应过程中，从电解槽中带出的少量的覆盖料、碳渣；③氧化铝和氟化铝加料过程中的漏洒；④电解槽大修过程中产生的粉尘。

5.2.4　无组织排放粉尘的危害

对于粉尘，目前国内电解铝厂主要的做法是：每个班次结束时，工人都会用高压的枪吹扫地面。这种操作虽然简单，吹扫之后，地面也很干净。但在吹扫过程中，大颗粒物料吹落到电解槽下部，粉尘则飞扬起来，飘到电解槽槽壳、电解槽上部、天车上，更细的粉尘（$PM_{2.5}$）则久久漂浮在车间内，形成粉尘雾。这种高压吹扫，实质上就是"粉尘搬家"。许多铝厂通过开窗通风，缓解车间内的污染。但这种污染则转移到厂区，以及周围的社区，并长期驻留，遇到大风，会多次污染。而在冬季天冷，电解车间需要封闭保温，通风很差，车间的粉尘雾则会越积越浓。

除了吹扫以外，有的电解铝厂使用一些小型工业吸尘器来处理粉尘污染，或者使用人工和小型清洁车等非专业的设备。其缺点是清洁效率低，清洁效果差，设备对超细粉尘的过滤率不高，无法有效清除粉尘（尤其是 $PM_{2.5}$），占用大量人力，工作人员所处环境十分恶劣。

电解车间的粉尘污染危害很大：

（1）$PM_{2.5}$ 因为会吸附有毒有害物质，所以对工人危害很大（肺部和眼睛），普通的口罩也无法过滤。

（2）氧化铝粉与润滑油结合，形成研磨膏，会对设备有磨蚀作用，尤其损害轴承等转动部件。这些都会导致设备故障率上升，维护费用增加，使用率下降，对自动化程度高的企业尤为关键。

（3）可能导致电气等设施的短路。

（4）粉尘有爆炸的可能性。

（5）粉尘污染会引起环保问题。

国家对粉尘无组织排放的管理越来越严。电解铝厂无组织排放物包括烟气和粉尘，粉尘（尤其是 $PM_{2.5}$）是重中之重。粉尘吸附有害物质，容易再次污染，扩散半径小，危害性大，治理困难。烟气问题可以通过残阳极封闭冷却来解决。只要全方位清洁地面粉尘，避免粉尘扰动，就能很好地解决粉尘污染问题[22]。

5.2.5　无组织排放氟化物的检测方法

氟化物属毒性较大的有害物质，对植物的毒性较 SO_2 大 10～100 倍，对人体和牲畜也有较明显的危害。氟化物从污染源排入大气后，经干湿沉降作用于周围环境（植物、土壤、水体和人等）。金属铝电解生产过程中电解槽散发的烟气中含有大量氟化物，大部分经空气收集装置收集、处理后经 30 m 以上高度的烟囱有组织排出；另一部分从电解槽缝隙中弥散出来以无组织排放方式从厂房天窗排放到环境中。在氟化物无组织排放的监测方面，我国监测仪器水平尚无法实现对电解车间天窗通风量的准确监测，无组织氟化物的排放量一般采用物料核算的方法给出，由于所采用的电解铝行业排氟系数的数值的跨度范围较大，所以造成经核算给出的氟化物无组织排放量的结果也各不相同，为环境保护部门改善环境质量和制定环境保护措施带来了很多的不确定因素，这种局面亟待改善。

通过对某铝业多年有组织排氟源的监测说明氧化铝干法净化效率平均为 98% 以上，氟化物能够稳定达标排放，应该对周边环境的污染影响不大，但是通过对其周边环境氟化物的长期监测发现其周边环境空气中的氟化物浓度一直存在超标现象，而且有逐年升高的趋势，分析其排放工艺并结合对其污染源及生产设施的现场调查初步认定：电解车间天窗无组织排放是造成其周边环境氟化物污染的主要原因[23]。

在碳阳极更换、电解槽出铝等阶段，需要打开电解槽门甚至是电解槽盖，此时会有大量的电解槽烟气直接从车间天窗溢出，不经任何净化措施排入大气。因此掌握这部分无组织外排烟气的排放参数，为环境保护部门改善环境质量和制定环境保护措施提供科学依据是此次研究的一项重要工作。通过对铝业氟化物无组织排放分析发现，更换阳极块的工作是四个工区同时进行的，目前国内其他铝厂的电解工艺大同小异，基本相同，可以看出更换阳极块的过程具有很强的连续性、周期性和稳定性，通过无组织监测结果的数据分析也能充分佐证这种论断。因此用分段天窗抽测天窗内的氟化物的浓度来估算整个车间天窗氟化物的排放浓度是基本可行的[24]。

5.2.6　无组织排放的解决方案

目前电解铝工序无组织排放烟气的解决方案主要如下[21]：

（1）进一步加强对新型电解工艺研发：提高电解槽的生产效率，大大降低产品的单位能耗比，实现电解铝行业的清洁生产工艺，是降低吨产品排氟量，彻底解决环境污染的有效途径之一。目前国内已有很多关于对电解铝新技术及新工艺进行革新、改进并取得比较满意的效果的报道，其中由沈阳铝镁设计研究院、河南神火集团有限公司等单位完成的 156 台 350 kA 特大型预焙阳极铝电解槽技术改造较为成功。

（2）继续加强对电解铝厂技术工人的技术教育和培训：提高电解铝工人的操作技能，严格生产管理，制定相应的规章制度，强化主人翁意识，争取在尽量短的时间内完成如更换阳极块、排除电解效应、打壳、添加电解质等操作过程，保证正常生产时电解槽盖板必须按要求盖好，这样才能最大限度地减少无组织烟气的排放。

（3）科学控制排烟量：电解槽烟气的有组织排放是通过净化系统排烟风机产生的负压来实现的，保证槽盖板间缝隙处有微负压而使烟气不散至车间内。排烟量大小关系到电解槽的集气效率高低，增大排烟量有利于提高集气效率，控制污染源的无组织排放。近年来某些大容量电解槽设计排烟量几乎增加了 20%，虽然排烟量的增加导致净化系统处理烟气量的增大，造成烟气净化系统的投资和运行费用增加，但在某些情况下电解车间天窗污染物排放量也相应减少了 25%～30%。因此，必须合理选择电解槽排烟量才能保证电解槽集气效率和烟气净化系统经济合理。目前，大型电解槽的吨铝排烟量一般按 120000～130000 m³来进行设计。

（4）高温残阳极密闭冷却：并对冷却箱中的烟气进行收集净化，并与外界隔绝，以减少烟气逸出，提高残阳极冷却速度，避免污染物的散发，这是目前最好的方法。但是，该方法散热慢，等待时间长，需要进行二次倒运，增加占地面积和劳动。另一种方法是设置移动式残极冷却箱（底部带轮子），冷却箱出口设置电动阀门，通过管道与电解烟气净化系统相连接，残极排出的气体进入电解烟气净化系统处理，残极冷却后随着托盘一起输送到组装车间进行后续处理。该方法散热速度快、污染物散发少、便于运输[25]。由于电解槽的大型化（长度 20 米以上），使用辅助烟罩对换极过程中的烟气进行回收净化的可行性很小，而且投资成本大，操作很不方便。目前，该方案尚无实际应用。

（5）合理设计电解槽上部结构及盖板：大型预焙电解槽是通过槽上部的集烟箱进行排烟的，集烟箱按槽长度方向配置。目前国内的大容量电解槽均是从 160 kA 电解槽发展而来，电解槽尺寸及排烟量都大幅增加，现在 350 kA 电解槽的长度已接近 18 m，而集烟箱形状及尺寸均未改变，集烟箱内风速较高，压力损失较大，导致电解槽内部出铝端和烟道端的排烟压力差别很大，排烟量不等。所以如何保证槽内的烟气能够均匀等量的排出，避免出现出铝端排风不足、烟道端排烟过量的现象，是保证电解槽集气效率必须注意的问题。加大集烟箱截面尺寸，降低集烟箱内烟气流速；将集烟箱沿长度方向进行分区，减小集烟箱两端压力差异；在集烟箱侧部开大小不同的排烟口，烟道端小孔，出铝端大孔，均匀排烟量。这些方式均可以有效地解决槽内排烟不均的问题，但必须根据不同的槽型经过计算和实验确定。

（6）改进电解槽槽上盖板的结构形式：电解槽槽上盖板材质选择，加工精度也直接影响电解槽的密闭性。在保证易于操作和堆放的前提下，槽盖板应选用具有一定强度且在高温下不易变形的材料，一般采用带加强肋的铝合金平盖板，保证盖板的平整度和尺寸精度，在盖板边缘设密封条，减小盖板间的缝隙，在保证电解槽排烟量的前提下提高集气效率。

（7）合理布局烟气净化系统排烟管网：某电解铝厂电解车间一般有几百米至上千米的长度，每栋厂房内配置的电解槽台数有几十台到一百余台，起始端的电解槽与末端的电解槽相距几百米，很难做到每台槽等量排风，从而远端的电解槽就不能保证集气效率。想要做到等量排风就必须保持排烟干管全长上的静压恒定。通常风管的全压损失是沿着长度方向增加的，因此要使静压保持不变，必须使动压沿着气流方向逐渐降低，也就是说，风管的截面应沿着气流方向逐渐扩大。因此，采用变径排烟干管，尽量缩短排烟干管长度，可减小排烟干管最近端与最远端阻力不平衡率以利于每台槽排烟的阻力平衡。现在设计上通常采用变径的排烟干管，并且尽量缩短排烟干管的长度，即每条干管所带的电解槽数控制在 5～18 台，控制起始端的电解槽与末端的电解槽间距在 120 m 以内（一般在 60 m 左右）。目前采用比较多的双列排烟管网，将每一根排烟干管上并联电解槽台数减少到 5～8 台左右，虽然工程投资有所增加，但是大幅减少了电解槽排烟的不平衡率，电解槽的集气效率获得很大提高。

（8）尝试新型烟道管网结构：一种新的双烟道排烟管网设计也在逐渐使用，由于电解槽在进行出铝，更换阳极等操作时须打开电解槽上部盖板，或阳极效应发生时，电解槽所散发的烟气量大幅增加，在这些情况下需加电解槽排烟量，以控制烟气无组织排放。一般的排烟管网的排烟量是在电解槽正常使用情况下设计、计算并定型的，由于压力及管道的限制，无法大幅加大排烟量来控制烟气排放。双烟道排烟管网即在一套供正常使用的排烟管网之外增设一套连接有辅助鼓风机的等径排烟管网，将烟气直接送入净化系统前端，这种双排烟管网可以在电解槽出铝、更换阳极及发生阳极效应时将电解槽排烟量加大一倍，保证电解槽的集气效率。

（9）为电解槽烟气净化系统增加辅助抽风系统：在槽盖板打开的时候（比如换极），可以增加抽风量，将烟气的逸出量降到最低。这个方案在国内已经广泛使用，效果也非常好。改进氧化铝超浓相输送系统：大多数电解铝厂氧化铝超浓相输送系统的排风，直接接入电解车间的水平排烟干管上。在风动溜槽上，每隔一个槽间距设一个平衡管，从平衡管再接排气管进入电解车间的水平排烟干管，通过排烟干管的负压和风动溜槽的正压进行排风，以平衡风动溜槽的底部气室和料室压力稳定，理论上排气管只排气体来平衡溜槽的各点压力，使溜槽正常运行，在实际运行中，由于平衡管和排气管的直径和平衡管高度设置不合适，或者是超浓相输送系统的供风风机风压设计过高时，压力的临界点不能控制在平衡管段内,造成大量氧化铝进入排烟干管,从而使排烟干管造成堵塞,影响电解槽的排烟,集气效率下降。因此,合理设计超浓相输送系统的排风系统和确定输送系统风压,可减少氧化铝超浓相输送系统对电解槽集气效率的影响。

(10)定期检查电解槽烟道密闭性及集气效率:由于电解槽所排烟气温度较高,一般在 120~150℃左右,排烟管网存在热胀冷缩,通常在排烟支管上设计有一段软接管。在实际运行中,软接管破损后不及时更换,从该处吸入大量野风,不但使该台电解槽烟气不能排出,而且破坏了整个排烟管网的阻力平衡,结果使得远端电解槽的集气效率达不到设计值。所以,在生产运行时,应备有足够的备品备件,定期检查软接管,如有破损应及时更换。同时,电解烟气净化系统大多采用脉冲或风机反吹袋式除尘器,设计运行阻力在 1600~1800 Pa。但在实际运行中,袋式除尘器清灰系统工作会出现一些问题,例如,在脉冲袋式除尘器所配的脉冲阀或反吹风除尘器所配的气缸损坏不能正常工作,或者清灰所需的压缩空气供气不够、压力不够,以上情况不及时排除,除尘器不能正常清灰,滤袋表面的粉尘厚度逐渐增加,从而导致除尘器阻力增加超过设计值,最终影响净化系统末端的排烟管网的集气效率。

(11)规避烟气净化系统排烟机运行台数的问题:《铝电解厂通风与烟气净化设计规范》(YS 5025—95)的第 31216 条规定"净化系统排烟机,当多台并联工作时可不备用;但当一台排烟机故障停机后的总排烟量,不宜小于设计总排烟量的 85%"。在其条文说明中是这样解释的:"为节约投资,排烟机多台并联工作时可不备用,当一台故障停机时,允许短时减少一些排烟量,但不应使电解槽集气效率降低过多……"从规范中可以看出,为保证电解槽的排烟量和集气效率,仅在排烟机出现故障时才能停止运行。然而在一些铝厂的实际运行中,为了减少能耗,通常每套净化系统会少开一台风机,通过利用电机储备系数,来提高运行风机的电流,以增大风机排风量,但此时风机风压下降,会对电解槽的集气效率有很大影响。净化系统少开一台风机,凭肉眼都能看出电解车间内的环境与风机全开时有着非常明显的区别,集气效率明显降低,无组织排放严重。显然这种以减少排烟机的运行数量节约运行费用为目的,牺牲环境质量为代价的生产运行方式,是不可取的。

总之,电解铝厂应通过采取以上科学措施,进一步提高对现有生产及排放系统的管理水平,大力提倡和鼓励技术革新,积极推行行业清洁生产,争取从源头上降低氟化物的污染水平,同时,地方环境保护部门通过科学的监督管理,严格控制并争取早日改善某电解铝厂氟化物无组织排放及环境质量的现状,确保某电解铝厂绿色健康发展。

5.3 电解槽烟气污染物控制技术

随着社会的不断发展，电解铝已经成为现代生活不可或缺的产品，为地区经济发展做出了重要贡献。但是，由于电解铝属于高耗能、高污染行业。铝电解槽在生产过程中，烟气排放量为 90000~140000 m^3/t 铝，产生氟化物 16~25 kg/t 铝，粉尘 40~60 kg/t 铝，二氧化硫 10~15 kg/t 铝，这些有害的大气污染物给当地环境带来了巨大的挑战和压力，如果不进行有效治理必将危害工人和厂区周围居民的身体健康，危害动植物的生长，破坏生态环境，最终影响企业的生存和发展。我国是电解铝产量大国，因此必须加强电解铝烟气的治理，从源头上减少和控制特征污染物的产生和排放，开展清洁生产、加强污染治理、加强基层环境管理，降低电解铝生产氟化盐单耗和阳极消耗，提高电流效率、烟气净化系统的集气效率和净化效率，建立环境友好型企业。

5.3.1 颗粒物排放控制技术

铝电解生产过程中会产生大量的烟气，吨铝排烟量可达到 9 万~14 万 m^3；目前应用最为广泛的是氧化铝喷射加布袋除尘干法工艺，为了实现较高的脱氟效率，一般需提高含氟氧化铝在整个系统中的循环次数。最新的《铝工业污染物排放标准》（GB 25465—2010）修改单规定：电解铝厂电解烟气净化系统氟化物的排放限值为 3 mg/m^3，要实现氟化物排放达标，氧化铝在净化系统中的循环次数一般需要 3 次以上[26]。

在工业应用中，由于旋风除尘器难以处理颗粒非常细小的粉尘，电除尘器对粉尘的实际捕集效率为 95%左右，膜处理技术运行成本太高，且膜再生处理相对复杂，受工艺条件限制，因此，$PM_{2.5}$ 超细粉尘排放的控制，主要通过布袋除尘器来进行，铝电解烟气颗粒物中，$PM_{2.5}$ 占比较高，因此通常采用布袋除尘器。

1. 布袋除尘器工作原理

布袋除尘器是以滤袋过滤的方式来捕集烟气中的固体颗粒，适用于捕集细小、干燥、非纤维性粉尘。滤袋通常采用纺织的滤布和非纺织的毡制成。过滤过程如图 5-2 所示，含尘气体通过滤料时，随着纤维间空间逐渐减小，最终在滤料表面形成附着的粉尘层（称为初层）。袋式除尘器的过滤作用主要是依靠这个初层及以后逐渐堆积起来的粉尘层进行的。这时的滤料只是起着形成初层和支持它的骨架作用。

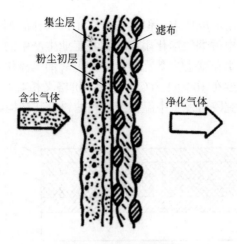

图 5-2　滤料过滤作用[7]

随着粉尘在滤袋的积聚，除尘器的阻力不断增加，等阻力达到设定值时，通常处于关闭状态的脉冲阀打开，使用压缩空气进行清灰作业，布袋式除尘系统流程如图 5-3 所示。

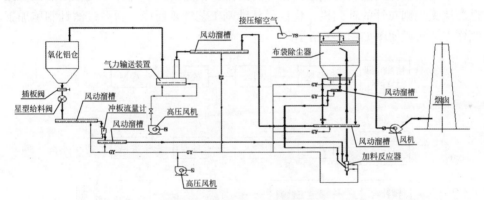

图 5-3　布袋式除尘系统流程图

2. 电解铝烟气袋式除尘器专用滤料

我国铝冶炼技术水平提高的一个重要的标志是电解槽的容量的提升。随着大型电解槽相继投入生产，按传统设计的干法烟气净化系统暴露出许多问题，其中最大的问题是除尘器采用传统涤纶针刺滤袋，在夏季使用时收缩、硬化，导致滤袋损坏，污染物排放严重超标。这主要是由于 300 kA 级及更大容量电解槽散发的烟气在夏季时除尘器内部烟气温度偏高，可达 120～150℃，比 160～200 kA 级电解槽高出 20℃左右；如采用市场上现有的高温滤料如美塔斯等高温滤料，价格昂贵，且通常耐温为 180～260℃，用于电解铝烟气又显得功能过剩；如用玻纤滤料虽然完全可以满足使用温度要求，但是在含有 HF 气体的烟气中易被严重腐蚀，无法使用；此外，铝电解烟气净化用氧化铝是工业生产中的磨料，具有很强的磨琢性，覆膜滤料使用半年就会失效。因此，铝电解烟气净化迫切需要一种既满足高标准排放、使用温度在 100～150℃、耐磨、价格又相对低廉的新型滤料。

沈阳铝镁设计研究院研发了中温精细针刺滤料，其结构如图 5-4 所示[27]。

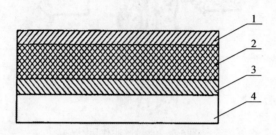

图 5-4 新型过滤针刺毡结构简图
1.类似薄膜经特殊处理液喷涂的高温压光致密层；2.由细旦复合纤维形成的精细过滤层；
3.高强低延的基布骨架；4.较粗纤维形成的导流层

中温精细针刺滤料是采用细旦复合纤维，经过均匀梳理，多层铺网后，再经过高速无规则布针的针刺机，优选最佳针刺工艺针刺而成。新型过滤针刺毡加工制作工艺流程简图如图 5-5 所示。

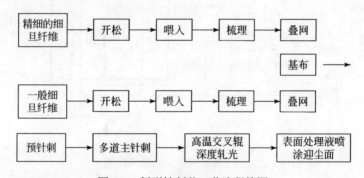

图 5-5 新型针刺毡工艺流程简图

对中温精细针刺滤料和普通涤纶针刺炉料的性能比较如表 5-4 所示。

表 5-4 中温精细针刺滤料和普通涤纶针刺炉料的性能比较[27]

滤料名称	新型中温针刺毡	普通涤纶针刺毡
材质	复合纤维	涤纶
结构	针刺	针刺
单位面积质量/(g/m²)	550	530
单位面积质量偏差/%	±5	±8

续表

滤料名称	新型中温针刺毡	普通涤纶针刺毡
厚度/mm	1.8	1.9
厚度偏差/mm	0.1	0.1
经向断裂强力 $N/5×20$	1389.3	1020
纬向断裂强力 $N/5×20$	1576.4	1350
经向断裂伸长率 $N/5×20$	19.2	22
纬向断裂伸长率 $N/5×20$	42.52	35
透气度/[$m^3/(m^2·min)$]	10.3	10
透气度偏差/%	±10%	±10%
洁净滤料阻力系数	8.2	11
再生滤料阻力系数	26	40
静态除尘率/%	99.96	99.6
动态除尘率/%	99.999	99.9
粉尘剥离率/%	98	93
连续使用温度/℃	160	130
瞬间使用温度/℃	180	150
耐酸性	良	良
耐碱性	良	良

3. 布袋除尘器的类型

目前，在电解铝应用的布袋除尘器有低压脉冲袋式除尘器和反吹风除尘器两种，以下针对两种除尘器在实践中的应用和技术参数进行比较。

A. 大型低压脉冲袋式除尘器

常规的脉冲清灰除尘器，采用高压（0.5～0.6 MPa），滤袋的长度被限制在 2.6 m 以内，而且脉冲阀口径小、数量多、维修量大，这些缺点使脉冲喷吹技术不能满足净化大气量的要求。从 20 世纪 80 年代开始，我国开始研制开发低压脉冲技术，并陆续在生产实践中应用，取得了较好的结果。其设备特点为：

（1）高强清灰，压力损失小，能耗比高压脉冲除尘器低，低压脉冲采用 0.2～0.4 MPa 压缩空气喷吹清灰，因此运行阻力低，滤袋压差一般为 1600～1800 Pa。

（2）过滤风速高，过滤面积小，其袋长可达 6 m，过滤风速可达 2 m/min，因此设备过滤面积比反吹风袋式除尘器小，设备整体占地面积小。

（3）滤袋为圆形，用弹簧钢圈压在天花板上，密封性能较好。

经大型低压脉冲袋式除尘器处理后，氟化物和粉尘排放均优于国家标准。低压脉冲袋式除尘器的优点是显而易见的，但其对脉冲技术要求高，压缩空气及脉冲阀的质量对除尘器能否正常工作起着关键作用。第一，压缩空气最好要作无油污水处理，如果压缩空气中含油或水，则不仅会引起脉冲阀失灵，而且影响滤袋的使用寿命。为确保脉冲系统的正常使用，在建净化系统时，还必须要有为净化使用的无油空压机。目前有诸多企业用厂区管网压缩空气给净化供气，一是脉冲阀质量比以前好，二是压缩空气一般都是京刚冷干机处理过的（露点为2℃）。第二，要重视脉冲阀的选型。过去国产脉冲阀质量不过关，在使用中电磁阀及膜片经常损坏，不仅影响了净化设施的正常运行，而且增加了维修工作量及运行成本。现在多数企业用进口脉冲阀，虽然一次投资稍高，但使用寿命长（100万次以上），保证了净化设施的长周期正常运行。

B. 大型反吹风菱形扁袋除尘器

大型反吹风菱形扁袋除尘器一般可分为多个单元，双排布置。最初从法国引进，为铝行业烟气净化专用，目前已在多家铝厂成功应用。其特点有：

（1）清灰方式采用专用的反吹风机，其清灰强度较低，风压一般≤3000 Pa，每个单元清灰时气缸阀将该单元与烟道隔离，该单元停止过滤，进行清灰，清灰时滤袋震动小，可减少其机械损伤，延长滤袋使用寿命。

（2）除尘器内设有若干个过滤单元，每个单元安装有一个可以拆卸的过滤框，检修时可进行单元整体拆装，每个单元有几到十几条菱形大布袋，每条菱形大布袋由若干个小袋组成，当个别布袋破损时，不必像其他形式的除尘器那样换下整条布袋，只需用矿渣棉堵上这个小袋，便可继续使用，比较方便。单元体密封形式采用钢体与软体橡胶线面接触的先进的密封方式，简单可靠，使除尘器有较高的除尘效率。气缸阀采用钢性密封，阀板可作方向摆动，密封效果好，使用寿命长，保证了较好的清灰效果。

（3）滤袋采用菱形扁袋结构，在不增加空间的同时，增加了有效过滤面积。

（4）过滤风速较低，一般为 0.8～1.0 m/min。

（5）上述两种除尘器的不同主要在于清灰方式，脉冲袋式除尘器中由于脉冲阀的频繁使用，对其质量提出了较高的要求，建议使用进口阀。菱形扁袋除尘器利用气缸阀控制反吹风清灰，大多国产气缸阀均能达到要求；其次脉冲袋式除尘器压缩空气用量大，对压缩空气质量要求高，而菱形扁袋除尘器只需一般的高压离心风机即可实现清灰。

从两种除尘器的结构、自控程度及使用情况看，脉冲袋式除尘器维护量要比菱形扁袋除尘器稍大。由于过滤风速不同，处理相同的烟气量，脉冲袋式除尘器使用过滤面积比菱形扁袋除尘器使用过滤面积小，滤料用量少。两种除尘器在反应器形式、卸料方式、设备阻力、净化效率等方面基本相同[28]。

以处理 100000 m³/h 的电解铝烟气为例，两种除尘器的性能参数比较如表 5-5 所示。

表 5-5　两种除尘器性能参数比较

比较项目	低压脉冲袋式除尘器	反吹风菱形扁袋除尘器
处理风量/(m³/h)	100000	100000
过滤风速/(m/min)	1.1	0.9
过滤面积/m²	1500	1850
滤料	550 g/m² 涤纶针刺毡，滤袋为圆形	550 g/m² 涤纶针刺毡，滤袋为菱形
清灰方式	压缩空气通过脉冲阀脉冲清灰	反吹风机反吹清灰
滤袋压差/Pa	1600～1800	1300～1500
清灰压力/Pa	$2 \times 10^5 \sim 4 \times 10^5$	2500～3000
压缩空气用量/(m³/min)	3.6	0.07
滤料使用寿命/年	3	3～4
反应器形式	VRI 反应器	VRI 反应器
卸料方式	流化床	流化床
控制方式	PLC、脉冲控制仪控制脉冲间隔、宽度等	PLC 控制气缸阀开启来实现反吹清灰
除尘器阻力/Pa	≤1960	≤1960
设备漏风率/%	≤2	≤2
除尘效率/%	99.9	99.9

4）布袋除尘器的应用

A. 大型低压脉冲袋式除尘器应用[28]

1993 年兰州铝厂将低压脉冲袋式除尘器应用于流化床净化系统，取得了成功，解决了布袋清灰困难的难题，这是国内首次用于自焙槽烟气干法净化器，同年兰州铝厂在连海三万吨旁插自焙槽烟气烟气干法净化系统同样采用了该技术，其设备技术参数如表 5-6 所示。

表 5-6　低压脉冲袋式除尘器设备技术参数

项目	指标	备注	项目	指标
型号	MD-400 型	一套净化系统共 22 台	压缩空气耗量	1.7 m³/min
处理风量	28000 m³/(h·台)	MD-400 型低压脉冲袋式除尘器	脉冲阀型式	直通式
过滤面积	428 m²		脉冲阀数	10 个
过滤风速	1.1 m/min		脉冲宽度	0.065～0.085 s
滤袋数量	400 条（圆袋）	550 g/m² 涤纶针刺毡	脉冲间隔	15 s
滤袋尺寸	$\Phi120 \times 3000$ mm		除尘器阻力	≤1960 Pa
脉冲清灰压力	<0.4 MPa		设备漏风率	≤2%

两套净化系统与新建电解生产系统同时投运，经检测，氟化物和粉尘排放如表 5-7 所示，优于国家标准。

表 5-7　净化系统运行废气排放监测结果

项目	净化系统入口		净化系统出口		净化效率
	浓度/(mg/m³)	排放量/(kg/h)	浓度/(mg/m³)	排放量/(kg/h)	/%
氟化物	39.68	15.83	1.14	0.48	97.0
粉尘	235.73	109.02	0.22	0.12	99.99
沥青挥发物	32.84	15.30	1.41	0.76	95.0

注：集气效率 81%；净化系统入口和出口烟气平均温度分别为 60℃和 47℃

B. 大型反吹风菱形扁袋除尘器应用[28]

兰州铝业股份有限公司 12 万 t/年的 200 kA 电解槽烟气采用了 LLZB-10×185 型反吹风菱形扁袋除尘器，设备技术性能参数如表 5-8 所示，系统设计全氟净化效率 98.5%，粉尘净化效率 99.9%，净化装置出口粉尘＜10 mg/m³。净化系统 2001 年投运，各项参数均达到设计要求，除尘器出口颗粒物浓度平均为 3.7 mg/m³，显著优于国家排放指标。

表 5-8　LLZB-10×185 型反吹风菱形扁袋除尘器技术性能参数

项目	指标	备注
型号	LLZB-10×185	
处理风量	100000 m³/h	共三套净化系统，每套净化系统有 7 台
过滤面积	1850 m²	LLZB-10×185 型除尘器
过滤风速	0.9 m/min	
滤袋数量	120 条（扁袋）	550 g/m² 涤纶针刺毡
反吹风压	2600 Pa	
反吹风量	13416 m³/h	
压缩空气耗量	0.07 m³/min	
除尘器阻力	≤1960 Pa	
设备漏风率	≤2%	

河南新安铝厂 160 kA 预焙槽净化系统也采用了 LLZB-10×185 型菱形袋式除尘器。投运后，各项运行参数均优于设计值（表 5-9），净化后氟化物排放平均浓度为 1.19 mg/m³，颗粒物排放平均浓度为 6.13 mg/m³，设备运行稳定。

表 5-9　净化系统运行废气排放监测结果

项目	净化系统入口		净化系统出口		净化效率 /%
	浓度/(mg/m³)	排放量/(kg/h)	浓度/(mg/m³)	排放量/(kg/h)	
氟化物	48.1	15.7	1.19	0.44	97.2
颗粒物	748	303.5	6.13	2.28	99.2

注：净化系统入口和出口烟气流量分别为 331000 m³/h 和 372000 m³/h，烟气湿度均为 86℃

目前，大型低压脉冲袋式除尘器和大型反吹风菱形扁袋除尘器两种除尘器都已经成功应用于多家电解铝厂，并都有较好的净化效率。使用脉冲袋式除尘器的厂家有贵州铝厂、云南铝厂、焦作铝厂、兰州铝业股份有限公司、华盛铝厂等，使用菱形扁袋除尘器的厂家有青海铝厂、包头铝厂、青铜峡铝厂、抚顺铝厂、兰州铝业股份有限公司等。

5.3.2　氟化物控制技术

在铝电解生产的过程中，氟化盐是一种非常重要的原材料。每生产 1 t 电解铝，需消耗氧化铝 1930 kg、冰晶石 5 kg、氟化盐 27 kg、氟化钙 1 kg、阳极 450 kg。氟化盐单耗和氟化物的实际产生量也反映出了企业生产的水平，国内预焙槽电解铝氟化盐单耗比很多国家的排放水平都要高出很多，电解铝生产过程中，氟化盐的产生量也是一个非常重要的特征指标。电解铝烟气中氟化物主要为 HF、CF_4、C_2F_6 和 SiF_4 等。最新的《铝工业污染物排放标准》（GB 25465—2010）修改单中规定电解槽烟气氟化物特别排放限值为 3.0 mg/m³。氟化物的控制主要分为如下两个方面。

1. 电解工艺优化[29]

1）控制电解温度

恰当的电解温度可以很好地控制氟化盐的挥发情况，同时它还能十分有效地降低生产中氟化氢的排放量，通常，在生产的过程中，温度必须要处在 930～940℃之间。

2）保持电解质分子比的稳定

在电解铝生产的过程中，采取有效的措施适当地降低电解质的分子比以及对电解质的组成进行适当的处理都可以十分有效地对含氟污染物的挥发量予以控制，一般情况下，其分子比应该控制在 2.35～2.5 之间，但是在生产的过程中一定要注意到的一点就是电解质强化电流处理之后的分子比控制工作必须要以技术条件得到优化为重要的前提条件。

3）控制阳极效应系数

如果阳极反应系数处于较低的状态，可以十分有效地保证电解槽一直处在温度较低的状态，氟化物的挥发损失也能得到有效的控制。在生产的过程中应该采用中点式下料的方式，同时还要在这一过程中应用各种先进的系统，这样才能更好地将氧化铝的浓度控制在合理的区间之内，同时也能够有效地减少由于氧化铝浓度太低所导致的阳极缺料的情况。

4）减少原料的含水量

我们在电解烟气中氟化物的反应式中可以清晰地看到氟化氢之所以会出现最重要的原因就是因为氟化盐产生了较为明显的水解反应。对水分的含量加以有效地控制可以使得氟化物的生成量大大降低，通常来说，要实现这一目的，我们要借助两种方法：首先是减少氟化盐原料的含水量，这些原料主要有氟化铝、冰晶石和氟化镁等。其次是烟气对电解槽上部料箱存在着一定的加热作用，所以我们在设计工作中如果可以对料箱加以合理科学的设计，经过加热的物料中，水分蒸发量会更大，这样也起到了降低物质水分含量的目的。

5）使用新型的氟化盐

在电解铝反应过程中，如果使用传统的冰晶石-氧化铝混合料进行操作，物质氟化物的蒸发损失量，甚至其减少量可以达到总量的一半以上，同时在生产中使用高分子要比冰晶石更好，因为材料自身不具备较高的挥发性，这样也就使得氟化盐损失的数量大大减少。但目前这方面还应用较少，现有电解铝生产氟化盐基本还是以冰晶石为主。

2. 电解铝烟气氟化物控制技术

铝电解烟气氟化物的净化分湿法和干法两种。

1）湿法净化

湿法净化是利用氟化物易被水或碱液吸收的特点，对烟气进行洗涤处理。通常用水、碳酸钠、氢氧化钠、氢氧化钙等溶液为吸收剂，氟化物与吸收剂在填料吸收塔内逆流接触，发生化学反应，吸收产物为氟硅酸、冰晶石、氟硅酸钠等。该工艺优点在于既能吸收氟化物实现烟气净化，又能制取冰晶石实现氟资源回收。最常用的碱性物质是 Na_2CO_3，烟气中的 HF 与碱液反应如下：

$$HF + Na_2CO_3 \longrightarrow NaF + NaHCO_3 \tag{5-22}$$

$$2HF + Na_2CO_3 \longrightarrow 2NaF + CO_2\uparrow + H_2O \tag{5-23}$$

由于烟气中还含有 SO_2、CO_2、O_2 等。所以还会发生副反应，生成 $NaHCO_3$，$NaSO_3$，Na_2SO_4 等。

在循环吸收过程中，当 NaF 达到一定浓度时，再加入偏铝酸钠（$NaAlO_2$）溶液，即可产生冰晶石。过程是分两步进行的，首先 $NaAlO_2$ 被 $NaHCO_3$ 或酸性气体分解，析出表面活性强的 $Al(OH)_3$，然后 $Al(OH)_3$ 再与 NaF 反应生成冰晶石：

$$6NaF + 4NaHCO_3 + NaAlO_2 \longrightarrow Na_3AlF_6 + 4Na_2CO_3 + 2H_2O \qquad (5-24)$$

$$6NaF + 2CO_2 + NaAlO_2 \longrightarrow Na_3AlF_6 + 2Na_2CO_3 \qquad (5-25)$$

Na_2CO_3 溶液吸收 HF 制取冰晶石的流程示意图如图 5-6 所示。

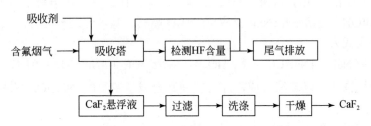

图 5-6 Na_2CO_3 溶液吸收 HF 制取冰晶石的流程示意图[30]

Na_2CO_3 溶液吸收 HF 制取冰晶石工艺流程可分为循环吸收、偏铝酸钠的制备、合成冰晶石以及沉降、过滤和干燥四个工序。

A. 循环吸收

将 Na_2CO_3 与水在化碱槽中配成 20～30 g/L 的溶液。送入吸收塔内吸收 HF，当 NaF 浓度达 25 g/L 以上时，将其送入冰晶石合成槽中，制取冰晶石。

B. 偏铝酸钠的制备

$NaAlO_2$ 大多用 $Al(OH)_3$ 和 NaOH 反应制成：

$$NaOH + Al(OH)_3 \longrightarrow NaAlO_2 + 2H_2O \qquad (5-26)$$

偏铝酸钠制备的方法是将 NaOH 与 $Al(OH)_3$ 按比例加入密闭容器内，控制苛性钠比为 1.25～1.35，然后通入蒸气加热，20 分钟后反应即可完成。制成的 $NaAlO_2$ 为半透明胶体、流动性良好。一般存放在用蒸气保温的罐内，存放时间不宜过长。

C. 合成冰晶石

合成冰晶石有酸化法和碳酸氢钠法两种：

（1）酸化法冰晶石的合成在吸收塔内进行。当 NaF 达到 22 g/L 以上时，加入定量的 $NaAlO_2$ 溶液，并继续洗涤烟气。由于烟气中的 CO_2 中和循环吸收液，$NaAlO_2$ 水解产生 NaOH，使 $NaAlO_2$ 的稳定性被破坏，继续水解析出表面活性强的 $Al(OH)_3$。

$$NaAlO_2 + 2H_2O \longrightarrow NaOH + Al(OH)_3 \qquad (5-27)$$

$$2NaOH + CO_2 \longrightarrow Na_2CO_3 + H_2O \qquad (5-28)$$

新生态 $Al(OH)_3$，即与 NaF 反应生成冰晶石。

$$2Al(OH)_3 + 12NaF + 3CO_2 \longrightarrow 2Na_3AlF_6 + 3Na_2CO_3 + 3H_2O \qquad (5-29)$$

总反应式为：

$$NaAlO_2 + 6NaF + 2CO_2 \longrightarrow Na_3AlF_6 + 2Na_2CO_3 \qquad (5-30)$$

吸收塔内上述反应生成的 Na_2CO_3 也参与吸收 HF。

（2）碳酸氢钠法冰晶石的合成在专门的合成槽内进行，用 Na_2CO_3 溶液吸收 HF 除生成 NaF 外，还生成 Na_2CO_3。由于 $NaHCO_3$ 分解，放出的 CO_2 起酸化作用，中和 $NaAlO_2$ 溶液中的 NaOH，降低了溶液中荷性比。从而析出新生态 $Al(OH)_3$，新生态 $Al(OH)_3$ 与溶液中 NaF 反应可生成冰晶石，基本原理与酸化法相同。

总反应式为：

$$6NaF + 4NaHCO_3 + NaAlO_2 \longrightarrow Na_3AlF_6 + 4Na_2CO_3 + 2H_2O \qquad (5\text{-}31)$$

碳酸氢钠法可以连续合成，亦可以间断合成。定量的 $NaAlO_2$ 溶液是均匀加入的。

D. 沉降、过滤及干燥

合成后的冰晶石母液在沉降池沉降后，用泵送往过滤机，过滤后即得冰晶石软膏。将此软膏送往回转干燥窑干燥脱水，即得成品冰晶石[31]。副产品 CaF_2 广泛用于冶金、化工和建材三大行业，具有一定的经济价值。

湿法净化的特点：简化了湿法净化流程，工艺简单，降低了经济成本，且易于操作。其除氟效率可达 90% 以上，但存在着水的二次污染和设备腐蚀等问题。所以，现在行业内基本不采用这种方法。

2）干法净化

铝电解含氟烟气的干法净化主要是利用 Al_2O_3 活性强的特点，来作为吸附剂吸附烟气中的 HF 等大气污染物来完成对烟气的净化。在湍流状态下，只需 1 s 左右即可完成对氟化物的吸附过程。由于吸附反应约 90%～95% 是在吸附装置中完成的，由此吸附反应装置是干法净化流程中的关键设备。主要有文氏管、流化床、管道稀相化、VRI 等烟气净化流程。在相同净化效率前提下 VRI 反应装置具有阻力低、Al_2O_3 破损小等优点，近年来在铝电解烟气净化中得到了广泛的应用。干法净化具有效率高、无二次污染、操作简单、运行费用低的特点。相关研究报告显示，电解铝企业氟化物有组织排放量约占总排量的 98%，采用氧化铝干法吸附技术和布袋除尘，氟化物的去除效率为 98%～99%[32]。

干法净化过程是通过吸附来完成的，吸附剂的比表面积越大其吸附能力越强，吸附质的沸点越高越容易被吸附，相反则难以被吸附。主要优点就是处理过程是无水化学反应，处理过程中不容易产生二次污染。Al_2O_3 孔隙较高，比表面积较大，对酸性气体如 HF 气体具有良好的吸附性。Al_2O_3 对 HF 的吸附以化学吸附为主，在 Al_2O_3 表层每个 Al_2O_3 分子吸附 2 个 HF 分子，生成单分子层吸附化合物，反应式如下：

$$Al_2O_3 + 6HF \longrightarrow 2AlF_3 + 3H_2O \qquad (5\text{-}32)$$

当载氟 Al_2O_3 被加温到 400℃以下时，Al_2O_3 的载氟量无变化，但在高温下 AlF_3 容易水解和升华，温度越高，水解越多，升华越迅速。当温度达到 600℃时就会大量解吸，这是因为 AlF_3 沸点较低。电解槽的保温料层的温度大约在 400℃以下，因此载氟 Al_2O_3 在预热期间，因解析而释放的氟较少。

干法净化工艺流程包括电解槽集气、吸附反应、气固分离、氧化铝输送、机械排放等。干法净化工艺流程如图 5-7 所示。

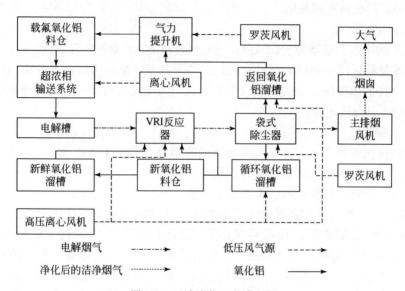

图 5-7　干法净化工艺流程图

A. 电解槽集气

电解槽集气，就净化系统操作而言，主要是针对电解厂房各电解槽支烟管道阀门的调节，以保证电解槽有足够的负压将槽内产生的烟气和粉尘吸入、净化。实践中发现，远离主烟管的槽负压调整要高（约 100 Pa），近于主烟管的槽负压调整要低（约 50 Pa），其效果更佳，同时要遵循各槽负压应形成压力梯度。就电解生产操作而言，要保证操作完毕后电解槽集气罩盖板的密闭性。

B. 吸附反应

氧化铝对氟化氢的吸附主要是化学吸附，同时也伴随有少量物理吸附，其吸收过程为：

（1）HF 在气相中扩散；

（2）HF 通过 Al_2O_3 表面的气膜到达其表面；

（3）HF 受 Al_2O_3 表面原子价力的作用而被吸附；

（4）被吸附的 HF 与 Al_2O_3 发生化学反应，生成表面化合物。

在吸附过程中，只要提供足够的湍动，让氧化铝与 HF 气体充分接触，促进气流扩散，就可得到较好的吸附效果。

C. 气固分离

吸附后的氧化铝为载氟 Al_2O_3，载氟 Al_2O_3 与烟气的分离是由具有最严格控制指标的脉冲除尘器来完成的。分离下来的载氟 Al_2O_3，一部分作为循环 Al_2O_3 继续参加吸附反应，另一部分（相当于新鲜 Al_2O_3 的加入量）由 Al_2O_3 输送系统送入载氟 Al_2O_3 料仓供电解使用。

D. 氧化铝输送

氧化铝输送主要是为了新 Al_2O_3 加入和载氟 Al_2O_3 返料，新 Al_2O_3 由新 Al_2O_3 料仓定量排除，经分料箱和风动溜槽均匀给至各反应器。吸附后的载氟 Al_2O_3 由除尘器下部的沸腾床的溢流口经水平输送风动溜槽及垂直输送气力提升机输送到载氟 Al_2O_3 料仓供电解使用。

E. 机械排风

机械排风是整个干法净化系统烟气流的动力源，将净化处理的干净烟气排入大气。净化系统的烟气输送、氧化铝输送、除尘器等均在负压状态下操作，不向外界排放污染物。机械排风的设备为引风机。

VRI 反应器是发生吸附反应的主要设备，因此在整个干法工艺系统中特别重要。它的外壳为圆筒形，由锥形空心筒和流化元件等组成，通过定量加入 Al_2O_3 经给料箱和流化元件进入空心锥体，空心锥形壳体上部沿辐射线布置的排料孔均匀布置在四周，使 Al_2O_3 在溢流状态流入并充满整个烟道，为烟气和氧化铝提供了均匀接触的机会。VRI 反应装置流化元件位于给料箱的底部，其作用是将加入的新鲜载氟 Al_2O_3 呈溢流状态射出，以减少对 Al_2O_3 的机械破损。锥体的流线型结构减弱了烟气的紊流程度，从而减少了反应器的阻力损失，达到了节能的目的。VRI 反应器是各方面性能较为先进的一种反应装置，其结构如图 5-8 所示[33]。

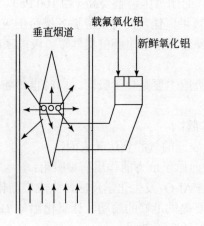

图 5-8　VRI 吸附反应器

VRI 吸附反应器主要技术参数如下：

锥体直径：ϕ250 mm。

锥体长度：H＝2000 mm。

喷吹孔；12-ϕ26。

视窗尺寸：444 mm×50 mm。

阻力损失：60～120 Pa。

氧化铝破损率：<5%。

净化效率：>90%。

我国预焙槽烟气均采用干法净化技术，充分利用 Al_2O_3 对 HF 的吸附，再通过布袋除尘器实现气固分离，达到烟气净化，同时回收 HF 和 Al_2O_3 粉尘的目的。干法净化具有效率高、无二次污染、操作简单、运行费用低的特点。

3. 脱硫设施协同控制

随着国家和地区铝行业排放限值的进一步加严，我国电解铝烟气均面临着脱硫的需求，在脱硫过程中，烟气中剩余的氟化物可在脱硫设施中实现同步协同控制，具体各种脱硫工艺将在下部分做专门介绍，此处就不再单独列出。

5.3.3　SO_2 控制技术

电解槽电解烟气中 SO_2 主要来源于所使用的生产原料之一阳极炭块，其产生量则主要取决于阳极炭块的含硫率。电解铝生产过程中因阳极炭块带入的硫约有 65%～75%随电解烟气逸出，形成含 SO_2 的烟气排放。由于我国目前生产的阳极原材料石油焦含硫量较高，制得的阳极在电解过程中会不可避免地释放出一部分 SO_2，而铝电解烟气现在普遍配备的干法吸附净化技术主要以脱氟和除尘为主，并不能脱除 SO_2。我国最新的《铝工业污染物排放标准》（GB 25465—2010）修改单中规定电解槽烟气 SO_2 的特别排放限值为 100 mg/m^3，河南省甚至提出 35 mg/m^3 的超低排放限值，而我国大部分电解铝企业尚未配套专门脱硫设施，面临着迫切的脱硫需求。

电解铝烟气 SO_2 减排措施主要有三种：一是采用低硫的石油焦原料制备碳素阳极。二是石油焦煅烧优化脱硫，石油焦经约 1300℃回转窑煅烧，低于 30%的硫以 SO_2 的形式释放至煅烧烟气，进一步提高煅烧温度至 1600～1700℃进行煅烧，石油焦中硫含量大幅降低，脱除率 90%以上。但高温煅烧能耗高，经济性差，且石油焦的性质发生改变，会影响后续阳极质量。三是电解铝烟气脱硫。2014 年，国家环境保护部发布《2014 年国家鼓励发展的环境保护技术目录（工业烟气治理领域）的公告》，将"电解铝烟气脱硫脱氟除尘一体化技术"列入目录，属国家鼓励项目。在铝电解过程中实现烟气脱硫已成为冶炼企业的共识，是未来发展趋势，但需针对电解铝烟气量大、浓度低、腐蚀强等特点开发投资运营成本低、无二次污染、安全稳定运行的工艺技术。

目前，电解铝烟气脱硫工艺主要有石灰石-石膏法、氨法、循环流化床半干法及一些其他新型技术，以下主要围绕这几种脱硫工艺做介绍。

1. 石灰石-石膏法

石灰石-石膏湿法烟气脱硫（FGD）技术是脱硫最主要的技术，该工艺需配备石灰石粉碎系统与石灰石粉浆化系统，由于石灰石活性较低，需提高液气比来保证脱硫效率，且塔内容易结垢，引起气液接触器（喷头或塔板）的堵塞。

FGD 系统包括以下 4 个主要工艺过程：

（1）向循环槽中加入新鲜浆液；

（2）吸收 SO_2 并进行反应生成 $CaSO_3$；

（3）$CaSO_3$ 氧化生成石膏（$CaSO_3 \cdot 2H_2O$）；

（4）从循环槽中分离出石膏。

石灰石-石膏湿法 FGD 系统如图 5-9 所示。

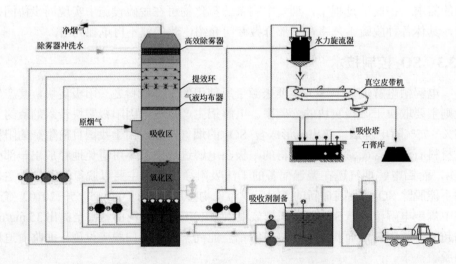

图 5-9　石灰石-石膏湿法 FGD 系统流程图[34]

工艺过程中的化学反应可简述如下：

吸收塔分为一个洗涤器和一个起氧化作用的循环槽。用石灰石作吸收剂，SO_2 在洗涤器中转化，其总的反应式如下：

$$CaCO_3 + 2SO_2 + H_2O \longrightarrow Ca(HSO_3)_2 + CO_2 \qquad (5-33)$$

在此，含 $CaCO_3$ 的悬浮液从吸收塔上部喷入，与从塔下部进入的烟气接触，烟气中的 SO_2 被吸收，生成 $Ca(HSO_3)_2$，并落入循环槽中，然后通过鼓入的空气使 $Ca(HSO_3)_2$ 氧化成 $CaSO_4$，结晶生成石膏：

$$Ca(HSO_3)_2 + O_2 + CaCO_3 + 3H_2O = 2CaSO_4 \cdot 2H_2O + CO_2 \qquad (5-34)$$

由于浆液循环使用，浆液中除石灰石外，还含有大量石膏。当石膏达到一定的过饱和度时（约 130%），抽出一部分浆液送往石膏处理站，制成工业石膏。同时向循环槽中加入新鲜浆液，以保持吸收剂浆液的 pH 值。被送入石膏处理站的浆液，先在一级脱水器中增稠，使含水量达到 4%左右，并用新鲜水冲洗，以除去 HCl，FeCl$_2$ 以及铝、硅酸盐等可溶成分，保证石膏质量。增稠后的石膏浆液再进入真空皮带脱水机，使石膏的含水率达到 10%以下，以便进一步利用。烟气经过除雾器除去水雾，并经过气-气换热器使温度升高到露点以上后排入大气。为防止反应物在除雾器上结垢，须定期冲洗除雾器。冲洗除雾器的水直接落入循环槽中，这也是保持系统水平衡的需要。它具有以下优点：

（1）技术最成熟、应用范围广、脱硫效率高（可达 95%以上）；

（2）原料来源广泛、价廉易得；

（3）系统运行可靠，变负荷运行特性优良；

（4）副产品可充分利用，是良好的建筑材料。

内蒙古锦联铝材有限公司、霍煤鸿骏铝电公司、内蒙古创源金属有限公司共同完成的"铝电解烟气石灰石-石膏法脱硫脱氟除尘技术开发及产业化"项目 2017 年 1 月开工建设，2017 年 10 月首期投运，2018 年 6 月，首期通过项目竣工环保验收。该项目经湿法净化系统处理后，氟化物排放浓度降至 0.168 mg/m^3、降幅 91.6%，SO$_2$ 排放浓度降至 10 mg/m^3 以下、降幅 92.3%，颗粒物排放浓度降至 4.6 mg/m^3、降幅 69.3%，各项指标远优于国家标准。

但值得提出的是，该方法也存在投资大、运行费用高、耗水量大、系统复杂、不停机大修困难等缺点，且电解铝企业电解槽常年处于开机状态，一旦湿法脱硫出现问题需停机，将极大影响企业生产。因此，该技术有待深度结合电解铝生产特征继续优化。

2. 氨法

氨法是采用氨水洗涤 SO$_2$ 废气，吸收 SO$_2$ 以后的吸收液可用不同的方法处理，获得不同的产品。氨法主要优点是脱硫效率高，副产物可作为农业肥料。但氨易挥发，使吸收剂消耗量增加，脱硫剂利用率不高，且副产品回收系统复杂，设备繁多，管理维护要求高。氨法脱硫工艺主要包括吸收、氧化和结晶过程，发生如下反应：

$$NH_3 + H_2O + SO_2 = NH_4HSO_3 \qquad (5-35)$$

$$2NH_3 + H_2O + SO_2 = (NH_4)_2SO_3 \qquad (5-36)$$

$$(NH_4)_2SO_3 + H_2O + SO_2 = 2NH_4HSO_3 \qquad (5-37)$$

在吸收过程中所生成的酸式盐 NH$_4$HSO$_3$ 对 SO$_2$ 不具有吸收能力，随着吸收过程的进行，吸收液中的 NH_4HSO_3 数量增多，吸收液的吸收能力下降，因此需吸收液中补充氨，使部分 NH_4HSO_3 转化为 $(NH_4)_2SO_3$，以保持吸收液的吸收能力。

$$NH_4HSO_3 + NH_3 = (NH_4)_2SO_3 \qquad (5\text{-}38)$$

湿式氨法吸收实际上是利用 $(NH_4)_2SO_3 \Longleftrightarrow NH_4HSO_3$ 不断循环的过程来吸收烟气中的 SO_2。补充的 NH_3 并不是直接用来吸收 SO_2，只是保持吸收液中 NH_4HSO_3 的浓度比例相对稳定。

氧化过程是用压缩空气将吸收液中的亚硫酸盐转变为硫酸盐，主要氧化反应如下：

$$2(NH_4)_2SO_3 + O_2 = 2(NH_4)_2SO_4 \qquad (5\text{-}39)$$

$$2NH_4HSO_3 + O_2 = 2NH_4HSO_4 \qquad (5\text{-}40)$$

$$NH_4HSO_4 + NH_3 = (NH_4)_2SO_4 \qquad (5\text{-}41)$$

氧化过程可在吸收塔内进行，也可在吸收塔后设置专门的氧化塔。而在氧化塔中发生的氧化反应仅有反应，这是由于吸收液在进氧化塔前已经发生过加氨中和，使其中的 NH_4HSO_3 全部转变为 $(NH_4)_2SO_3$，以防止 SO_2 逸出。

氧化后吸收液经加热蒸发，形成过饱和溶液，$(NH_4)_2SO_4$ 从溶液中结晶析出，过滤干燥后得副产品 $(NH_4)_2SO_4$，加热蒸发可利用烟气的余热，亦可用蒸汽。工艺流程如图 5-10 所示。

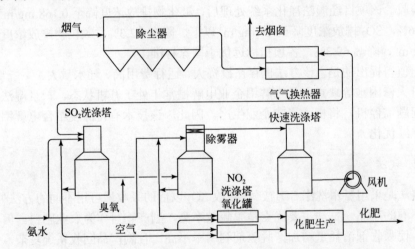

图 5-10　氨法脱硫工艺流程图

云南云铝涌鑫铝业有限公司采用了氨法电解铝烟气脱硫除氟除尘一体化技术，2012 年 9 月开工建设，2013 年 3 月建成，4 月第一次投料试运行，治理后 SO_2 排放低于 $30\,mg/m^3$，脱硫效率≥90%，F^- 排放浓度 $1\,mg/m^3$，脱氟效率≥90%，但后来因氨水腐蚀严重、运行成本高而停用[35]。

3. 循环流化床半干法

半干法脱硫技术（图 5-11）是把消石灰（Ca(OH)$_2$）浆液直接喷入烟气，或把消石灰粉增湿混合后喷入烟道，生成亚硫酸钙、硫酸钙和烟尘的混合物。脱硫过程中，在酸碱反应进行的同时利用烟气自身的热量蒸发吸收剂中的水分，使最终产物呈现为"干态"。在现有诸多半干法脱硫工艺中，应用最多的为循环流化床法。

循环流化床半干法脱硫技术工艺流程和电解铝厂烟气净化系统普遍使用的氧化铝干法净化工艺相似，将此技术移植至电解铝行业比较容易被运行管理人员接受，而且它具有工艺流程简单、投资成本较低、占地面积少、腐蚀性小、工艺可靠等特点。由于传统循环流化床脱硫技术阻力大，达到 3000～4000 Pa 以上，在运行成本上不具备优势。现阶段，国内已经有单位在传统循环流化床半干法脱硫技术基础上进行了优化，将脱硫系统运行阻力控制在 1500 Pa 以内。目前，有多个新建和改造项目中采用了此方案用于电解烟气脱硫并投入使用[36]。

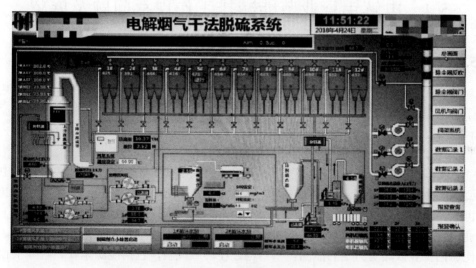

图 5-11　国内某半干法电解烟气脱硫系统运行画面

2018 年，河南万基铝业公司一分厂电解铝生产线 2 号烟气净化系统环保改造采用了半干法脱硫工艺，实施成功后，一分厂另外 2 个净化系统和二分厂 5 个净化系统升级及脱硫改造项目均开始实施。实际运行过程中，SO$_2$ 排放浓度低于35 mg/m^3，优于国家最新的排放标准，且已满足河南地区的超低排放指标。

4. 其他新技术

近年来，国内外多个研究单位针对电解烟气脱硫技术开展了一系列的探索。ALCOA 研发的 IDS 水平管道式脱硫技术，采用 NaOH 作为脱硫剂，在能耗较低的情况下，实现了 92%以上的脱硫效率。也可以在该脱硫装置中采用双碱法的工艺，从而采用更易获得的钙基脱硫剂，并且通常情况下脱硫副产品也更容易处理。

IDS 技术的主要技术参数如下：

液气比＜1.6 L/m^3；

喷嘴位置压力～14.1 mH$_2$O；

脱硫装置烟气侧阻力：250 Pa。

Rio Tinto 的铝业研发机构也研发了类似管道法加料的氧化铝干法净化工艺的 CHAC 技术，但该技术仍然处于研发及中试阶段。俄罗斯铝业公司（RUSAL）在 60%以上的电解铝产能中使用了钠碱湿法脱硫系统，此方法会产生大量饱和 Na$_2$SO$_4$ 溶液，需要大面积的土地用于脱硫副产品的湿法堆存处理，并且需要利用西伯利亚冬季低温天气析出浆液中的硫酸盐。此方案适用于俄罗斯西伯利亚地区广袤、严寒的特殊自然条件，在国内则难以满足[36]。

5.4　电解铝行业节能减排工作现存问题及展望

5.4.1　电解铝行业节能减排工作现存问题

纵观过去，虽然电解铝企业通过一系列的技改工程和管理措施进行了节能减排，但由于节能减排的理念、方法、能力等方面的欠缺，这些技术和管理手段没有发挥出最大的作用且难以持续，产生以上结果的原因有以下五个方面：

1）产业布局不合理，清洁能源占比低

我国电解铝产业布局不合理，有些工业企业当初考虑交通便利性，布局在中心城区或沿江、沿河、沿湖区域，环境空间被不断压缩，环境敏感程度增高；20世纪设计的企业，原燃物料堆场布局不科学，无组织排放问题突出。目前，铝工业还没有一个健全的生态环境准入条件和标准。污染物来自于能源和原燃物料，比如铝工业以煤炭为主的能源体系结构存在许多风险，包括能源紧缺、对外依存度高、排放量大、环境污染严重等，已不能适应当前绿色发展和生态文明建设的要求。煤改气、煤改电工作还没有实质性进展，清洁能源使用比例不高。

2）节能减排的业绩考核指标缺项或不明确

一些企业没有明确的节能减排考核指标，即使有也不作为重要项，长期忽视能效提升改善，究其原因是企业业绩考核更多关注的是产品的产量、质量，因为这些与产品的销售价格、企业业绩直接关联，指标显现明显，因此作为单位业绩考核的首选指标。有些企业对于产品单位成本也很关注，但长时间惯性思维认为节能减排空间不大，更多是在原料采购上不断降低成本，反而提高了产品能耗和排放，企业降本效果不明显，对于节能减排信心不足，节能减排积极性不高。

3）侧重技术投入而忽视管理

企业在提到节能减排管理时首先想到的是技术投入，采用的方法多是改造生产工艺和安装节能设备，尽管这样做也能够起到短平快的效果，却存在一些突出的问题：

（1）资金的限制。节能技术改造项目投资审批周期长且受预算限制，普遍的观念是没有经费就不开展节能活动。

（2）各项节能减排指标的制定往往只有大的经济指标和节能减排技术总指标，缺乏岗位一线员工可以有效落实的过程指标，部分指标无法落实到班组和个人；由于日常使用和管理不到位，新技术和新设备无法持续有效带来节能减排绩效提升。

（3）在指标考核管理上，以问责管理为主，缺乏有效的过程跟踪和业绩对话，不能及时发现和改善问题。

（4）缺少节能减排管理的专业组织机构，没有明确的节能减排控制目标和改善方向，基本上采用生产导向的决策方式，重产量，轻排放。导致节能减排管理工作缺乏整体性，重视程度和专业性不足，资源投入有限，因而节能减排的效果和进度受到显著影响。

4）节能减排计量不能满足持续改进的需求

科学合理地评价业绩是做好节能减排管理的前提。开展节能减排分析与评价、对标、标准化等工作必须有可靠的数据基础。为降低建设投资，一般情况是大部分能源介质计量只有总表，一部分关键设备和工艺缺乏计量表计，能源消耗只能按照产量进行分摊，无法真正体现各使用单位节能工作的实际成效。这样一方面造成使用单位对能效改善缺乏意识与积极性；另一方面，很多仪表精度不高，使生产操作无法做到精准计量控制，客观上增大了员工操作的随意性，直接造成能源浪费；另外，大多电解铝企业普遍存在环境监测仪器设备缺乏、老化、落后和自动化程度低，不能满足应急监测快捷、准确和有效的需求，不能实现环境监测信息共享。

5）缺乏专职的节能减排管理人才

从事企业节能减排管理的人员大多数是兼职身份，没有设专职岗位或培养专业节能减排管理人才，对节能减排的管理认识不足，缺乏专业人才支撑也是影响节能减排管理水平的主要因素。

5.4.2　电解铝行业节能减排展望

推动电解铝绿色低碳高质量发展，就要全方位贯彻"五位一体"总体布局和"四个全面"战略布局的要求，企业就要做好电解铝高质量发展的规划，为建设美丽中国、打赢蓝天保卫战做出积极贡献。

1. 调整电解铝产业布局结构

1）向具备清洁能源优势的地区集中

中国西南地区有水电资源优势和核电项目规划，海外铝土矿资源便利，可以有序退出常规燃煤发电炼铝，加快电解铝产能转移，推进水电铝、核电铝发展，减少电力跨区大规模调度，实现清洁能源就地消化利用。

2）向具备新能源优势的地区集中

西北地区环境容量大，通过区域内劣质煤电与风、光电组成智能微电网，积极发展风光煤电铝一体化，不仅可以推动电解铝能源结构转型，而且可以将电解铝布局结构调整与打好精准脱贫、污染防治攻坚战紧密结合，带动贫困地区经济发展。

3）向具备煤炭优势的边远地区转移

中东部地区的产能即使不能实现向西南、西北绿色转移，也要向具有煤炭优势且有一定环境容量的边远地区转移，并严格按照"就地消纳劣质煤"的煤电铝一体化模式，提升能源效率和边际效益。

4）要坚决淘汰落后产能

电解铝行业要坚决淘汰关停退出落后产能，并接受社会公众监督，有条件的电解铝企业可实施跨行业、跨地区、跨所有制减量化兼并重组，还可以通过开展国际产能合作转移部分产能。

5）投入到再生铝的发展建设

再生铝产品的生产较原铝生产对能源的消耗和对环境的污染大为减少，单位能耗和温室气体排放均不到原铝生产的 5%，再生铝具有能源消耗低、资源消耗低、污染物排放低、建设资金低和生产成本低等优点，摆脱了铝行业"价随电涨"的依赖，将再生铝产业作为主导产业更加有利于铝业市场的健康稳定和长期发展。

6）建设园区式的循环经济基地

节能减排工作是一项复杂的系统工程，涉及产业系统的不同主体、不同环节和不同层面。当前很多企业的节能减排工作多是围绕重点产品、重点企业以及重点行业开展，对企业与企业之间、同一产业链上下游之间以及不同产业之间的关联性重视不够，不同主体之间合作不充分、协调性不强，大大制约了系统层面节能减排潜力的挖掘。未来电解铝企业发展方向为园区式的产业布局，应当以矿山资源、港口矿资源为依托，重点发展企业与企业之间、同一产业上下游之间的生产基地。

2. 综合管理措施

1）健全和完善组织管理体系

依据企业的人员变动状况和相关的机构调整情况对节能减排工作小组的人员

进行调整。同时节能减排工作小组要加大工作力度，对于影响节能减排目标实现的相关问题，一定要慎重对待，在领导者的带领下充分进行讨论，积极提出自己的意见和建议。根据国家对节能减排工作提出的要求，合理设置相关机构，完善组织体系。

2）加强建设考核奖惩体系

对于节能减排的具体目标，要进行合理的分解，将一个大的目标分解细化，并将每一部分目标落实到具体的部门和负责人身上。加紧建立和完善相关责任的考核、评价以及奖惩制度，做好节能减排目标的落实工作，要将其作为绩效考核指标的一个方面，在可能的情况下，建立企业节能减排专项基金，利用考核工作促进节能减排工作的顺利进行，对在节能减排工作中有突出贡献的个人或集体进行表彰和丰富的物质奖励。对没有完成节能减排基本指标、工作不积极的个人或集体给予通报批评并且要对其采取相应的惩罚措施。

3）不断完善统计监测体系

随着社会的发展，国家逐渐增加对节能减排工作的考核指标，我们要积极贯彻国家的相关文件，在进行节能减排工作时要按照最新的要求，不断地加强对统计发放和技术标准等的改进和研究，更好地做好统计报表工作。不断完善环境监测体系，使其更加信息化和标准化。加强对排污设施的自动监测，提高污染治理设施的自动化水平，加紧开发污染源的实时监测平台，提高监测的数字化和信息化水平，做好污染物排放的管理工作，对单位产品污染物的排放量进行认真的统计。

4）推广重点节能减排新技术

国家产业转型升级离不开科技进步，对于企业来讲也不例外，电解铝企业需要在无效应技术、低电压技术、新型阴极、新型结构槽、阻流块技术、电解铝烟气净化和大修渣无害化资源化等方面加大投入，不断研发电解铝节能减排新技术[37]。

参 考 文 献

[1] 王祝堂. 2015 年全国淘汰电解铝 362kt[J]. 轻合金加工技术, 2016, 12: 35.

[2] 潘春玲, 吴义千. 有色金属工业污染现状及防治对策[J]. 有色金属工程, 2000, 52(1): 83-85.

[3] 周蕾, 张立民, 孙宏, 等. 电解铝行业清洁生产实践[J]. 环境保护与循环经济, 2011, 31(3): 43-45.

[4] 杨宝刚, 于佩志, 于先进, 等. 电解铝生产用的惰性电极材料[J]. 轻金属, 2000, 5: 32-35.

[5] 李振宇. 电解铝企业的环境污染问题及治理措施[J]. 有色矿冶, 2015, 6: 45-47+57.

[6] 张长征. 电解铝厂规模电解槽容量与环境保护探讨[J]. 军民两用技术与产品, 2016, 12: 136-136+122.

[7] 牛文玮. 铝电解净化除尘器探讨[J]. 世界有色金属, 2016, 8: 21-24.

[8] 李龙. 铝电解烟气污染的综合治理[C]. 有色金属工业科学发展——中国有色金属学会第八届学术年会论文集, 2010: 577-579.

[9] 孙宏, 周蕾, 张立民, 等. 电解铝行业清洁生产工艺分析[J]. 环境保护与循环经济, 2011, 31(4): 37-38.

[10] 国家环境保护局科技标准司. 工业污染物产生和排污系数手册[M]. 北京: 中国环境科学出版社, 1996.

[11] 陈功, 石忠宁, 史冬, 等. 铝电解工业中全氟碳化物排放[J]. 有色矿冶, 2010, 26(1): 50-53.

[12] 王宗贤. 石油焦脱硫——综述[J]. 世界石油科学, 1995, 000(001): 82-87.

[13] KIMMERLE F M, NOEL L, PISANO J T. COS: CS_2 and SO_2 emissions from prebaked hall heroult cells[J]. Light Metals, 1997, 5: 153-158.

[14] 高守磊, 王平甫, 夏金童, 等. 铝用阳极中微量元素的来源、危害及生产中的检测和控制[J]. 轻金属, 2006, 11: 59-63.

[15] 赖延清, 刘业翔. 电解铝炭素阳极消耗研究评述[J]. 轻金属, 2002, 8: 3-7.

[16] VOGT F. A preview of anode coke quality in 2007[C]. 133rd TMS Annual Meeting, 20(4): 489-493.

[17] 耿玉伟, 刘方波. 电解铝清洁生产工艺分析与评价指标体系[J]. 轻金属, 2017, 8: 25-29.

[18] 杜华, 王桂芳. 侧插自焙阳极电解槽工艺一氧化碳排放分析[J]. 辽宁城乡环境科技, 1999, 6: 69-70.

[19] 任妮. 氧化铝输送及电解烟气净化控制系统设计[D]. 兰州: 兰州理工大学, 2011.

[20] 谢青燕, 周长灵, 岳雪娇. 电解铝残极清理的工艺改造与污染控制[J]. 能源与环境, 2015, 133(6): 82-83+5.

[21] 郑瑜. 电解铝厂周边氟化物污染特征研究[M]. 呼和浩特: 内蒙古大学. 2010.

[22] 铝道网. 电解铝厂烟气粉尘无组织排放的有效解决方案[Z/OL]. http: //info. pf. hc360. com/2019/08/300945622136-2. shtml. 2019.

[23] 李朝辉, 郑瑜, 周呼德, 等. 氟化物排放分析及防治对策探讨——以包头铝业股份有限责任公司为例[J]. 环境与可持续发展, 2013, 38(1): 44-46.

[24] 李朝辉, 肖春, 郑瑜. 电解铝行业电解天窗无组织排放氟化物采样及分析方法讨论[J]. 环境可持续发展, 2013, 2: 64-66.

[25] 宋海琛, 孔晔. 电解车间残极氟化物无组织排放状况的分析及措施[J]. 轻金属, 2018, 4: 20-23.

[26] 吕维宁, 邓翔. 铝电解工业 $PM_{2.5}$ 超细粉尘的控制技术研究[J]. 中国环保产业, 2013, 9: 24-27.

[27] 赵劲松. 大容量铝电解槽烟气净化用滤料开发与应用[C]. 全国第十四次铝电解和第十次铝用炭素技术信息交流会论文集. 2007: 54-58.

[28] 杨晓军, 郭克敏. 两种大型袋式除尘器在铝电解烟气干法净化中的应用[J]. 轻金属, 2004, 3: 41-44.

[29] 刘海刚. 铝电解含氟烟气净化技术的探讨[J]. 广州化工, 2014, 42(18): 177-178+202.

[30] 邱静茹, 王飞, 赵丹丹, 等. 湿法净化铝电解含氟烟气的工艺研究[J]. 广州化工, 2014(24): 63-64+110.

[31] 熊光辉, 李来生. 电解铝厂含氟烟气处理方法比较及湿法处理简述[J]. 环境与开发, 1994, 2: 276-278.

[32] 赵军, 黄哲, 李俊飞, 等. 电解铝行业大气氟化物排放控制[J]. 东北师大学报(自然科学), 2015, 47(3): 143-148.

[33] 李振宇. 干法净化技术在铝电解烟气治理中的应用[J]. 湖南有色金属, 2010, 26(1): 40-44.

[34] 顾莉娟. 电解铝烟气治理技术的应用[J]. 环境与发展, 2018, 30(8): 229-230.

[35] 余创, 彭学斌, 田林, 等. 电解铝烟气脱硫技术研究进展[J]. 云南冶金, 2019, 48(4): 40-43.

[36] 袁永健, 黄莉莉. 浅析铝电解槽烟气脱硫技术[J]. 轻金属, 2019, 7: 33-36+45.

[37] 王世兴. 浅谈电解铝行业的节能减排工作[J]. 有色冶金节能, 2019, 35(1): 17-20.

第6章 再生铝工序大气污染物控制

6.1 再生铝产业发展现状

再生铝是以废铝制品为原料，通过对回收的废铝进行有效的预处理，再经二次熔化提炼生产出的铝产品[1]。它可作为一种可以重复利用的资源，能解决我国铝土矿资源短缺的问题。与电解铝相比，再生铝充分利用了铝的可循环再生特性，具备流程短、能耗低等特点，可提高能量和资源的利用率[2, 3]。据测算，1吨再生铝能耗仅为电解铝能耗的3%～5%，每生产1吨再生铝可节约标准煤3443 kg，少排放0.8吨的CO_2和0.6吨的SO_2，节省10吨以上的水，减少20吨的固体废物[4, 5]。随着我国供给侧结构性改革的稳步推进，再生铝产业作为战略性新兴产业，符合中国构建资源节约型、环境友好型社会的需要，再生铝产业的发展前景广阔。图6-1显示了2010～2019年我国再生铝产量增长情况。2010年以来，我国再生铝产量始终稳步增长，2019年再生铝产量已经增加到715万吨，同比增长2.88%。

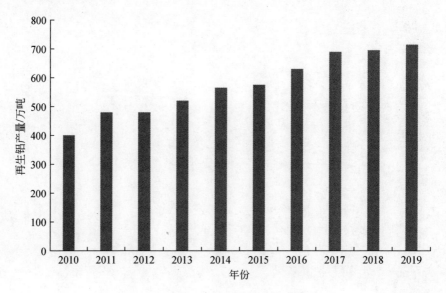

图 6-1 2010～2019 年中国再生铝产量

6.2　再生铝生产流程及污染物来源

6.2.1　再生铝生产主要流程

因废铝杂质元素较多，不同成分的合金相互混杂，回收的废铝需要预处理、熔炼净化后，才可再生利用，其生产主要工艺流程如图 6-2 所示[6]。再生铝的生产中，预处理、废铝熔炼和熔体净化是影响再生铝产品的关键单元[7]，为此，针对这三个单元，研发了许多相关技术[8,9]。

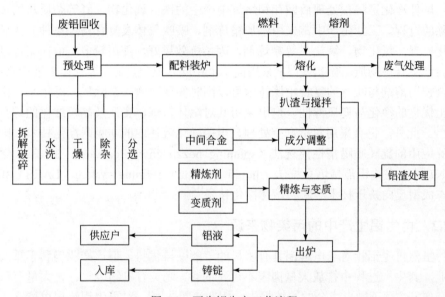

图 6-2　再生铝生产工艺流程

预处理的目的是将不同形状、大小的废铝拆解破碎，去除废铝中杂质，使其达到熔炼要求。根据废铝中杂质的种类，预处理采用的技术不同，分离有机杂质时，常采用干湿法、流化床法、脱漆炉装置[10,11]来去除废料上漆膜涂层；分离废纸、塑料等轻质夹杂时，常采用风选法、浮选法[12]；而对于特定类型的杂质还有专门的去除方法[13,14]，如对于导线类废铝，可采用加热与机械揉搓等相结合的处理方法，对于金属杂质，可采用磁选、重力分选、涡流法等技术来分离。为了解决合金成分混杂的问题，国外研发了许多新技术[15,16]，如颜色分选技术、激光诱导能谱分析技术、结合重量和三维形状参数的自动分类技术等。这些技术可将废铝按牌号进行更细致的分类，进而更充分利用不同类型的废杂铝。

废铝熔炼是将废铝熔为所需铝液的过程，该过程中存在烧损大、能耗高的问题。现有方法主要从改进熔炼工艺以及设计高效节能、快速熔化及控温精确的熔炼设备两方面入手。改进熔炼工艺包括改变废铝料的尺寸大小、比表面积等在内的物理形态和投料方式，选择合适加热方式，控制熔炼时间，余热回收，添加覆盖剂等[13, 17, 18]；设计先进熔炼设备方面，目前较为成熟的是双室反射炉[19]。该设备利用过热铝液融化废铝，避免了与火焰接触，降低了铝液烧损，而且利用回收余热预热铝料，缩短了熔炼时间，减少了燃料消耗。此外还研发出一些新技术[20-22]，如电磁搅拌技术、自动加料及多室熔炼技术、高效燃烧技术。这些技术通过控制熔体温度均匀性、熔炼方式等达到降低烧损和节能降耗的目的。

熔体净化是将预处理后残存和熔炼中产生的铁、氧化物、氢等杂质从熔体中去除的过程。工业生产中常采用添加精炼剂、喷吹气体及复合精炼三种方式进行净化处理。氯化物、氟盐[10]等精炼剂，因精炼效果好，使用较多，但在熔炼过程中会产生有害物质。喷吹法[20]常采用向铝液中吹入氮气、氯气等气体来进行除质。结合使用溶剂与吹气的复合精炼技术可以同时实现高效除杂除气。近年来，由于稀土优良的净化与变质特性，也出现用其对熔体精炼、变质及晶粒细化的综合处理[23]。此外，也有采用包括真空处理、电磁净化等在内的非吸附净化技术，国外广泛应用的旋转喷嘴惰性浮选法（spinning nozzle inert floatation，SNIF）、熔体MINT 法、在线铝液精炼系统法（liquid aluminum refining system，LARS）和半固态成型反向挤压技术等新型熔体净化技术[14, 17, 24]。

6.2.2　再生铝生产中的污染物来源

虽然再生铝相对于电解铝具有明显的节能减排优势，但该产业仍属于重污染工业，其生产过程中排放大量肉眼不可见的含二噁英有机物废气、含大量有毒有害金属和二噁英剧毒成分的冶炼烟尘、铝灰渣粉尘[25]。对再生铝流程可能产生污染物环节进行分析如下：

1）预处理过程

拆解、破碎、除铁、分选、水洗和打包等预处理过程，除产生大量粉尘外，一般不会产生其他污染物。但对于易拉罐、牙膏皮、包装盒、铝线电缆、废机件等这类表面多附有漆涂料、塑料、橡胶和石油类等有机物的废铝料，若不经预处理直接入炉，必将产生大量的有机废气。

2）废铝熔化过程

在废铝熔化过程中，采用的燃料主要有煤、焦炭、重油、柴油、煤气、天然气等，燃料在燃烧之后，产生的废气中含有大量的烟尘和含硫、碳、磷和氮的氧化物等气体；炉料（废铝）加热之后，废料本身的油污及夹杂的可燃物会燃烧，也会产生大量含硫、碳和氮的氧化物。

3）熔体净化过程

为了提高产量和质量，熔体净化通常要加入一定数量的覆盖剂、精炼剂和除气剂，这些添加剂与铝熔液中的各种杂质进行反应，产生大量的废气和烟尘，这些废气和烟尘中含有各种金属氧化物和非金属氧化物，同时还可能含有有害物质，这些都可能对环境产生污染。

6.3 铝再生工业污染物排放特征及标准

6.3.1 铝再生工业污染物排放特征

铝再生工序产生的烟气成分受诸多因素的影响，如废铝行业原料的来源渠道、废料的品种、受到污染程度、采用的熔炼技术、选用的燃料和添加剂成分、工艺操作参数。但总的来说，铝再生工序产生的烟气主要有以下特征[26-28]：

（1）烟气温度高；铝熔炼炉在炉况正常的情况下，与加料口的野风混合，其烟气的温度不超过 200℃；一旦加料缺乏及时性，那么空炉、棚料或者是打炉，其瞬间的烟气温度就会骤然升高，并且超过 300℃，直接增加了气体输送与干法除尘的难度。

（2）粉尘过多；微粉的比例大，而且大部分微粉都不亲水。铝熔炼炉原始烟气（不计高温膨胀，不计野风）的含尘量为 $10\sim16~g/m^3$。

（3）烟气含有酸性氧化物及氟化物；在焦炭燃烧的过程中，会产生 SO_2、HCl 和 NO_x，这些都溶于水，呈现酸性。如果用干法除尘，可直接排空；如果用湿法除尘，水呈现的酸性会腐蚀设备，对人也有危害，还容易污染水质和农作物。

（4）不同再生铝企业的烟气二噁英毒性当量排放浓度差异大（表 6-1）；二噁英毒性当量排放浓度受诸多因素影响，如原料种类、燃料、冶炼温度控制、废杂铝的洁净程度和尾气处理装置等都存在较大差别。

（5）不同再生铝企业的烟气中 17 种二噁英（PCDD/Fs）异构体分布特征均存在明显差异（图 6-3），$R_{PCDF/PCDD}$（PCDFs 与 PCDDs 的比值常被用来判断烟气中 PCDD/Fs 的生成机制）变化范围较大（1.7～12.6）。

表 6-1 不同企业信息及其二噁英毒性当量排放浓度

项目	A 企业	B 企业	C 企业	D 企业	E 企业	F 企业	G 企业
年产量/万 t	1.86	3.05	5.08	1.5	0.6	18	2.2
原料种类	铝渣、铝灰	铝废料、废铝制品	铝废料、废铝制品	铝废料、废铝制品	铝锭	铝废料、渣/铝锭	铝废料、铝线/锭
炉型	坩埚炉	反射炉	反射炉	反射炉	反射炉	熔炼炉、精炼炉	熔炼炉、调整炉

续表

项目	A 企业	B 企业	C 企业	D 企业	E 企业	F 企业	G 企业
燃料	天然气	煤碳	天然气	天然气	天然气	天然气	重油
烟气处理设置	水喷淋	旋风喷淋除尘器	水冷却+布袋脉冲除尘	布袋除尘	文丘里水膜除尘器	集尘罩、布袋除尘	水喷淋除尘
烟气毒性当量浓度/（ng TEQ/m³)	0.12	0.16	0.015	0.15	0.019	2.14	0.88

注：A～E 企业参考文献[28]，F 和 G 参考文献[29]

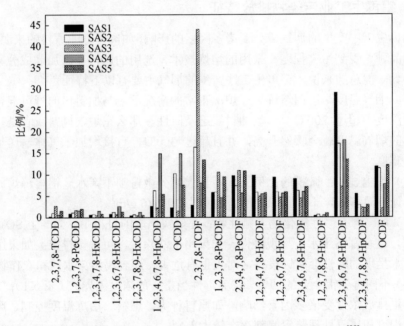

图 6-3　　五家不同再生铝企业烟气中二噁英异构体分布特征[28]

6.3.2　铝再生工业污染物排放标准

铝再生工业排放的烟气中含有二氧化硫、粉尘、氮氧化物、重金属及二噁英等多种大气污染物，直接排放将对环境造成重大影响。因此，我国环境保护部 2015 年颁布了《再生铜、铝、铅、锌工业污染物排放标准》（GB 31574—2015)，对再生铝冶炼过程产生的大气污染物提出了明确的要求，各种大气污染物排放限值见表 6-2。该国家标准规定，新建企业自 2015 年 7 月 1 日起执行表 6-2 规定的大气污染物排放限值。现有企业在 2017 年 1 月 1 日以前仍执行现行标准，自 2017 年 1 月 1 日起，执行表 6-2 规定的大气污染物排放限值。

表 6-2　大气污染物排放限值　　　[单位：mg/m³（二噁英类除外）]

序号	污染项目	排放限值	特别排放限值	污染物排放监控位置
1	二氧化硫	150	100	
2	颗粒物	30	10	
3	氮氧化物	200	100	
4	氟化物	3	3	
5	氯化氢	20	20	
6	二噁英类	0.5 ng TEQ/m³	0.5 ng TEQ/m³	
7	砷及其化合物	0.4	0.4	
8	铅及其化合物	1	1	车间或生产设施排气筒
9	锡及其化合物	1	1	
10	镉及其化合物	0.05	0.05	
11	铬及其化合物	1	1	
单位产品基准排气量/（m³/吨产品）		炉窑	10000	排气量计量位置与污染物排放监控位置一致

6.4　铝再生工业二噁英控制技术

二噁英具有很强的生物毒性，同时具有难以降解、可在生物体内蓄积的特点，进入环境将长期残留，对人类健康和可持续发展构成威胁。随着我国社会经济持续迅速发展，二噁英产排量呈逐渐明显上升势头，我国二噁英污染防治面临严峻形势。有色金属冶炼，尤其是再生金属冶炼过程是二噁英的重要排放源。而再生铝行业二噁英排放量又居再生金属工业之首，因此有效控制再生铝行业二噁英污染具有现实意义。

6.4.1　二噁英（PCDD/Fs）生成机理

二噁英（PCDD/Fs）是再生铝冶炼过程中主要的污染物之一。它在再生铝冶炼过程中的产生机制可分为：原物料铝渣中含有未完全破坏的 PCDD/Fs；在"熔炉"形成，例如经由化学释放前驱物所形成；"从头合成（De Novo）"反应经由碳及无机氯在低温再合成。二噁英主要生成机理示意图如图 6-4 所示[30]。

原物料铝渣中含有未完全破坏的 PCDD/Fs，在温度不足以导致彻底分解前会使 PCDD/Fs 释放出。在燃料不完全燃烧的情况下也会产生不完全燃烧的产物如氯苯、氯酚及多氯联苯，这些前驱物反应也会形成 PCDD/Fs。而在熔炉内，燃烧时常会形成环状结构之烃类化合物的燃烧型中间产物，如有"氯"存在则也促进产生 PCDD/Fs。

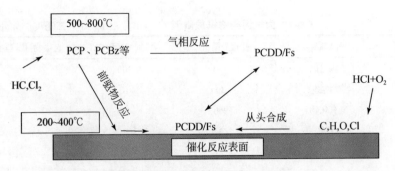

图 6-4　二噁英主要生成机理示意图

"从头合成"的最佳反应温度约为 250~400℃，氧化物分解及微分子碳结构经转化成为芳香族化合物。原料中携带的油和有机物以及其他碳源（部分用于燃料，部分用于还原剂，例如焦炭），都可以产生一些碳的细粒颗粒物，这些细粒颗粒物可以在 250~500℃的条件下与有机或者无机氯元素反应生成 PCDD/Fs。这一过程就是从头合成反应，原料中夹带铜和铁等金属，对这一反应起到催化作用。

废铝料中含有油脂、油漆涂料、塑料、橡胶等有机物，在脱除有机物预处理过程中，脱除温度一般在 550℃左右，必将生成含有大量氯苯、多氯联苯、苯并芘、三苯等有毒有害有机废气，大量含苯环结构的有机物很容易生成二噁英，若不脱除有机物而直接入炉熔炼（铝料熔化温度一般在 700℃左右），大量含氯有机物入炉后因受热同样会生成大量含苯环结构的有机气体，在烟道中大量生成 PCDD/Fs 是很难避免的。此外，二噁英很容易在细小颗粒物上富集，富集量可达 75%以上，在铝灰渣再综合利用过程中又会因受热再次释放出来。

依据 PCDD/Fs 的产生机理，含废铝原料的预处理和入炉熔炼温度都不超过 800℃，大量含苯环结构的有机物尚不足以发生大量热解，二噁英生成方式应以"前驱体合成"和"热解反应合成"为主。由废铝原料中夹带有机物杂质直接提供了其"前驱体"及含苯环结构化合物，废铝中含氯化合物（如 PVC 等）和熔化炉加入的氯盐熔剂提供了氯源，废铝的铁、铜等杂质变成了生成二噁英的催化剂。

6.4.2　源头削减和过程控制技术

《二噁英污染防治技术政策》（征求意见稿）明确提出"二噁英污染防治应遵循全过程控制的原则，通过加强源头削减、优化过程控制、积极推进污染物协同控制与专项治理相结合的技术路线，减少二噁英的产生和排放"。

1. 源头削减

源头削减是指采取有效预处理技术，尽量减少含氯等易产生二噁英的物质的入炉量，从而达到减少二噁英生成的目的，其相关的技术或措施如下：

（1）首先要对废铝料进行十分严格的分类、分选，以最大限度减少油脂、油漆、涂料、塑料和橡胶等有机物以及铁、铜等其他金属的入炉量，并需对含有机物的废铝料专门加工处理。

（2）分选出的含有机物废铝料应单独进行脱除处理，目前已有专门的去除涂层机（如加拿大 Alcan 的流化床除漆[31]）、干燥机（床）、脱除炉窑（如平流窑、逆流窑、回转窑、竖窑[32]）等脱除设备。既可以分批次脱除，又可以连续式脱除，但必须对脱除过程产生的有机废气进行焚烧处理，采用"3T+E"技术[33]：焚烧炉膛温度控制在 850℃以上，烟气在高温区停留时间在 2 s 以上，高温区应有适量的空气（含氧量保持在 6%以上）和充分的紊流强度；这样，99%以上的 PCDD/Fs 及其他有机物都会被高温分解。为了避免"从头合成"，可向焚烧炉内或烟道中（或设置专门装置）喷入碱性物质（如石灰石或生石灰），使可生成 PCDD/Fs 的氯源减少 60%～80%[33]，向炉内喷氨（氨对 Cu 等金属的催化活性有抑制作用）也可以达到类似效果[9]。其原理是通过吸收烟气中的 HCl 和 Cl_2 生成 $CaCl_2$ 等，并进而抑制 HCl 分解生成 Cl_2，从而达到减少氯源的目的[34]。同时，对烟气进行急冷（如喷雾冷却），使其快速降至 180℃以下，以最大限度减少 PCDD/Fs 在易生成温度区间的停留时间（这类急冷技术在欧、美、日等已得到广泛应用，且效果良好[35]），预计 PCDD/Fs 的生成量可减少 60%～95%[33]。喷入碱性物质可与急冷合并成一套装置，如喷入石灰水溶液、$NaHCO_3$ 溶液或氨水，既可以减少生成 PCDD/Fs 的氯源，又可以缩短烟气在 PCDD/Fs 易生产温度区间的停留时间。此外，由于脱除了废铝料中的有机物，后序熔炉铝液中残碳量的减少，还可以使金属铝回收率最大增加 4%[32]。

（3）国内再生铝企业基本上都未设置有机物脱除及有机废气焚烧装置，分选出的含有机物废铝料大多经过预热或不经预热直接入炉熔炼，此时 PCDD/Fs 主要产生于预热阶段和熔炼过程的初始阶段（边加料边熔化阶段）。这种情况下可在熔炼炉尾部烟道（或设置专门装置）喷入碱性物质，也可以与烟气急冷合并。为了减少投资，这类含有机物废铝料应全部集中在同一座反射炉熔炼；这样，就可以只设置一套 PCDD/Fs 减排设施，应与有机废气焚烧装置合并考虑。

（4）林德气体公司 Wastox 氧气喷枪专利技术也可以使 PCCD/Fs 排放量明显降低[36]。其基本原理是将氧气喷枪设在熔炼炉废气出口附近喷入 O_2（超过理论量），使有机成分快速充分燃烧，各类挥发性有机化合物减排效率可以达到 98%。不仅可以大幅度降低 PCDD/Fs 净化设施的投资（与焚烧法相比），而且还能使"有机污染物替代部分矿物燃料"，可以降低生产过程中的能源消耗（$1 m^3$ 氧气使有机物燃烧可减少矿物燃料能量消耗 2～6 kWh、折合 0.25～0.74 kg 标准煤），其投资回收期一般不到 1 年（含节省的环境成本），同时还能在一定程度上放宽对含有机物废铝原料的限制。该技术已经应用到铜、铝、铅、锌、贵金属等工业中的 250 余台熔炼炉，其中 130 余台应用于铝工业，约 90 台再生铝熔炼炉采用了这一技术。

奥地利的 AMAG 公司用平行双通道和单通道回转炉生产用于铸造工业的铝锭，为了满足对排放物水平的严格法规要求，在两种炉子中都安装了 WASTOX 喷枪[36]。该公司对该技术的评价是："WASTOX 对于我们来说是一种极有效的，低成本高效率的方法，能严格控制排放物，使我们的工厂运转良好。不仅有环境效益，而且使我们的炉子操作安全，工人健康。"

（5）采用较高含硫量的燃料也可以使 PCDD/Fs 生成量明显减少。其原理在于两个方面，一是燃料燃烧生成的 SO_2 和少量 SO_3，与烟气中的 Cu^{2+} 反应生成 $CuSO_4$，降低了 Cu 的催化活性；二是 SO_2 与 Cl_2 和 H_2O 反应生成 HCl 和 SO_3，消耗了有效氯源、削弱了芳香族化合物的氯代作用，而减少了 PCDD/Fs 前驱体的生成量[34, 37, 38]。如果 SO_2 排放浓度或排放总量超标，可在炉后烟道尾部喷入石灰浆液（即半干法脱硫），既可以脱除 80%～90%的 SO_2，同时又可以达到减少氯源和快速冷却，并进而达到有效减少 PCDD/Fs 生成量的目的，但有可能会对铝灰的综合利用产生一定的不利影响。

2. 过程控制

过程控制是指在不影响产品质量和工艺稳定运行的情况下，优化生产工艺、调整工艺操作参数，以求减少 PCDD/Fs 产生的目的。例如，保持燃烧炉的温度在 850℃以上可以分解 PCDD/Fs。通过对温度、停留时间、气体和烟尘组分进行连续监控，以求通过优化操作过程，改善工作条件来减少二噁英的产生。此外，也可以将废铝料熔炼炉（有机物脱除炉）烟气进行循环作助燃空气（即含 PCDD/Fs 废气循环），经过炉膛燃烧区高温焚烧以后，PCDD/Fs 排放总量可以明显降低（降低程度取决于烟气的循环量），同时又利用了烟气余热、节约了能源。

6.4.3　末端治理控制技术

源头削减和过程控制能一定程度减少二噁英生成，但经过这两阶段处理的再生铝烟气仍不能满足排放要求。因此，在末端还需采用相应的净化技术进行治理。再生铝烟气末端治理技术包括选择性催化还原（SCR）脱硝协同二噁英催化降解技术、催化过滤技术、活性炭吸附技术、高效过滤技术和电子束分解技术等。

1. SCR 协同二噁英催化降解技术

采用传统的 SCR 催化剂（如 V_2O/TiO_2 和 V_2O_5-WO_3/TiO_2 等）也能催化降解工业烟气中的二噁英。SCR 装置原本用于烟气的脱硝，其原理是在催化剂的作用下，还原剂 NH_3 在特定的温度区间内有选择地、优先地将 NO 和 NO_2 还原成 N_2。随后的研究发现，SCR 装置在脱除 NO_x 的同时，也能协同脱除降解二噁英类有机污染物[39, 40]，目前该技术已成功应用于垃圾焚烧、钢铁烧结等烟气净化。Wang 等[41]认为含氯有机污染物在 V_2O_5/TiO_2 催化剂表面催化分解的关键步骤如图 6-5

所示：首先，氯苯（A）通过亲核取代（C—Cl 键断裂）吸附至催化剂表面有效活性位（V＝O 结构）形表面酚盐（B）；随后被表面活性氧物种攻击，发生亲电子取代形成苯醌类物质（C，D）；此后，在活性氧持续攻击下，苯醌类物质发生断环形成非环类物质（E，F，G）；在此同时，$V^{5+}O_x$ 自身被还原成 $V^{4+}O_x$。若此时反应气氛中有氧气存在，$V^{4+}O_x$ 可重新被氧化成 $V^{5+}O_x$，实现催化剂循环使用。

图 6-5　氯苯在钒基催化剂表面催化降解反应机理示意图

中国科学院过程工程研究所[42]研究了 V_2O_5-WO_3/TiO_2 催化剂同时去除氮氧化物和二噁英时，反应温度对催化剂分解 PCDD/Fs 同系物的影响，结果如图 6-6 所示。研究发现，所有同系物在用 V_2O_5-WO_3/TiO_2 催化剂处理后都显示出明显的减少，在 220～300℃的温度范围内，较高的温度有利于 PCDD/Fs 分解。此外，西北化工研究院开发 V_2O_5-WO_3/TiO_2 催化剂氧化分解技术，在 240～320℃试验条件下，PCDD/Fs 去除率达 95%～99%[43]；连续运行 400 多小时，催化剂仍表现出优

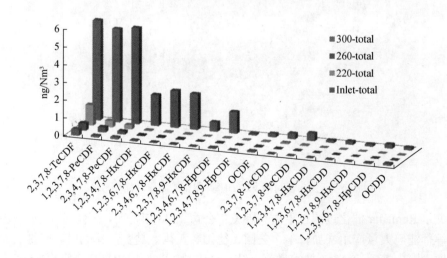

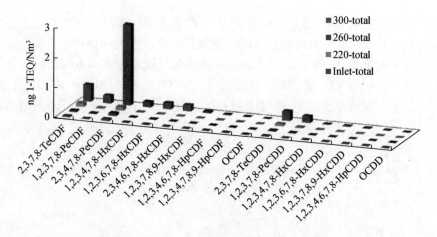

图 6-6　入口和出口样品的 PCDD/Fs 同系物

良的活性，在 240℃右较低温度下，催化活性最佳。考虑到催化剂的中毒问题，催化反应装置一般宜设在布袋除器后，但此时烟气温度已低于 150℃更低，尚需对烟气进行加热。此外，由于催化剂的成本高且对烟气温度及烟气成分具有一定的要求，目前国内再生铝产业选择性催化还原技术应用很少。

2. 催化过滤技术

催化过滤技术是采用催化剂滤布将"表面过滤"和"催化过滤"两种技术相结合的"覆膜催化滤袋"技术，其典型代表为戈尔公司（W.L.Gore & Associates）研制开发的 Remedia 覆膜催化滤袋系统，催化滤袋的原理如图 6-7 所示[35]。

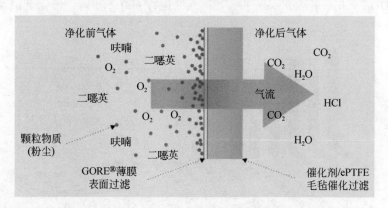

图 6-7　戈尔公司研发的二噁英催化滤袋原理简图

戈尔 Remedia 催化过滤技术由美国戈尔公司 1998 年发明，在废铝再生、垃圾焚烧等行业已大量应用（如日本、美国、德国、英国、捷克、比利时、奥地利、新加坡、泰国、巴西等），该技术目前已经十分成熟。滤袋由 ePTFE 薄膜（Gore-Tex

薄膜）与催化底布组成，底布为针刺结构，纤维由膨体聚四氟乙烯复合催化剂组成，集高效除尘与催化氧化于一身。烟气通过催化滤袋时，烟气中的粉尘先由滤袋表面的高精度微孔薄膜去除，穿过表面薄膜的二噁英则被催化剂底料在 180～260℃有效分解成 CO_2、H_2O 和 HCl 等小分子。与传统技术相比具有如下特点：

（1）颗粒物去除效率高，排放浓度可达 1 g/m³。

（2）固气态 PCDD/Fs 去除率高（可达 99.9%和 97.8%，总去除率达 98.4%），排放浓度可低于 0.1 ng-TEQ/m³，气态 PCDD/Fs 在低温状态（180～260℃被彻底分解，而不是吸附转移。不存在 PCDD/Fs 的再次合成和二次污染。

（3）不需要喷吸附剂或碱性物质，不需要改造现有设备，只需要更换除尘器滤袋，施工简单方便。

（4）阻力小，28 次/天清灰时为 1500 Pa。

（5）ePIFE 薄膜滤袋抗腐蚀性强，适用于酸性烟气。

（6）滤袋寿命长，一般可达 6 年以上。

3. 活性炭吸附技术

活性炭吸附技术能同时去除多种污染物，早在 20 世纪 90 年代，日本和欧洲等国家和地区就已将活性炭吸附技术应用于垃圾焚烧烟气处理，是应用最为广泛的二噁英净化技术之一。活性炭对二噁英有很高的吸附能力，它的应用可以分为携流式、移动床和固定床 3 种形式，三种技术比较如表 6-3 所示。

表 6-3　固定床、移动床和携带流活性炭吸附形式比较

吸附形式	布置位置	活性炭粒径	后处理	工作方式
固定床	除尘后	1～4 mm	热脱附处理后可重复利用	床层定期更换
移动床	除尘后	1～4 mm	热脱附处理后可重复利用	连续
携流式	除尘前	0.2～0.4 mm	水泥、熔融固化或填埋	连续

（1）携流式是指在除尘器前烟道（或设专门装置）喷入吸附剂，吸附 PCDD/Fs 后的吸附剂被除尘器脱除，从而达到减排目的。

（2）移动床是指吸附剂从吸附塔上部（或下部）进入从下部（或上部）排出，一般设在除尘器后（设在除尘器前会降低脱除效果，并增加运行成本），但一次性投资比较大，对失去活性的吸附剂可焚烧处理。

（3）固定床中吸附剂是不动的，烟气流过其表面时，PCDD/Fs 被脱除。

相对而言，携流式投资费用更省一些，废气中 PCDD/Fs 脱除效率为 70%～90%，最高可达 95%以上，与无吸附剂喷入时相比，PCDD/Fs 排放浓度可降低一个数量级；该技术除要求吸附剂具有高比表面积、喷入时要求分散均匀性要好外，同时还要考虑防止引起火灾和爆炸等安全问题，如吸附剂改为褐煤、焦炭或活性炭与石灰的混合物。

固定床和移动床结构较为复杂，再生铝行业目前没有应用实例。而携流式由于投资成本少、结构简单、操作方便、脱除效率高且适用于大型熔炼炉等优点，在再生铝领域应用最为广泛。活性炭携流式通常结合布袋形式进行二噁英和粉尘协同去除，其工作原理图如图6-8所示。

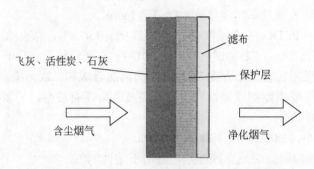

图 6-8　活性炭携流式结合布袋工作原理简图

再生铝活性炭技术应用实例[44]：某再生铝合金公司主要生产原料为废铝料，因原料分选残留的含氯塑料等成分的存在，其熔炼过程中将产生二噁英。为减少二噁英的产生量，该公司已采取两个方面的技术措施：①加强原料分选，降低入炉原料含氯塑料的含量；②改进熔炼炉结构，在工艺和节能要求允许的情况下，提高燃烧温度，减少二噁英的产生。采取上述措施后熔炼废气二噁英类浓度为0.94 ng-TEQ/m³，仍然高于相关排放要求，需要采取措施进一步去除二噁英。重庆市环境保护工程设计研究院有限公司为该公司设计了"活性炭吸附+布袋除尘器"工艺对其进行处理，在现有除尘系统前段增设活性炭投射系统。其活性炭加料工艺流程和工作原理如图6-9。

活性炭加料系统由储存罐、螺旋定量喂料器、射流器、压缩空气管和输送管等组成。活性炭置入储存罐中储存待用，储存罐中设有搅拌装置，防止活性炭板结堵塞喂料口。储存罐底部安装螺旋定量喂料器，定量将活性炭送至射流器中，射流器在压缩空气的作用下，将活性炭吹走并通过输送管道喷入除尘器入口烟道内，与烟气混合，进入布袋除尘器。储存罐为密闭结构，总容积1 m³，最大有效容积0.8 m³，最大装入量约400 kg，顶部设加料口和通风口，通风口用DN100钢管接入除尘器进风管，使罐内形成负压，目的是防止加料和搅拌装置工作时活性炭粉尘外逸。活性炭加入总量30 t/a，生产年时基数：7920 h，每套设施活性炭小时加入量1.2626 kg/h（30.3 kg/d）。活性炭在烟气中的平均浓度8 mg/m³。二噁英入口平均浓度为0.94 ng-TEQ/m³，活性炭的投加比例为$9.51×10^6$倍（活性炭/二噁英）。该套活性炭吸附装置总造价20万元，年运行费用5万元，于2014年8月份开始施工、9月份投入运行。监测结果显示烟尘排放浓度平均可以达到13.7 mg/m³，二噁英浓度实测值为0.19 ng-TEQ/m³。

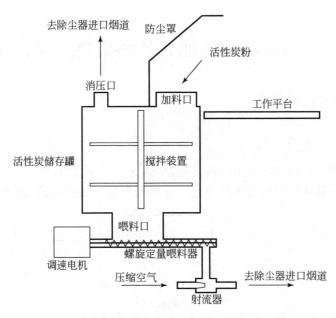

图 6-9 活性炭加料系统工艺流程及工作原理图

4. 高效过滤技术

低温条件下（200℃下），PCDD/Fs 大部分吸附在颗粒物表面，且主要吸附在微细颗粒上。在除尘的同时，被吸附在颗粒物上的二噁英也会被去除[45]。布袋除尘器的减排效果显著优于其他形式的除尘器，如果采用覆膜滤料，净化效率更高。有关研究资料表明，除尘器烟气入口温度极大程度上影响了 PCDD/Fs 的减排效率，入口烟气温度越低，减排效率则越高。采用合适的滤料和布袋除尘器后，PCDD/Fs 排放浓度不到电除尘器排放浓度的 10%。然而，当颗粒物排放浓度降低至一定水平（如 10 mg/m³ 或更低），则 PCDD/Fs 不会再明显降低。

5. 电子分解技术和其他技术

日本原子能研究所开发的电子束分解技术，减排效果显著[46]。其原理是，电子束使废气中的 O_2 和 H_2O 生成活性氧等强氧化性物质，从而达到破坏 PCDD/Fs 化学结构的目的。有关研究表明，在 240～320℃烟气中喷入 H_2O_2，也可以有效降低 PCDD/Fs 排放量。此外，还有人尝试用 α 射线辐射降解 PCDD/Fs，成本低且效果明显。但总体而言，上述技术还主要处于研究阶段，实际应用方面还有待进一步探索。

6.5 颗粒物及其他大气污染物控制技术

6.5.1 颗粒物控制技术

1. 旋风除尘器

传统的废铝熔炼烟气除尘设备有重力沉降室、旋风除尘器、湿式喷雾除尘器等，相应的简易结构图如图 6-10 所示，其中旋风除尘器应用最为广泛。

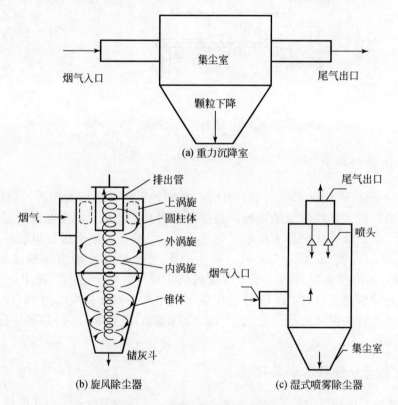

图 6-10　传统除尘设备结构图

旋风除尘器具有结构简单、除尘效率相对较高的优点，在中小型废铝熔炼企业应较普遍。旋风除尘器捕集下来的粉尘粒径愈小，该除尘器的除尘效率愈高。离心力的大小与粉尘颗粒有关，颗粒愈大，受到离心力愈大。当粉尘的粒径和切向速度愈大，径向速度和排风管的直径愈小时，除尘效果愈好。气体中的灰分浓度也是影响出口浓度的关键因素。粉尘浓度增大时，粉尘易于凝聚，使较小的尘粒凝聚在一起而被捕集，同时，大颗粒向器壁移动过程中也会将小颗粒挟带至器壁或撞击而被分离。但由于除尘器内向下高速旋转的气流使其顶部的压力下降，部分气流也会挟带细小的尘粒沿外壁旋转向上到达顶部后，沿排气管外壁旋转向下由排气管排出，导致旋风除尘器的除尘效率有一定局限性。

　　由于烟气中有害气体种类繁多，分别处理较困难，考虑到气态污染物中大部分为酸性物质，一般采用碱液喷淋法对其进行酸碱中和处理（图 6-11）。

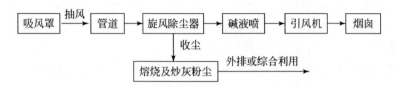

图 6-11　传统废铝熔烧车间烟气处理工艺流程

2. 布袋除尘器

　　随着再生铝行业大气污染物治理要求越来越严格，颗粒物和其他大气污染物的排放限值降低，原有的传统除尘设备已经不能满足现有的排放标准。废铝熔烧及炒灰粉尘主要成分为金属氧化物、非金属氧化物、碳粒灰分等，其粉尘粒径微细，相对密度较小，采用旋风除尘器、反吹风袋式除尘器等设备的净化效果较差，清灰困难，且易产生二次扬尘。布袋除尘器是性能较好的除尘设备，可捕集粒径大于 0.3 μm 的细小粉尘，除尘效率可达 99%以上，能满足再生铝行业的烟尘治理要求。布袋除尘器的原理是使含尘气体通过滤袋，滤袋上的滤布对烟气进行过滤，将颗粒物拦截下来，达到除尘的效果。它常用的形式为外置式和内置式两种，其结构图如图 6-12 所示。

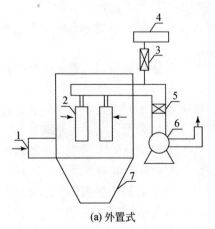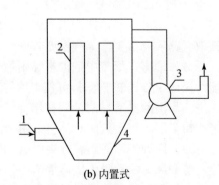

(a) 外置式　　　　　　　　　　　　　　(b) 内置式

1. 烟气入口；2. 袋房(箭头指烟气方向)；3. 阀门；　　1. 烟气入口；2. 袋房(箭头指烟气方向)；
4. 压缩机；5. 阀门；6. 引风机；7. 集尘器　　　　　　3. 引风机；4. 集尘器

图 6-12　布袋除尘器结构图

（1）外置式：在除尘器内置多个袋房，袋房的表面有滤布，生产时，废气进入除尘器内，房内是负压，含尘气体进入除尘器之后，颗粒被吸附在滤布表面，净化之后的气体从袋房中排出。运转一定的时间之后，滤布上的尘灰堆积，透气性能下降，影响了除尘和排风效果，因此，要及时清除掉灰尘，办法是启动压缩空气，进行反向吹风，灰尘脱落之后进入积尘室。

（2）内置式：道理与外制式相同，只是含尘气体进入袋房中，袋房外面是负压，气体通过滤布，尘灰积在袋房之中，经过一定的时间之后，经过震动，灰尘自动脱落到积尘室之中，达到了除尘的效果。

在进行废铝熔烧烟气除尘时，常规布袋除尘器（如反吹风袋式除尘器）的滤袋表面部分经常被黑色柏油状物质覆盖，存在糊袋现象，在重新更换过滤袋后，该现象仍时有发生[47]。低压脉冲袋式除尘器是在布袋除尘器的基础上改进的新型高效脉冲袋式除尘器，采用淹没式脉冲阀，具有喷吹时间短、喷吹压力低、清灰能力强等优点。目前，绝大多数都采用脉冲袋式除尘器进行除尘。

脉冲清灰袋式除尘器工作的基本原理：袋式除尘器是对由纤维编制的袋式过滤元件加以合理运用，用于含尘气体颗粒物捕捉的一种除尘装置。在实际工作的过程中，会涉及惯性、碰撞、扩散、静电等诸多因素内容，所以实际的除尘效率将与筛滤效应存在紧密的联系。在含尘气体被引入袋式除尘器的进口以后，会在烟气分配装置的作用下向滤袋内部均匀分配。而在含尘气体经由滤袋的过程中，粉尘就会在滤袋外侧被吸附，随后被净化的气体则会在滤袋内部排放出来。在滤袋吸附粉尘达到特定厚度的情况下，厚度阻力会上升至定值，此时电脉冲阀会随之开启，将空气喷出，并经由滤袋出口位置的文丘里喷嘴，由上至下与排出气体方向相反的方向被吹入到滤袋内部，使得吸附于滤袋外表面的粉尘随之清落，并进入到下方灰斗当中，在排料阀的作用下排出粉尘。废铝熔烧烟气除尘工艺影响因素：

（1）温度。当熔烧炉烟气温度异常过高时，易造成烧袋，需设计喷雾降温或采取旁路应急措施。烟气温度较低时易结露，需采取保温措施防止糊袋。

（2）油雾。烟气中的油雾黏附性较强，附着的油污严重影响了滤袋的过滤性能。采用 PTFE 覆膜滤料可使得油雾难以附着于滤袋表面，同时可采取预涂灰技术进一步消除油雾黏附，即在熔烧炉运行前将石灰粉喷入除尘器中，使滤料表面形成粉尘层，可有效防止油雾黏附于滤袋表面，彻底避免其对滤袋的损害。

（3）腐蚀性。酸露腐蚀会影响 PPS 的过滤性能，为防止酸露出现，应采取保温、防漏风、喷粉吸附酸雾等措施，并控制排烟温度高于酸露点 20℃。

（4）氧化。PPS 滤料耐氧化性能差，在烟气中氧含量超过 10% 的情况下将使得 PPS 纤维脆化，严重影响了使用寿命，因此需将烟气氧含量控制于较低水平以保护滤料。

应用效果[47]：安徽省马鞍山市某废铝回收公司使用低压脉冲袋式除尘器投入

运行后，该企业废铝熔烧车间内的粉尘浓度大幅度降低，岗位粉尘浓度符合职业接触限值，烟气净化系统的颗粒物排放浓度低于 20 mg/m³。除尘系统运行前后各产尘点的粉尘浓度检测结果及烟囱粉尘排放浓度检测结果见表 6-4。

表 6-4　粉尘浓度检测结果

检测地点	粉尘浓度/(mg/m³)	
	改造前	改造后
熔烧炉	6.5	1.3
炒灰机	4.7	1.0
烟气净化系统烟囱检测孔	136.2	15.6

3. 电除尘器

除了布袋除尘器外，电除尘器也有很好的除尘效果。电除尘器分为湿式电除尘器（WESP）和干式电除尘器（DESP），两者除尘原理相同，都是靠高压电晕放电使得粉尘荷电，荷电后的粉尘在电场力的作用下到达集尘板/管。干式电除尘器主要处理含水很低的干气体，湿式电除尘器主要处理含水较高乃至饱和的湿气体。在对集尘板/管上捕集到的粉尘清除方式上 WESP 与 DESP 有较大区别，干式电除尘器一般采用机械振打或声波清灰等方式清除电极上的积灰，而湿式电除尘器则采用定期冲洗的方式，使粉尘随着冲刷液的流动而清除。

相对于布袋除尘，电除尘器设备庞大、耗钢多、投资高、制造安装管理要求的技术水平高，且除尘效率受粉末比电阻影响大。因此，在再生铝行业基本没有应用实例。

6.5.2　其他大气污染物控制技术

除二噁英、粉尘外，再生铝烟气中还有二氧化硫、氯化氢、氟化氢、氮氧化物、重金属及其化合物等大气污染物。这些污染物有些能与粉尘或二噁英联合去除，其相应的净化技术如下：

1. 二氧化硫（SO_2）控制技术

再生铝烟气中的二氧化硫主要来源于废铝熔炼炉，其产生量与燃料的含硫量有关。目前烟气脱硫技术种类达几十种，按脱硫过程是否加水和脱硫产物的干湿形态，烟气脱硫分为：湿法、半干法、干法三大类脱硫工艺。湿法脱硫技术主要包括石灰/石膏法、双碱法、镁法、氨法等，半干法技术主要包括循环流化床法（CFB）、密相干塔法、旋转喷雾法（SDA）等，干法技术主要为活性炭法。这几类技术中，湿法脱硫因技术成熟、较为成熟、效率高，操作简单等优势，应用最为广泛。2018 年 9 月，生态环境部发布的"关于征求《再生铝行业污染防治技术政策（征求意见稿）》意见的函"文件指出：对于再生铝烟气中二氧化硫的净化技术宜直接采用碱液吸收法（湿法）。

石灰石/石膏法由于脱硫效率高、工艺成熟、脱硫剂-石灰石来源丰富且廉价等优势成为烟气脱硫的首要选择，其典型工艺流程如图 6-13 所示。除尘后的原烟气导入脱硫系统后，通过 GGH（气-气换热器）进行热交换后烟气进入吸收塔。在吸收塔内，原烟气自下而上通过塔身，遇喷淋系统喷出的雾状石灰石浆液逆流混合，脱硫后的净烟气经喷淋系统上部的除雾器除去烟气所携带的雾滴后排除吸收塔进入 GGH，经过 GGH 换热升温后经烟囱排出。吸收塔 SO_2 的浆液落入吸收塔底部浆液循环槽，通过脱硫循环泵与补充的石灰石浆液再次从吸收塔上的喷淋系统喷出，洗涤烟气中的 SO_2。混合浆液在循环槽内由外置的氧化风机供给空气使亚硫酸根氧化成石膏。

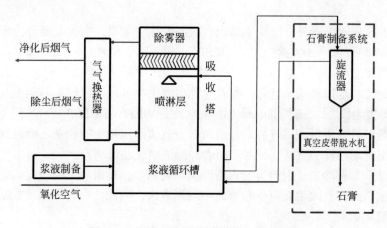

图 6-13　湿式石灰/石膏法脱硫工艺流程图

2. 氯化氢（HCl）控制技术

对于氯化氢废气采取的是水吸收法，水吸收是基于氯化氢废气比较容易与水相溶，常采用水直接吸收方法，根据废气 HCl 的浓度、温度，可求得吸收液中的盐酸最大浓度，当所得 HCl 达到一定浓度时，经净化与浓缩可得到副产品盐酸。该种水吸收法在处理氯化氢废气处理设备可采用波纹塔、筛板塔、湍球塔等。水吸收法是现在最经济、方便的一种方法。鉴于烟气中还含有其他酸性气体，吸收剂一般为碱液。

3. 氟化氢（HF）控制技术

氟化物的净化可以分湿法和干法两种。湿法净化是利用氟化物易被水或碱液吸收的特点，对烟气进行洗涤处理。通常用水、碳酸钠、氢氧化钠、氢氧化钙等溶液为吸收剂，氟化物与吸收剂在填料吸收塔内逆流接触，发生化学反应，吸收产物为氟硅酸，冰晶石、氟硅酸钠等。干法净化主要是利用 Al_2O_3 活性强的特点，来作为吸附剂吸附烟气中的 HF 等大气污染物来完成对烟气的净化。在湍流状态下，只需 1 s 左右即可完成对氟化物的吸附过程。由于吸附反应约 90%～95% 是在吸附装置中完成的，由此吸附反应装置是干法净化流程中的关键设备。

4. 氮氧化物（NO_x）控制技术

烟气中氮氧化物主要来源于熔化炉中的燃料燃烧，其组成绝大部分为 NO。NO 不易溶于水，直接采用碱液吸收法净化效果差。NO 的去除通常是将 NO 氧化为更易溶于水的高价氮氧化物（如 NO_2、N_2O_5）再结合碱液吸收或利用催化剂将 NO 还原成 N_2。"关于征求《再生铝行业污染防治技术政策（征求意见稿）》意见的函"文件指出：对于再生铝烟气中氮氧化物废气宜调整氧化度后采用碱液吸收法去除，鼓励采用选择性催化还原法等高效处理技术。

5. 重金属及其化合物控制技术

再生铝烟气中的重金属及其化合物主要包括铅及其化合物、砷及其化合物、锡及其化合物、镉及其化合物和铬及其化合物。①铅及其化合物废气一般采用吸收法处理，结合烟气中含有的酸性气体，吸收剂通常为碱液。②含砷烟气宜采用冷凝-除尘-石灰乳吸收法处理工艺。含砷烟气经冷却至 200℃以下，蒸汽状态的氧化砷迅速冷凝为微粒，经袋式除尘器净化后，尾气进入喷雾塔，用石灰乳洗涤，净化后，尾气除雾，经引风机排空。含砷烟气亦可在塑料板（或管）制成的吸收器内装入强酸性饱和高锰酸钾溶液，进行多级串联鼓泡吸收。③锡、镉、铬及其化合物废气宜采用袋式除尘器在风速小于 1 m/min 时过滤处理。烟气温度较高需要采取保温措施。

6.6　铝再生行业节能减排工作现存问题及展望

6.6.1　铝再生行业节能减排工作现存问题

我国铝再生产业虽然经过几十年的快速发展，但由于起步较晚仍存在很多问题，其中节能减排方面较为突出。"打赢蓝天保卫战"是我国当前的重要任务，环保要求的提高，给各行各业带来了巨大的压力。对于再生铝行业节能减排方面，从全工艺流程来看，主要存在以下几个问题：

1）废铝回收体系不健全

废铝回收工作十分庞大而繁杂，我国关于废铝物资的回收方面的立法与相关政策则较为缺乏，没有具体的利用回收的法律规定，尚没有形成比较完善的废铝回收系统，进口废铝一度成为我国再生铝锭冶炼的主要来源。此外，我国废铝的回收处理很原始，管理比较混乱，不同品质、不同类型的废旧金属材料相互混杂的现象十分普遍。大多数再生铝生产企业从市场（国内或进口）采购回铝废料后只是对其进行简单的人工拆解、分拣后就熔炼生产，成分难以分辨控制，导致再生铝烟气成分复杂，大气污染物难以控制。

2）预处理和熔炼技术落后

预处理方面：分选技术落后，未实现机械化和自动化分选。大多数企业主要凭借人为经验进行简单的分拣与拆解，这样不仅效率低、成本高，且由于缺乏专业知识和技术，难以精确地分拣，许多未除去的塑料等杂质在熔炼时产生大量烟尘、废气污染环境。此外，企业分类管理意识不足，未对废铝分类回收、分级堆放，导致不同品质和类型的废铝相互混杂，不仅不能有效利用一些高性能合金，造成资源浪费，而且不同含量的铁、硅等杂质元素的混杂也增加了合金成分调整及净化除杂等后续工艺的难度。

熔炼设备方面：国内部分企业采用普通反射炉直接加热废铝，造成烧损大、回收率低、耗能大、产生废气多。普通反射炉使用煤炭、天然气等燃料通过火焰燃烧传热，加上设备技术落后，热效率很低，只在 25%～30% 之间[14]，其中大部分热量随烟气排放及炉体散热损失掉，导致燃料的巨大浪费。当前国内油耗在 80 kg/t 以上，有的甚至超过 100 kg/t，而发达国家则为 45～50 kg/t[14]。

熔体净化方面：企业缺少对杂质的存在形态、杂质与熔体间的相互作用以及溶剂的组成、处理工艺等的系统研究，导致熔体净化基础理论缺乏，仅依靠经验积累来选择精炼剂，杂质去除能力差，也难得到推广应用。由于工艺处理容易，我国主要采用精炼剂除杂，但缺乏绿色环保高效的精炼剂，目前主要采用氯化物、氟化物、氧化性盐[16]来精炼熔体，这些溶剂会产生含氯、氟废气污染环境，损坏设备。有些熔剂功能单一，需要添加多种不同用途的熔剂才能实现净化目的，而加入多种溶剂又会造成熔体的二次污染，因此缺乏兼有排杂、除气、变质等多功能的溶剂。

3）大气污染净化成本高

再生铝烟气成分复杂，含有粉尘、二噁英、二氧化硫、氮氧化物、氟化物、重金属及其化合物等多种大气污染物，不同污染物的治理技术不同，烟气净化难度大。若采用多种技术净化再生铝烟气，其污染物治理成本高，耗能大。

4）缺乏专职的节能减排管理人才

从事企业节能减排管理的人员大多数是兼职身份，没有设专职岗位或培养专业节能减排管理人才，对节能减排的管理认识不足，缺乏专业人才支撑也是影响节能减排管理水平的主要因素。

6.6.2　铝再生行业节能减排展望

推动再生铝行业健康持续发展,对我国的国民经济有着重要的意义。对于我国再生铝行业而言,不仅要追求"量"的发展,还要注重"质"的提高,同时也要兼顾污染的全面治理。

1)建立、健全废铝回收体系

废铝是再生铝的原材料,它是影响再生铝行业发展的重要因素。废铝的回收不仅能促进铝资源的循环利用,带来可观的经济利益,还能减少因废铝带来的环境污染。针对我国废铝回收存在的问题,国家因建立相应的政策措施,国民应该提升环保和循环经济意识。如"无废城市"和垃圾分类将推动废铝回收体系的完善。2018年底,国务院办公厅印发了《"无废城市"建设试点工作方案》,2019年7月在上海率先执行的垃圾分类,有助于持续推进固体废物源头减量和资源化利用。

2)鼓励新技术的研发和使用

我国再生铝行业的生产技术存在很大的进步空间。针对复杂的各种废铝的实际情况,为了减少铝及铝合金废料中夹杂物对再生铝质量和环境的影响,尽可能根据原有的化学组成实现生产成本低、产品附加值高的生产模式,特别在高效拆解方面、高效破碎方面、混杂废铝的分拣方面,在废铝中有机物和非金属的分拣与处理方面,在预处理过程中的环保技术方面等等,需要加强进一步的研究和开发应用,在我国尚存在很大的发展空间。

研究开发适合于各种废铝熔炼要求的高效、节能、快速熔铝炉是发展的趋势,我国相当一部分再生铝企业仍应用较落后的矩形反射炉、敞开式坩埚炉等落后装备和技术。进一步节能降耗,提高熔铝炉热效率,延长炉子寿命,减少铝的烧损,提高铝的回收率等,需要综合开发研究新型废铝熔炼炉,以适应我国再生铝生产规模的扩大和高效、节能、环保等的需要。国外先进的再生铝工厂较普遍采用了侧井炉、双室熔铝炉和倾斜式回转炉熔炼等熔炼废铝装备与技术。

3)高效率的烟气净化技术的应用

废铝预处理、熔炼过程中,产生的烟气中除含有颗粒物、SO_2、NO_x 等外,还含有有机污染物二噁英等剧毒物质以及非金属氧化物、氟化物等烟尘等等,研究高效、投资少、节能环保的新净化技术,满足再生铝工业发展的需要,有效保护环境,实现清洁生产和可持续发展是再生铝工业发展必由之路。

参 考 文 献

[1] 张伦和. 我国再生铝产业现状及发展对策[J]. 轻金属, 2009, 6: 3-6.

[2] 韦漩, 王海娟, 刘春伟, 等. 废旧铝合金回收利用的研究现状[J]. 过程工程学报, 2019, 19(1): 45-54.

[3] 曲永祥. 铝行业的新机遇[J]. 中国有色金属, 2012, 12: 38-39.

[4] 孙德勤, 江宽, 崔凯, 等. 再生铝制备汽车零部件技术的应用与发展[J]. 铸造技术, 2018, 39(6): 1387-1391.

[5] 丁宁, 高峰, 王志宏, 等. 原铝与再生铝生产的能耗和温室气体排放对比[J]. 中国有色金属 学报, 2012, 22(10): 2908-2915.

[6] 姜宏伟, 丁文捷, 张树玲, 等. 废铝再生技术分析与对策[J]. 轻金属, 2017, 12: 26-29.

[7] 苏鸿英. 全球废铝回收的现状和未来[J]. 资源再生, 2009, 4: 24-25.

[8] 黄莫一杰, 任贤魏. 浅谈再生铝回收及利用技术[J]. 铝加工, 2015, 6: 51-57.

[9] 肖军. 低碳经济驱动: 废铝回收再生, 未来前景广阔[J]. 资源再生, 2012, 9: 45-46.

[10] 孙德勤. 浅谈废铝再生的可持续发展[J]. 铸造技术, 2013, 34(1): 21-23.

[11] 高安江, 王刚, 曲信磊, 等. 废铝再生预处理过程中的杂质分离和分类分选技术研究[J]. 再 生资源与循环经济, 2015, 8(2): 33-36.

[12] 范超, 龙思远, 李聪, 等. 废铝分类分离技术的研究进展[J]. 轻金属, 2012, 07: 63-66.

[13] 朱咸中. 废铝重熔的工段及设备[J]. 资源再生, 2013, 12: 59-61.

[14] 陈维平, 万兵兵, 彭继华, 等. 铝再生技术及装备概况[J]. 资源再生, 2014, 12: 66-69.

[15] WERHEIT P, FRICKE-BEGEMANN C, GESING M, et al. Fast single piece identification with a 3D scanning LIBS for aluminium cast and wrought alloys recycling[J]. Journal of Analytical Atomic Spectrometry, 2011, 26(11): 2166-2174.

[16] Koyanaka Shigeki, Kobayashi Kenichiro, Yamamoto Yoshitake, et al. Elemental analysis of lightweight metal scraps recovered by an automatic sorting technique combining a weight meter and a laser 3D shape-detection system[J]. Resources Conservation & Recycling, 2013, 75: 63-69.

[17] 傅长明. 再生铝熔体处理技术[J]. 大众科技, 2010, 11: 107-109+111.

[18] 万兵兵, 陈维平, 刘健, 等. 废铝屑回收利用技术进展[J]. 特种铸造及有色合金, 2015, 35(5): 477-481.

[19] 闫辉. 铝熔炼设备及再生铝回收新技术分析[J]. 再生资源与循环经济, 2014, 7(5): 42-44.

[20] 王刚, 高安江, 曲信磊, 等. 再生铝的熔炼技术研究[J]. 再生资源与循环经济, 2015, 8(4): 31-34.

[21] 佘英英. 再生铝: 亟待产业提升的行业[J]. 中国有色金属, 2012, 14: 66-67.

[22] 姜玉敬. 我国铝用预焙阳极炭块生产现状及发展趋势预测[J]. 世界有色金属, 2001, 6: 4-8.

[23] DUAN R B, BAI P K, YANG J, et al. Influence of rare earth modification and homogenization on the microstructure and mechanical properties of recycled can 3004 aluminum[J]. Journal of Wuhan University of Technology-Materials Science Edition, 2014, 29(2): 264-268.

[24] Cho Thet, Meng Yi, Sugiyama Sumio, et al. Separation technology of tramp elements in aluminium alloy scrap by semisolid processing[J]. International Journal of Precision Engineering & Manufacturing, 2015, 16(1): 177-183.

[25] 张传秀, 陆春玲, 万江. 对我国再生铝工业环境问题的认识[J]. 上海有色金属, 2007, 28:

80-85.

[26] 赵伟, 宋红军, 张丽娟, 等. 再生铝制造企业飞灰中二噁英污染特征[J]. 环境污染与防治, 2016, 38(2): 59-62.

[27] 齐辉, 李钢, 丁甄. 再生铝熔炼烟气除尘脱硫系统改造研究[J]. 中国设备工程, 2018, 10: 91-92.

[28] 卢益, 张晓岭, 郭志顺等. 西南地区再生铝冶炼行业二噁英大气排放[J]. 环境科学, 2014, 35: 30-34.

[29] 邹川, 韩静磊, 张漫雯, 等. 再生铝铅生产企业 PCDD/Fs 排放浓度与特征[J]. 环境科学, 2012, 32: 1309-1313.

[30] ZHOU X, LI X, XU S, et al. Comparison of adsorption behavior of PCDD/Fs on carbon nanotubes and activated carbons in a bench-scale dioxin generating system [J]. Environmental Science and Pollution Research, 2015, 22(14): 10463-10470.

[31] 陈越. 对我国再生铝生产的几点看法[J]. 中国物资再生, 1999, 1 : 12-13.

[32] 苏鸿英. 去除铝废料涂层的技术和设备[J]. 有色金属再生与利用, 2006, 2: 40-41.

[33] 任玉森. 二噁英防治技术研究[J]. 宝钢技术, 2003, 增刊: 64-68.

[34] 钱原吉, 吴占松, 李福金. 垃圾焚烧中二噁英的生成条件与控制策略[J]. 中国环保产业, 2004, 2(增刊): 80-83.

[35] 孙宏. 弋尔 Remedia 二噁英催化过滤技术在现代垃圾焚烧工业中的应用[J]. 发电设备, 2004, 6: 343-345.

[36] 兰兴华. 回收和重熔铝的先进气体技术[J]. 有色金属再生与利用, 2005, 3: 16-19.

[37] 沈伯雄, 姚强. 垃圾焚烧中二噁英的形成和控制[J]. 电站系统工程, 2002, 5: 8-10.

[38] 刘惠永, 姚强, 徐旭常, 等. 垃圾焚烧二噁英控制机理及技术[J]. 能源工程. 2001, 4: 19-22.

[39] WEBER R, SAKURAI T. Low temperature decomposition of PCB by TiO_2-based V_2O_5/WO_3 catalyst: evaluation of the relevance of PCDF formation and insights into the first step of oxidative destruction of chlorinated aromatics[J]. Applied Catalysis B: Environmental, 2001, 34(2): 113-127.

[40] YANG C, CHANG S, HONG B, et al. Innovative PCDD/F-containing gas stream generating system applied in catalytic decomposition of gaseous dioxins over V_2O_5-WO_3/TiO_2-basedcatalysts[J]. Chemosphere, 2008, 73(6): 890-895.

[41] WANG J, WANG X, LIU X, et al. Kinetics and mechanism study on catalytic oxidation of chlorobenzene over V_2O_5/TiO_2 catalysts[J]. Journal of Molecular Catalysis A: Chemical, 2015, 402: 1-9.

[42] LIU X, WANG J, WANG X, et al. Simultaneous removal of PCDD/Fs and NO_x from the flue gas of a municipal solid waste incinerator with a pilot plant[J]. Chemosphere, 2015, 133: 90-96.

[43] 吴西宁, 田洪海, 庞菊玲, 等. 催化氧化脱除垃圾焚烧烟气中二噁英类的研究[J]. 工业催化, 2004, 9: 47-50.

[44] 李庆华. 再生铝烟气中二噁英治理方法研究及实例[J]. 中国科技, 2016, 9: 233-234.

[45] 田梦, 曹彦涛, 宋进轩. 烧结及炼钢生产过程二噁英类污染物控制技术及排放现状[J]. 宽厚板, 2020, 26: 31-33.

[46] HIROTA K, KOJIMA T. Decomposition behavior of PCDD/F isomers in incinerator gases under electron-beam irradiation[J]. Bulletin of the Chemical Society, 2005, 78(9): 1685-1690.

[47] 陈磊, 任甲泽, 汪光辉. 低压脉冲袋式除尘器在某废铝熔烧车间烟气净化系统中的应用[J]. 现代矿业, 2016, 32(6): 266-267.

第7章 铝行业大气污染控制对策与建议

7.1 铝行业大气污染物防治最佳可行性技术

7.1.1 行业最佳可行性技术概况

1. 最佳可行性技术简介

最佳可行性技术，是针对生产生活过程中产生的各种环境问题，为减少污染物排放，从整体上实现高水平环境保护所采用的与某一时期技术经济发展水平和环境管理要求相适应、在公共基础设施和工业部门得到应用、适用于不同应用条件的一项或多项先进、可行的污染防治工艺和技术[1]。它是代表社会工业制造业等领域各项生产活动、工艺过程和相关操作方法发展的最有效和最先进的阶段，是在满足当前法律排放限值的基础上，用以防止或减少向环境的污染物排放量以及对环境的整体影响的某种或某类特定技术。

"最佳"是指最有效地达到比较高的整体环境保护水平，"可行"是指在经济和技术许可的条件下，同时考虑代价和利益，并且在相关工业领域中已得到一定规模的应用；"技术"则包括所采用的公益以及设施的设计、建造、维修、操作和退役的办法。最佳可行性技术是从整体和系统的角度考虑，确保在某一领域应用该项技术所付出的环保代价是合理的[2]。

2. 最佳可行性技术概况

1）欧盟最佳可行性技术体系

最佳可行性技术（BAT）的概念最早来自欧盟。1996 年 9 月，欧盟执行委员会提出了污染综合防治指令（简称 IPPC 指令）。该指令指出，预防或减少污染物排放的技术措施应基于最佳可行性技术。并且，该指令要求欧盟各成员国为若干工业和特定污染物，建立包括制定排放限值、推广 BAT 的许可制度[3]。以最佳可行性技术为核心的污染防治技术监督管理体系，已经成为欧洲国家对污染源实行综合治理行之有效的重要环境管理制度。目前欧盟已经形成 33 个行业的 BRFF，其中 28 个纵向 BRFF 主要包括：能源 2 个行业、冶金 5 个行业、采矿 4 个行业、化工 8 个行业、废弃物治理 2 个行业及其他 7 个行业；另外还有 5 个横向 BRFF，主要包括：贮存储藏、工业冷却、表面处理等。

2）美国最佳可行性技术体系

美国以技术法规作为制定、实施环境质量和排放标准的基础，从而实现对污染物排放的有效控制。即针对不同的工业部门制定不同的技术标准，并以此为基础再颁布各自相应的排放限值指令。目前，美国已制定 56 个行业（涵盖 450 个子行业）基于最佳可用技术的污染物排放指南[4]。

从 1977 年至今，美国新建项目或对以后设备改造可能造成空气污染都要进行 NSR（New Source Review）审核，在达标区（PSD）要求污染源采用最佳可行性控制技术（BACT），而在未达标区（NA）则要求污染源排放的污染物达到最低可达排放速率（LEAR）。

3）中国最佳可行性技术体系

我国为落实经济、社会、环境可持续发展战略和污染预防政策，也出台了一些体现可持续发展战略和污染预防政策的法规和政策措施。但目前集污染预防政策和最佳污染控制技术为一体，对污染源施行全面控制的管理制度、措施还没有完全形成。

我国最佳可行性技术研究从 2007 年颁布实施《国家环境技术管理体系建设规划》开始起步，一直以来进展缓慢。根据《关于增强环境科技创新能力的若干意见》中"我国到 2010 年要初步建立环境技术管理体系，到 2020 年要建立层次清晰、分工明确、运行高效、支撑有力的国家环境技术支撑体系"的总体目标要求，国家环境保护部随后开展了环境技术管理体系的建设工作，并展开试点行业环境技术管理体系建设和完善工作，试点编制行业污染防治最佳可行技术导则。目前，我国已启动了面向钢铁、燃煤、水泥等行业（工艺）最佳可行性技术导则的编制工作。本书中综合铝冶炼行业各工序污染控制技术，提出了铝行业各工序大气污染防治最佳可行性技术体系。

3. 最佳可行性技术研究方法

最佳可行性技术的研究方法众多，其评估过程极为复杂，需综合考虑技术、经济、环境和社会等诸多因素，涉及生产过程、工艺参数、污染物去除潜力、经济分析等多方面数据资料，需经定性、定量综合分析比较，权衡利弊后，才能最终确定出技术先进、经济合理的优化方案。在当前世界各国的研究中，由于技术相关数据失真、数据不足、评价方法本身具有局限性等问题，常常使得各行业最佳可行性技术的技术评估工作更加困难。当前，国际上用于选择、评估最佳可行性技术的常规研究方法有 VITO 法和参考装置法（Reference Installation Approach）。

我国最佳可用技术的评估则主要采用专家会议评审的评价模式，评价过程由技术调查、技术筛选、技术评价三个阶段组成。参评技术的经济可行性多为定性评价，易受专家资源、学识和经验局限等影响，难以保证评审结果的科学合理性和客观公正性，同时我国尚缺少量化的技术评估监测平台，对被评估技术的应用效果和适用范围无法准确判断[5]。因此，为建立适合我国国情的各行业最佳可用技术体系，还应多学习、借鉴发达国家的经验[6]。

7.1.2　铝生产各工序最佳可行性技术

1. 氧化铝焙烧工序

1）氧化铝焙烧工序污染防治最佳可行性技术
氧化铝焙烧工序污染防治最佳可行性技术工艺流程见图 7-1。

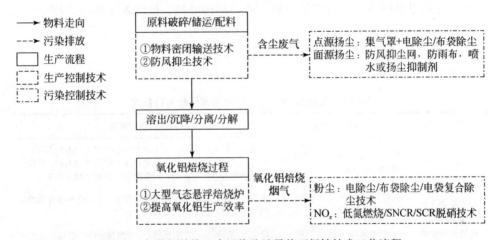

图 7-1　氧化铝焙烧工序污染防治最佳可行性技术工艺流程

A. 氧化铝生产设备大型化以及淘汰落后工艺设备

氧化铝产业是一个规模化、集约化的原材料工业，只有规模大，才能提高投资效益和劳动生产率，降低生产成本，有利于降低能耗。因此，氧化铝生产线的大型化和生产过程控制的自动化是发展的必然趋势。氧化铝生产线的大型化依赖于设备的大型化[7]。

近年来，国外新建氧化铝厂规模在 140～200 万 t/a，国内新建氧化铝厂规模在 250～1000 万 t/a，而目前国内氧化铝厂单线产能仅在 100 万 t/a 左右，因此，研究探索氧化铝生产线大型化技术，开发与生产线产能大型化相匹配的大型化设备，对提高氧化铝行业技术水平具有重要的意义。

随着氧化铝生产技术持续发展，设备装备水平不断提高，氧化铝生产线大型化关键装备方面均取得了举世瞩目的成果。主要氧化铝生产大型化设备包括：高温溶出装备、高效深锥沉降槽、大型气态悬浮焙烧炉，三者分别在氧化铝溶出、沉降和焙烧工序呈现出显著优势。

B. 提高氧化铝生产效率

循环效率是氧化铝生产的一项基本的技术经济指标。循环效率的提高意味着利用单位容积的循环母液可以产出更多的氧化铝。这样，设备产能都按比例提高，而处理溶液的费用也都按比例降低。因此，循环效率是氧化铝生产的主要产出指标之一，决定着氧化铝生产的产量、消耗。因此，在循环母液溶出过程中应该尽量提高溶出温度，以达到降低溶出苛性比值的目的，而在分解过程中则应尽量提高母液的苛性比值，以提高循环效率。

氧化铝生产是一个循环进行的过程，通过分析整个过程中影响循环效率的因素，不仅可以解决生产瓶颈，而且可以提高产量、降低能耗物耗。不管是在当前行业都为保生存而战的时刻，还是在今后提升企业竞争力方面，采用合理、有利的生产方式提高循环效率对于氧化铝厂实现减污降耗、低成本优势和可持续发展都具有很好的借鉴意义。

2）氧化铝焙烧工序污染物治理最佳可行性技术

除尘技术见表 7-1。

表 7-1　氧化铝焙烧工序粉尘治理最佳可行技术

可行性技术	主要技术指标	技术经济适用性
电除尘技术	颗粒物排放浓度可控制在 50 mg/m³ 以下	除尘效率较高、设备阻力小、烟气处理量大、占地面积少；适用于氧化铝焙烧厂所有新建和改扩建的除尘系统；对高比电阻粉尘的收集较困难，对微细粒子的捕集能力有限
布袋除尘技术	颗粒物排放浓度可控制在 30 mg/m³ 以下	适用于烧结法氧化铝熟料窑尾气除尘，在节能减排方面较之电除尘器可以创造更大效益
电袋复合除尘技术	颗粒物排放浓度可控制在 10 mg/m³ 以下	将电除尘和布袋除尘有机结合，全面提升除尘器总体技术水平和各种工况适应能力，适用于原有电除尘器增效改造

脱硫技术见表 7-2。

表 7-2　氧化铝焙烧工序二氧化硫治理最佳可行技术

可行性技术	主要技术指标	技术经济适用性
NID 脱硫技术	脱硫效率可达 90%以上	整个装置结构紧凑、体积小、运行可靠；装置的负荷适应性好；脱硫副产物为干态，系统无污水产生；对所须吸收剂要求不高，可广泛取得，循环灰的循环倍率可达 30～150 倍。适用水资源紧缺、中低 SO_2 浓度的烟气脱硫项目
喷雾干燥脱硫技术	脱硫效率可达 90%以上	系统简单，运行阻力低，操作维护方便；脱硫塔结构简单，阻力较小，能耗低，运行和维护成本低；脱硫塔顶部及塔内中央设有烟气分配装置，确保塔内烟气流场分布，使干燥和反应条件达到最佳；可确定合理的塔内烟气与雾滴接触时间；能够自动调节浆液量；可利用石灰成品除尘系统收集的石灰粉作为脱硫剂，用低质量的水作为脱硫工艺水，且脱硫不产生废水。适用水资源紧缺、中低 SO_2 浓度的烟气脱硫项目

续表

可行性技术	主要技术指标	技术经济适用性
循环流化床法脱硫技术	脱硫效率可达 90% 以上	工艺简单，设备基本无腐蚀、无磨损、无结垢、无废水排放；占地少，节省空间，设备投资低；钙的利用率高，运行费用不高；对煤种适应性强，适用水资源紧缺、中低 SO_2 浓度的烟气脱硫项目
石灰石-石膏法脱硫技术	脱硫效率可达 95% 以上	技术成熟，脱硫效率高，脱硫剂可采用同类性质碱性较强的废弃物，可以达到以废治废的目的；原料来源广泛、易取得、价格优惠；大型化技术成熟，容量可大可小，应用范围广；系统运行稳定，变负荷运行特性优良；副产品可充分利用，是良好的建筑材料；只有少量的废物排放，并且可实现无废物排放。适用于高浓度、大烟气量的脱硫项目

我国氧化铝焙烧烟气 SO_2 通过源头减排、过程调控或者改变燃料结构等措施可以控制 SO_2 排放浓度，满足现有标准。目前我国氧化铝焙烧工序一般无脱硫设施，但是随着环保压力的增大，污染物排放标准越来越严格，未来若目前措施无法满足 SO_2 排放要求，需再加设氧化铝焙烧炉末端烟气脱硫设施。

脱硝技术见表 7-3。

表 7-3　氧化铝焙烧工序氮氧化物治理最佳可行技术

可行性技术	主要技术指标	技术经济适用性
选择性非催化还原（SNCR）脱硝技术	脱硝效率最高可达 60%	脱硝系统布置简易、占地面积小，投资成本低、运行费用低，有很大的经济优势
选择性催化还原（SCR）脱硝技术	脱硝效率可达 80% 以上	适用于氮氧化物浓度偏高、烟气量偏大、要求脱硝效率在 80% 以上的脱硝项目，可用于所有新建和改扩建项目
氧化脱硝技术	脱硝效率可达 80% 以上	反应温度区间为 ≤150℃，适用于低温烟气，改造工作量小，布置更加灵活，但需结合吸收塔

2. 石油焦煅烧工序

1）石油焦煅烧工序污染防治最佳可行性技术

石油焦煅烧工序污染防治最佳可行性技术工艺流程图如图 7-2 所示。

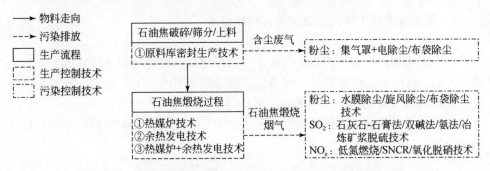

图 7-2　石油焦煅烧工序污染防治最佳可行性技术工艺流程图

A. 有机热载体加热炉（热媒炉）

有机热载体加热炉（以下简称热媒炉）是利用煅烧炉尾气的余热为热源，以导热油为载体的直流式闭路循环的特殊工业炉。与其他供热设备相比，热媒炉具有如下特点：①节能效果显著；②可在较低的运行压力下获得较高的工作温度；③配套设备简单，不需复杂的给排水处理装置，只需循环泵，投资费用低；④热稳定性好，热媒炉的导热体多为导热油，热稳定性高，导热系数大；⑤运行压力较低，只要系统设计合理，运行期间维修量极小；⑥运行费用低，使用寿命可达8～10年。

B. 余热发电

余热发电技术是指通过设置蒸汽余热锅炉来回收罐式炉的烟气余热，并将产生的蒸汽送入汽轮发电机组进行发电。建设余热电站的难点在于罐式煅烧炉与余热锅炉之间的互相协调及配合的问题。对于这种矛盾，应当坚持"碳素生产为主，余热发电是副业，副业不能影响主业，主业应兼顾副业"的思想[8]，从而最大限度地发挥余热发电的各项潜能，实现效益最大化。

C. 热媒炉+余热发电

由于罐式煅烧炉烟气温度高，经过热媒炉加热导热油后，烟气余热仍可回收利用，故可以同时采用热媒炉+余热发电的方式综合高效地回收利用罐式炉的余热。对于没有经过热媒炉的热烟气可以设置较高参数的余热锅炉；对于经过热媒炉的热烟气可以设置较低参数的余热锅炉，产生的蒸汽可以用于锅炉给水的除氧，其余的引至汽轮机的补汽端做功发电，整个余热发电系统采用双压运行。

综上所述，对于生产规模大、生产工序全的厂家，仅采用热媒炉的方式不能回收全部的烟气余热，可以采用"热媒炉+余热发电"的方案，充分回收罐式炉的烟气余热；对于生产规模适中、生产工序较全的厂家，罐式炉烟气余热量不大，可以采用热媒炉，为沥青融化、糊料混捏等工序提供热量；对于仅有煅烧工序的碳素生产厂家，无须其他生产用热，可以通过设置余热锅炉，并利用其蒸汽发电的方式回收烟气余热[9]。

2）石油焦煅烧工序污染治理最佳可行技术

A. 脱硫技术

在原油劣质化趋势下，石油焦硫含量逐渐增加，煅烧过程排放的 SO_2 含量也随之升高。煅烧企业需要提升环保设施，脱除烟气中的 SO_2 和粉尘，减少环境污染，实现石油焦煅烧烟气达标排放。

烟气脱硫技术众多，包括湿法、干法、半干法等，表 7-4 为脱硫最佳可行性技术分析。

表 7-4　石油焦煅烧工艺脱硫最佳可行性技术

可行性技术	主要技术指标	技术经济适用性
石灰石-石膏法脱硫技术	脱硫效率可以达到95%以上,脱硫的同时也大大降低了烟尘含量	以石灰石或石灰的浆液为脱硫剂,脱硫渣石膏可以综合利用[10]。石灰石-石膏湿法脱硫工艺技术成熟,运行可靠性高
双碱法脱硫技术	脱硫效率可以达到95%以上	采用 Na₂CO₃ 或 NaOH 吸收 SO₂,然后用石灰或石灰乳对吸收液进行再生,钠基吸收剂可循环使用,动力消耗相对低,比较适合中小规模脱硫应用
氨法脱硫技术	脱硫的效率可达到95%以上	脱硫效率较高,亚硫酸铵中间产品可以采用直接氧化法处理生成副产物硫酸铵化肥,副产物市场需求广、附加值高[11]
冶炼矿浆脱硫技术	脱硫的效率可达到95%以上	可以有色冶炼矿浆固废为脱硫剂,实现以废治废,脱硫效率较高,脱碱后脱硫渣可用于建材化

B. 其他污染物治理技术

石油焦煅烧烟气的脱硝技术主要通过末端治理,包括选择性非催化还原(SNCR)、选择性催化还原(SCR)及氧化脱硝技术。SNCR 技术从经济的角度主要采用尿素法和氨水。SCR 脱硝技术通常需 300～420℃的反应温度,而石油焦煅烧烟气的排烟温度经余热回收之后通常在 200℃以下,且烟气中组分复杂,易引起催化剂中毒,因此该技术石油焦煅烧烟气净化中应用较少。氧化脱硝技术可利用现有脱硫设施实现协同处置。目前氧化脱硝技术使用最多的氧化剂为臭氧,有多种吸收剂可供选择,脱硝效率可得到保证。脱硝最佳可行技术分析见表 7-5。

表 7-5　石油焦煅烧工艺脱硝最佳可行技术

可行性技术	主要技术指标	技术经济适用性
选择性非催化还原(SNCR)脱硝技术	脱硝效率最高可达 60%	脱硝系统布置简易、占地面积小,投资成本低、运行费用低,有很大的经济优势
氧化脱硝技术	脱硝效率可达 80%以上	反应温度区间为≤150℃,适用于低温烟气,易结合现有脱硫设施实现硫硝协同吸收,投资、运行费用低、占地面积小

3. 阳极焙烧工序

1)阳极焙烧工序污染防治最佳可行性技术

阳极焙烧工序污染防治最佳可行技术工艺流程图如图 7-3 所示。

2)阳极焙烧工序污染治理最佳可行性技术

阳极焙烧烟气具有成分复杂、黏结性强、多种污染物并存且易发生着火等特点,难以通过"单一污染物单元控制"实现多污染物深度净化,需采用"多污染物协同控制"对焙烧炉烟气进行综合治理。多污染物协同控制最佳可行技术分析见表 7-6。

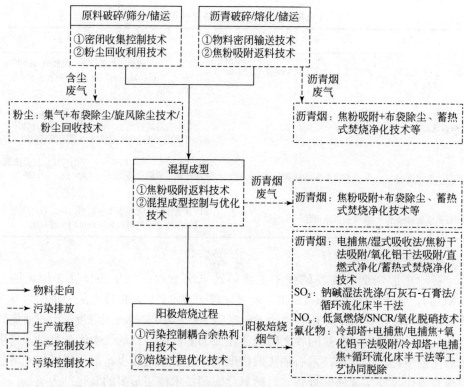

图 7-3 阳极焙烧工序污染防治最佳可行技术工艺流程图

表 7-6 阳极焙烧工序污染治理最佳可行技术

可行性技术	主要技术指标	技术经济适用性
冷却塔+电捕焦	沥青烟净化效率可达 80%以上	投资省、占地面积小；去除烟气中沥青烟和颗粒物；运行成本低
冷却塔+氧化铝干法吸附	沥青烟净化效率可达 95%以上，除尘效率可达 95%以上，氟化物净化效率可达 85%以上[12]	投资省、工艺流程短；可以去除烟气中沥青烟、苯并芘、氟化物和颗粒物；无二次污染；设备无腐蚀；但无法实现 SO_2 和 NO_x 控制
冷却塔+电捕焦+氧化铝干法吸附	沥青烟净化效率可达 95%以上，除尘效率可达 95%以上，氟化物净化效率可达 85%以上	可以去除掉焙烧烟气中沥青烟、氟化物和颗粒物；设备无腐蚀；但无法实现 SO_2 和 NO_x 控制
冷却塔+电捕焦+氧化铝干法+湿法脱硫	沥青烟净化效率可达 95%以上，除尘效率可达 95%以上，氟化物净化效率可达 85%以上，脱硫效率可达 95%以上	去除烟气中的沥青烟、氟化物、SO_2、颗粒物和苯并芘；可以实现焙烧烟气的部分污染物的超低排放；但工艺流程较长，投资较大，设备故障率较高
冷却塔+电捕焦+循环流化床半干法	沥青烟净化效率可达 80%以上，除尘效率可达 95%以上，氟化物净化效率可达 85%以上，脱硫效率可达 90%以上	可以去除焙烧烟气中沥青烟、氟化物、颗粒物和 SO_2，但沥青烟很难稳定达标
RTO+循环流化床半干法	沥青烟净化效率可达 98%以上，除尘效率可达 95%以上，氟化物净化效率可达	可以去除焙烧烟气中沥青烟、苯并芘、氟化物、颗粒物和 SO_2；设备无腐蚀

85%以上，脱硫效率可达 90%以上

在上述多种工艺中，配备氧化铝干法吸附的污染物控制技术尽管能实现沥青烟和氟化物的高效脱除，但载焦油的氧化铝返回电解生产使用时，不宜集中投料，应与新鲜氧化铝、电解净化系统的载氟氧化铝混合后使用，这有利于降低电解槽使用氧化铝的含碳量，确保不影响电解生产[13]。而 RTO+循环流化床半干法解决了多污染物协同控制、苯并芘等高毒性有机物难处理的难题，将烟气中沥青烟和苯并芘转化为 CO_2 和 H_2O，同时实现脱硫脱氟。但值得提出的是，该工艺仍无法去除烟气中的 NO_x。随着国内诸多行业超低排放的进一步开展，碳素烟气也极有可能将 100 mg/m^3 的排放标准进一步加严至 50 mg/m^3 甚至更低。

因此，在现有 RTO+循环流化床半干法的基础上，进一步将易与现有污控设施耦合匹配的"氧化脱硝"嵌入，集成构建"RTO+氧化脱硝+循环流化床半干法协同吸收"的技术路线，有望实现多污染物的全面深度净化。

4. 电解铝工序

1) 电解铝工序污染防治最佳可行技术

电解铝工序污染防治最佳可行技术工艺流程如图 7-4 所示。

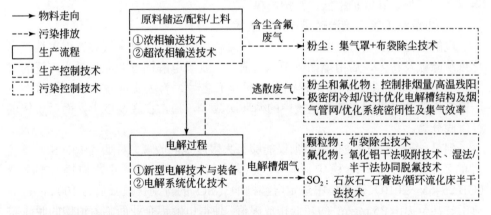

图 7-4　电解铝工序污染防治最佳可行技术工艺流程图

A. 大型电解槽节能降耗技术

铝电解槽是电解铝生产中的关键设备，因此，铝电解槽技术实际上也代表着电解铝的技术水平。大型预焙阳极电解槽是一个集热场、力场、电场、磁场为一体，且互相制约、互相影响，最终达到均衡的复杂体系。随着我国铝工业的稳步发展和国家对环保节能的更高要求，同时也为了降低吨铝投资，提高劳动生产率，电解槽容量也随之不断增大。

2013 年 7 月发布的《铝行业规范条件》中的要求，即"新建及改造电解铝项目，必须采用 400 kA 及以上大型预焙槽工艺；新建和改造的电解铝铝液电解交流电耗必须低于 12750 kWh/t 铝"。基于"十一五"国家"863"计划重点项目"600 kA 超大容量铝电解槽技术研发",沈阳铝镁设计研究院有限公司研发了容量大、指标极先进的低能耗、高效率、环境友好的 600 kA 超大容量铝电解槽技术,为大型电解槽的推广应用提供了技术支撑。

B. 无组织排放高效治理技术

(1)在电解槽烟气净化系统中,增加辅助抽风系统。在槽盖板打开的时候(比如换极),可以增加抽风量,将烟气的逸出量降到最低。这个方案在国内已经广泛使用,效果也非常好。

(2)高温残阳极、捞出来的炭渣、电解质等,放在密闭的冷却箱中进行冷却,并对冷却箱中的烟气进行收集净化,以减少烟气逸出,提高残阳极冷却速度,这是目前最有效的方法。

(3)铝厂专用的真空清洁车清洁过滤:对 0.2~2 μm 粉尘(PM$_{2.5}$)的过滤效率可达 99.9%,确保排出的都是清洁空气。操作简单,使用方便:车辆的滤网具有自清洁功能,无须频繁更换滤网;2 m^3 的收集箱可以收集大约 3 吨物料,物料可以通过螺旋管排出,直接装袋,或者直接加入电解槽中。使用寿命长,维护简单:车辆的使用寿命很长,按照恒肯方法进行维护,车辆的使用寿命普遍都在 15 年以上。另外,其维护率低,维护简单。

2)电解铝工序污染治理最佳可行技术

电解槽排出烟气,主要含氟、二氧化硫和粉尘[14],通过集气装置引入烟气净化系统除氟及粉尘,后由烟囱排空。目前,在我国电解铝行业应用最为广泛的氧化铝喷射+布袋除尘已成为电解铝生产配套工艺[15],为了实现较高的脱氟效率,一般需提高含氧化铝在整个系统中的循环次数[16],通常在 3 次以上,而后布袋进行气固分离。

但是,氧化铝喷射+布袋除尘仅能够最大限度地回收氟,对烟气中的 SO$_2$ 及残留的氟化物无法实现稳定脱除。我国最新的《铝工业污染物排放标准》(GB 25465—2010)修改单中规定电解槽烟气 SO$_2$ 的特别排放限值为 100 mg/m^3,河南省甚至提出 35 mg/m^3 的超低排放限值,使得电解铝企业面临着迫切的脱硫需求。基于此,提出电解铝工序污染治理最佳可行技术如表 7-7 所示。

表 7-7　电解铝工序污染治理最佳可行技术

可行性技术	主要技术指标	技术经济适用性
石灰石-石膏法	脱硫效率可达 90%以上,氟化物净化效率可达 90%以上	技术最成熟、脱硫效率高、原料来源广泛、价廉易得、副产品可建材化利用,但投资大、运行费用高、耗水量大、系统复杂、不停机大修困难等缺点
循环流化床法	脱硫效率可达 90%以上,氟化物净化效率可达 90%以上	工艺流程简单、投资成本较低、占地面积少、腐蚀性小、工艺可靠,但脱硫灰资源化利用比较难

5. 再生铝工序

1）再生铝工序污染防治最佳可行技术

再生铝工序污染防治最佳可行技术工艺流程如图 7-5 所示。

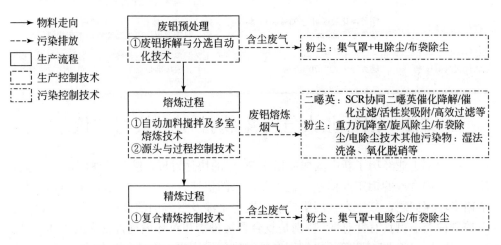

图 7-5　再生铝工序污染防治最佳可行技术工艺流程图

A. 源头削减二噁英技术

源头削减是指通过预处理，尽量减少氯、碳等易产生二噁英物质的入炉量，从而实现二噁英源头削减：

（1）对废铝料进行严格的分类、分选，减少油脂、油漆、涂料、塑料和橡胶等有机物以及铁、铜等其他金属的入炉量；

（2）分选出的含有机物废铝料应单独进行脱除处理；

（3）在熔炼炉尾部烟道喷入碱性物质，也可以与烟气急冷合并；

（4）采用较高含硫量的燃料也可以使 PCDD/Fs 生成量明显减少，但会使烟气中 SO_2 浓度升高，需综合考虑。

B. 过程控制二噁英技术

过程控制是指在不影响产品质量和工艺稳定运行的情况下，优化生产工艺、调整工艺操作参数，实现二噁英减排：

（1）燃烧炉高温燃烧，温度在 850℃以上可以分解 PCDD/Fs；

（2）系统优化温度、停留时间、气体组分等操作制度；

（3）烟气循环：将废铝料熔炼炉烟气进行循环作助燃空气，使烟气中二噁英经过炉膛燃烧区时高温焚烧降解。

2）再生铝工序污染治理最佳可行性技术

再生铝在生产过程中产生的二噁英污染物防治最佳可行性技术见表 7-8。

表 7-8　二噁英污染物防治最佳可行性技术

可行性技术	主要技术指标	技术经济适用性
SCR 协同二噁英催化降解技术	二噁英净化效率可达 95% 以上	可将二噁英转化为 CO_2、H_2O 等无机小分子、净化效率高，但为防止催化剂中毒需置于除尘之后，需烟气再热
催化过滤技术	二噁英净化效率可达 95% 以上，颗粒物排放低于 5 mg/m³	除尘催化一体化、不需要喷吸附剂或碱性物质、只需要更换除尘器滤袋，工艺简便
活性炭吸附技术	二噁英净化效率 70%～90%	工艺简单、投资运行费用低、占地面积小，但随着排放标准日益加严，二噁英净化效率有待进一步提升

7.2　铝行业大气污染物控制对策与建议

中国铝工业经历了新中国成立以来 70 年的快速发展，建立了规模宏大、综合配套、布局合理的铝工业体系。但长期以来的快速发展，也使得我国铝行业累积了诸多环保问题，其中大气污染控制问题更是涉及多方面的调控。首先，废气污染控制种类需更具有针对性，特别是复合型污染物和对环境危害更大的 NO_x、二噁英、沥青烟、苯并[a]芘等；电解铝产能过剩问题突出，因此，应加大力度淘汰落后产能，注重产业结构调整；引导行业技术升级，优化资源利用率，注重污染物的前端和过程控制，强化末端治理，这将对促进我国铝工业健康可持续发展提供有力保障。

7.2.1　淘汰落后产能，优化产业布局

1. 淘汰落后产能

落后产能物耗能耗高、环境污染重、安全无保障，是经济发展方式粗放的重要表现，是导致我国铝行业发展质量和效益不高、竞争力不强的重要因素之一。加快淘汰铝行业的落后产能是提高铝行业经济、质量和效益增长的重大举措，同时也能促进节能减排、发展绿色铝工业化道路的需要。只有加快淘汰落后产能，才能改变铝行业高投入、高消耗、高污染、低产出的粗放型发展方式。

《国务院关于进一步加强淘汰落后产能工作的通知》要求，铝行业在 2011 年底前，淘汰 100 kA 及以下电解铝小预焙槽。2011 年，《产业结构调整指导目录》将铝自焙电解槽及 100 kA 及以下预焙槽、利用坩埚炉熔炼再生铝合金的工艺及设备、铝用湿法氟化盐项目、1 万吨/年以下的再生铝项目、再生铝生产中采用直接燃煤的反射炉项目以及 4 吨以下反射炉再生铝生产工艺及设备都划分为淘汰类，同时将电解铝项目（淘汰落后生产能力置换项目及优化产业布局项目除外）和 10 万吨/年以下的独立铝用碳素项目划分为限制类。2019 年，《产业结构调整指导目

录》将 160 kA 以下的预焙电解槽划分为落后的设备，铝行业其余的落后生产工艺设备与 2011 年相同。在各方的共同努力下，铝行业技术装备水平大幅提高，160 kA 以下电解槽已经基本全部淘汰，300 kA 及以上电解槽产能占全国总产能的 60% 以上，600 kA 电解槽技术已开始工业化运用。

近年来我国政府出台的《打赢蓝天保卫战三年行动计划》《关于电解铝企业通过兼并重组等方式实施产能置换有关事项的通知》《京津冀及周边地区 2018—2019 年秋冬季大气污染综合治理攻坚行动方案》等文件均对新增电解铝产能进行了严格限制。

2. 优化产业布局

我国铝行业一直以来持续坚持供给侧结构性改革，严控电解铝新增产能，严格执行产能置换政策，行业生产运行态势良好。2019 年中国电解铝产量为 3504.4 万吨，主要集中在山东（748 万吨）23%、新疆（555 万吨）17%、内蒙古（466 万吨）14% 等省（自治区），广西、青海和甘肃均在 6.1%～6.5% 之间，云南和河南均在 5.3% 左右。由于西部地区煤炭和天然气资源丰富，电力成本低廉，近年来电解铝生产重心逐渐转移至西部地区。广西等西南地区铝产能增长的主要原因是铝土矿等资源优势，此外，云南也在积极谋划水-电-铝产业布局。未来国内电解铝生产将由现在的中北部重心逐渐地分化成中东部、西北、西南。

根据《再生有色金属产业发展推进计划》，与原铝生产相比，每吨再生铝相当于节能 3443 kg 标准煤，节水 22 m³，减少固体废物排放 20 吨。再生铝行业的健康发展对于我国建设生态文明、推动绿色发展有重大的战略意义。根据工信部相关文件规定，中国电解铝产能的天花板已经形成，未来新增需要通过置换指标来实现。而再生铝方面，鼓励与引导产业发展相关政策陆续出台，中国再生铝产量持续上升，2010 年产量为 400 万吨，2019 年产量为 725 万吨，十年间增长率为 81.25%，可见，再生铝行业发展已经成为中国铝工业的重要组成部分。

当今我国经济已从高速增长转变为中高速增长的新常态，工业是转型经济发展、调整优化产品结构的主战场。在目前国际形势复杂多变、经济下行压力增大的情况下，应利用好"三期叠加"的特定经济发展阶段，大力促进铝行业结构调整和转型升级，将铝行业发展的着力点放在质量和效益上，放在节能减排和可持续发展上。

7.2.2　技术装备创新，环保耦合生产

1. 技术装备创新

近年来，国内铝行业在产业政策、产业规模、产业结构、资源形势、环保要求等方面，与原来相比均发生了显著变化，同时自身的技术装备、节能减排水平也有

较大提升。铝行业生产设备的大型规模化、集成化、自动化的趋势也越来越明显。

2013 年，工业和信息化部对《铝行业准入条件（2007 年）》（以下简称《准入条件》）进行了修订，并将名称修改为《铝行业规范条件》。规范条件中明确提出氧化铝项目要根据铝土矿资源情况选择拜耳法、串联法等效率高、工艺先进、能耗低、排放少、环保达标、资源综合利用效果好的生产工艺及装备，并满足国家《节约能源法》、《清洁生产促进法》、《环境保护法》等法律法规的要求。新建及改造电解铝项目，必须采用 400 kA 及以上大型预焙槽工艺。现有电解铝生产线要达到 160 kA 及以上预焙槽。禁止采用湿法工艺生产铝用氟化盐。铝用炭阳极项目采用中、高硫石油焦原料时，必须配备高效的烟气脱硫净化装置，并实现达标排放，禁止建设 15 万吨/年以下的独立铝用炭阳极项目和 2 万吨/年以下的独立铝用炭阴极项目。

2020 年 2 月 28 日，工业和信息化部以"2020 年第 6 号"公告发布《铝行业规范条件》，这是对 2013 年版《铝行业规范条件》进行的修订。《铝行业规范条件》（2020 版）中要求氧化铝企业应根据铝土矿资源情况选择拜耳法、串联法等效率高、能耗低、水耗低、环保达标、资源综合利用效果好、安全可靠的先进生产工艺及装备。电解铝企业须采用高效低耗、环境友好的大型预焙电解槽技术，不得采用国家明令禁止或淘汰的设备、工艺。

1）氧化铝焙烧技术与装备创新

氧化铝产业是一个规模化、集约化的原材料工业，只有规模大，才能提高投资效益和劳动生产率，降低生产成本，有利于降低能耗。因此，氧化铝生产线的大型化和生产过程控制的自动化是发展的必然趋势。氧化铝生产线的大型化依赖于设备的大型化。近年来，国外新建氧化铝厂规模在 140～200 万 t/a，而目前国内氧化铝厂单线产能多在 100 万 t/a 以下，因此，研究探索氧化铝生产线大型化技术，开发与生产线产能大型化相匹配的大型化设备，对提高氧化铝行业技术水平具有重要的意义。随着氧化铝生产技术持续发展，设备装备水平不断提高，我们国家氧化铝生产线大型化关键装备方面均取得了显著的进步。2016 年 4 月，中铝山西华兴铝业公司建设的国内首条单系列 100 万 t/a 的氧化铝项目，在高温溶出、高效深锥沉降槽、大型气态悬浮焙烧炉等方面取得技术突破。采用氧化铝生产线大型化技术能够在一定程度上对提高劳动生产率、降低运行成本等方面具有重要现实意义。

2）碳素阳极生产技术与装备创新

近年来，碳素阳极生产在设备大型化、高效化、智能化和余热利用、节能减排等技术方面取得长足、快速的进步，行业先后投入巨资对传统产业进行升级改造创新，全力打造"社会和谐、环境友好型"的绿色产业发展道路。例如，以索通发展股份有限公司为代表的骨干企业在全国同行业中率先实现了煅烧余热的综合利用；率先开发应用了大型节能型罐式煅烧炉和阳极焙烧炉等。为了能提高生产效率、保证产品质量，实现绿色生产，全行业正在进一步开发应用自适应的煅烧配套设备、新型高效环保的破碎筛分一体化设备、更高效连续混捏机、大型真空振动成型机、新型结构焙烧炉及其先进的控制系统、先进高效的残极清理设备，为实现国家的节能减排目标不断努力。

3）电解铝生产技术与装备创新

电解铝工业属于高耗能、高污染行业，实行淘汰落后产能政策有利于电解铝行业的长期繁荣发展，通过淘汰落后产能鼓励行业内公司不断地进行技术改造、降低消耗、降低污染、降低成本，有利于行业的持久良性发展。近年来在国家政策和产能阶段性过剩的双重压力下，160 kA 及以下电解槽槽型基本已淘汰完毕。2017 年我国电解铝产能中 300 kA 及以上槽型占总能力的 95%；400 kA 及以上槽型能力占总能力的 60%左右；600 kA 槽型已有 11 条线运行，电解铝生产技术的发展继续向大容量槽型进军。近年来，随着多个 500 kA 电解槽系列投产以及600 kA 电解槽工业化试验的成功，标志着我国在大容量铝电解槽技术开发方面已经达到世界领先水平。

2. 环保耦合生产

铝工业涉及氧化铝焙烧、石油焦煅烧、阳极焙烧、电解铝、废铝再生循环等工序，是资源和能源密集型工业，也是我国工业节能减排的重要领域之一。《2015 年工业节能监察重点工作计划》中提出对于电解铝行业的节能环保工作应落到实处，具体通知包括《关于电解铝企业用电实行阶梯电价政策的通知》（发改价格〔2013〕2530 号）。铝冶炼企业本身在进行污染控制技术升级的同时，应充分利用生产过程中产生的余热及废弃物，减少资源浪费，从而实现"环保与生产的深度融合"。

（1）在氧化铝焙烧工序中，结合生产设施的温度分布特性，采用嵌入式的SNCR 和 SCR 脱硝技术，从而将环保融入生产设施中，从而避免低温 SCR 脱硝（在烟气末端对烟气进行再热，从而耗费大量燃料）。

（2）在石油焦煅烧工序中，通过向沉灰室通入空气，利用烟气高温使烟气中的焦粉和 CO 进一步燃烧，之后烟气进入余热锅炉回收余热，大型煅烧回转窑能进一步利用余热发电，实现烟气余热资源化利用。

（3）在阳极制备过程中，焙烧炉能耗占阳极生产总能耗的 80%以上，如何充分利用阳极焙烧炉的热能一直是国内外企业研究的重点方向。通过焙烧炉结构的优化设计，可使焙烧从 1300℃降至 1200℃，这使得焙烧工序能源的消耗大大减少，烟气中多种污染物尤其是 NO_x 排放浓度也能够明显降低。此外，焙烧炉的热能循环利用对于烟气中沥青烟的削减，具有显著效果。在烟气余热回收方面，烟道气余热及冷却区余热的高效回收也是重要的研究点。

在沥青烟治理上，采用蓄热式燃烧（RTO）净化技术，相较于传统的直燃式技术，充分利用烟气余热及沥青烟燃烧放热，从而大幅降低运行能耗，当沥青烟达到一定浓度时，甚至可以实现无须外部供热，即可保证净化设施的稳定运行。

（4）在电解铝工序中，应积极研发电解槽生产优化技术，实现降耗减排。提高电解槽的生产效率，大大降低产品的单位能耗比，是降低吨产品排氟量的有效途径之一。此外，优化电解槽系统密闭性、烟气管路系统，既可显著降低无组织排放，提高烟气捕集效率，又可提高热效率，真正实现节能减排。此外，新建电解铝厂通常配套烟气余热回收设备，可实现烟气显热回收。

（5）在再生铝工序中，可通过对温度、停留时间、烟气组分调控优化，显著降低二噁英排放浓度。此外，还将废铝料熔炼炉（有机物脱除炉）烟气进行循环，作为熔炼炉的助燃空气，二噁英排放总量可以明显降低（降低程度取决于烟气的循环量），同时又利用了烟气余热、降低能耗。

7.2.3　污染深度治理，支撑总量减排

2017 年，国家除了对位于京津冀大气污染传输通道的"2+26"城市实施冬季限产之外，还提出要对工业污染物排放执行特别排放限值标准，并进行无组织排放管控等。铝工业被纳入区域内重点管控行业，环保治理面临前所未有的挑战，因此，技术创新是控制废气排放的首要任务。

2018 年 2 月，河南省政府先于国家政策，发布《河南省 2018 年大气污染防治攻坚战实施方案》，要求：①2018 年 10 月 1 日起，河南电解铝和再生铝全面执行国家大气污染物特别排放限值规定：颗粒物 10 mg/m³，二氧化硫 100 mg/m³，氟化物 3 mg/m³。②2018 年采暖季，全省电解铝、氧化铝企业实施限产 30%以上；对碳素企业实施停产；对有色金属再生企业的熔铸工序限产 50%以上。③对 2018 年 10 月底前稳定达到特别排放限值的电解铝企业，豁免其错峰限产比例降低为 10%，但要按当地重污染天气应急预案要求参加污染管控；对 2018 年 10 月底前稳定达到超低排放限值的碳素企业，豁免其由停产改为限产 50%，但要按当地重污染天气应急预案要求参加污染管控。④全面核实重点工业企业无组织排放治理完成情况，2018 年 8 月底前，完成钢铁、建材、有色、火电、焦化等行业和锅炉的无组织排放治理工作。

目前铝行业烟气除尘脱硫技术相对来说比较成熟，但是脱硝技术的发展还应进一步推进，由目前的研究状况来说，臭氧氧化脱硝、SCR 脱硝、SNCR 脱硝技术均可在脱除氮氧化物方面发挥作用。此外，用充分重视氟化物、沥青烟、二噁英等非常规污染物的高效净化。针对铝行业生产各个工序污染控制难点，提出如下污染物深度净化技术路线：

1）氧化铝焙烧脱硝：低氮燃烧+选择性非催化还原+选择性催化还原

低氮燃烧可有效降低热力型 NO_x 的生成，可从燃料烧嘴和布置形式考虑进行改进。在焙烧炉系统工艺中，P04 至 P03 处烟气温度为 950～1100℃，适合采用

SNCR 脱硝。旋风预热器 P02 出口后烟气温度稳定在 320～380℃，具有良好的 SCR 脱硝反应温度窗口。采用低氮燃烧+SNCR+SCR 技术，烟气 NO_x 排放浓度可控制在 50 mg/m³ 以下，显著优于 100 mg/m³ 的国家排放限值。

2）石油焦煅烧：氧化脱硝+湿法脱硫

石油焦煅烧烟气污染物主要为颗粒物、SO_2、NO_x，目前我国以高硫焦作为阳极的主要原料，在煅烧过程会产生高浓度 SO_2（1000～5000 mg/m³）。结合其生产流程特征，其污染物净化主要在于脱硫脱硝。湿法脱硫技术（如石灰石−石膏法、双碱法、氨法）可实现高浓度 SO_2 的高效净化，而氧化脱硝可利用现有脱硫设施，实现硫硝协同控制。

3）阳极焙烧：RTO+氧化脱硝+循环流化床半干法

RTO+循环流化床半干法可实现焙烧烟气中沥青烟、苯并芘、氟化物、颗粒物和 SO_2 等多污染物的协同控制，且对设备无腐蚀。但该工艺无法实现脱硝。因此，在现有 RTO+循环流化床半干法的基础上，将易与现有污控设施耦合匹配的"氧化脱硝"嵌入，集成"RTO+氧化脱硝+循环流化床半干法协同吸收"技术，有望全面多污染物的深度净化。

4）电解铝：氧化铝干法吸附+布袋除尘+湿法/半干法脱硫脱氟

电解槽烟气污染物主要含氟、二氧化硫和粉尘，我国电解铝行业普遍配备氧化铝干法吸附+布袋除尘，氧化铝经数次循环脱氟后进入电解槽，但该技术无法脱除烟气中的 SO_2，且会残留一定浓度的氟化物。随着 SO_2 排放限值的加严，可引入湿法（如石灰石−石膏法）或半干法（循环流化床法），集成构建"氧化铝干法吸附+布袋除尘+湿法/半干法脱硫脱氟"技术路线，实现多污染物协同控制。

5）再生铝：源头削减+烟气循环+SCR 协同二噁英催化降解/催化过滤

再生铝烟气中污染物主要为颗粒物、二噁英及其他污染物，其污染控制的核心在于二噁英。通过原料分选等源头处理、烟气循环等过程控制技术，可以实现二噁英的大幅削减。在末端治理方面，可采用 SCR 脱硝协同二噁英催化降解技术，二噁英净化效率可达 95%以上；也可采用催化过滤技术，实现二噁英和颗粒物的高效协同净化。

综上，随着排放标准的日益加严，势必会推动多污染物深度协同净化技术的发展。因此，坚持绿色发展导向，把抓好安全、环保工作作为推进企业实现高质量发展的首要前提，大胆运用新技术、新工艺，进一步做好企业环保工作，才能引领全行业走出一条更高质量的绿色、环保发展之路。

7.2.4　健全管理体系，强化监管监督

2013 年 10 月 6 日《国务院关于化解产能严重过剩矛盾的指导意见》（国发〔2013〕41 号）发布，明确化解产能严重过剩矛盾是当前和今后一个时期推进产业结构调整的工作重点。2020 年 2 月 28 日，工业和信息化部公告了《铝行业规

范条件》（2020 年第 6 号），2020 年 3 月 30 日起正式实施。加强行业规范和准入管理是工业主管部门的一项主要任务。

《铝行业规范条件》对申报企业须达到的工艺、能源、资源、环保等多方面做了明确规定：

（1）工艺装备：鼓励铝土矿企业采用自动化程度较高的机械化装备，并依据铝土矿资源情况增设脱硫和除铁生产系统。氧化铝企业应根据铝土矿资源情况选择拜耳法、串联法等效率高、能耗低、水耗低、环保达标、资源综合利用效果好、安全可靠的先进生产工艺及装备。电解铝企业须采用高效低耗、环境友好的大型预焙电解槽技术，不得采用国家明令禁止或淘汰的设备、工艺。再生铝企业应采用烟气余热利用等其他先进节能技术以及提高金属回收率的先进熔炼炉型，并配套建设铝灰渣综合回收、废铝熔炼烟气和粉尘高效处理及二噁英防控设备设施，有效去除原料中的含氯物质及切削油等杂质，鼓励不断优化预处理系统，提高保级利用技术的应用，禁止利用直接燃煤反射炉和 4 吨以下其他反射炉生产再生铝，禁止采用坩埚炉熔炼再生铝合金。

（2）能源消耗：电解铝企业铝液综合交流电耗应不大于 13500 kWh/t（不含脱硫脱硝）；再生铝企业综合能耗应低于 130 kg 标准煤/t 铝。

（3）资源消耗：利用铝硅比大于 7 的铝土矿生产氧化铝的企业，氧化铝综合回收率应达到 80% 以上；利用铝硅比大于或等于 5.5 小于或等于 7 的铝土矿原矿（或选精矿）生产氧化铝的企业，氧化铝综合回收率应达到 75% 以上；利用铝硅比小于 5.5 的矿石生产氧化铝的企业，应采用先进可靠技术尽可能提高氧化铝综合回收率。电解铝企业氧化铝单耗原则上应低于 1920 kg/t 铝，原铝液消耗氟化盐应低于 18 kg/t 铝，炭阳极净耗应低于 410 kg/t 铝。再生铝企业铝或铝合金的总回收率在 95% 以上，鼓励铝灰渣资源化利用。循环水重复利用率 98% 以上。

（4）环境保护：氧化铝、电解铝企业污染物排放应符合国家或地方相关排放标准要求，再生铝企业应符合《再生铜铝铅锌工业污染物排放标准》（GB 31574）的要求。氧化铝、电解铝企业应按《排污单位自行监测技术指南有色金属冶炼》（HJ 989）等相关标准规范开展自行监测。其中，应安装、使用自动监测设备的，须依法安装配套的污染物在线监测设施，与生态环境主管部门的监控设备联网，保障监测设备正常运行，鼓励开展厂内降尘监测。物料储存、转移输送、卸载和工艺过程等环节的无组织排放须加强控制管理，制定相应的环境管理措施，满足有关环保标准要求。企业须依法取得排污许可证后，方可排放污染物，并在生产经营中严格落实排污许可证规定的环境管理要求。

铝行业流程长、设备多，污染排放复杂，有组织和无组织排放点位多达几百个，在关注有组织排放多污染物深度净化的同时，还应关注无组织排放的管控。无组织排放是大气污染的重要来源，由于缺乏有效管控方式和管理手段，已成为环境管理的薄弱环节，对区域环境空气质量改善、工业企业深度治理和升级改造等造成重要影响。2017 年发布的《铝工业污染物排放标准》（GB 25465—2010）修改单（征求意见稿）中，重点提出了铝工业无组织排放的管控要求。

我国铝工业正处于转型发展的重要时期，行业应从国家生态文明建设要求和可持续发展的高度出发，结合行业结构调整，及时更新行业废气污染物控制标准及规划。各级地方政府可以制定严于国家标准的地方标准，加强铝行业的环境监督。除了标准严格化以外，还应该从政策和管理措施以及清洁生产角度减少铝冶炼企业环境污染，针对存在问题，鼓励支持研发和推广减排、节能、清洁生产技术，支撑企业废气污染深度净化和可持续绿色发展。

地方生态环境管理部门应不断健全和完善环境保护管理体系。因铝行业生产流程长、工序多、设备杂等行业特性，使得铝行业环境监察难度大，再加上个别铝冶炼企业相关人员的人为误导，导致现场环境监察人员无法全面、准确的检查，需要环境监察人员突破重重障碍并且要非常熟悉企业的生产工艺和排污节点，具备判断设备是否正常运行的能力才能顺利开展环境执法。环保执法人员应该对铝冶炼行业生产工艺和排污节点进行详细分析，从生产工艺流程和污染要素两个角度分别研究污染物排放情况。地方环保主管部门可以编制地方铝行业现场环境监察指南，在此基础上编制现场环境违法行为检查表，并附上最新违法行为对应的法律条文，方便环境监察人员现场执法。

当前的环境监管主体是指作为监管者的政府和作为被监管者的企业，第三方是指与监管者和被监管者均无利益关系的独立一方，一般作为非政府组织存在，并在一定程度上代表了公共利益。《关于推行环境污染第三方治理的意见》特别提到"鼓励推行环境绩效合同服务等方式引入第三方治理"。环境污染第三方治理的大力推行可以提高污染治理专业化水平，促进环保产业化，同时可以提升污染治理设施建设和运营专业化。第三方的介入对于监管者和被监管者而言起到了桥梁的作用，避免了监管者和被监管者的直接矛盾冲突。

在当前生态环境保护日趋严格的大背景下，铝冶炼企业应积极提高自身发展水平，在将企业做大做强的同时，树立良好的企业形象。铝冶炼企业的环保升级和绿色发展应围绕以下四个关键词：

（1）全流程：铝冶炼生产包括氧化铝焙烧、石油焦煅烧、阳极焙烧、电解铝、再生铝等工序，应注重多工序全流程的深度净化。

（2）全过程：随着末端治理压力逐渐增大，源头和过程减排成为新的发展趋势，应积极发展与生产相融合的环保技术，实现全过程低成本治理。

（3）全污染物：应同时聚焦硫、硝、尘等常规污染物及氟化物、沥青烟、二噁英、氟化物等非常规污染物，实现全污染物的全面减排。

（4）绿色低碳：随着 2030 年碳达峰和 2060 年碳中和的国家发展规划的提出，铝冶炼企业应积极优化产业结构、推动节能降耗、发展循环经济，实现绿色低碳。

我国铝行业正处于资源驱动向绿色驱动的跨越时期，铝冶炼企业应积极推动从扩张增产向绿色生产过渡，由粗放型管理向精细化管理转变，不断加快传统产业改造升级，促进铝冶炼产业的数字化、网络化、智能化、绿色化发展。

参 考 文 献

[1] 国家环境保护部. 污染防治最佳可行技术评价技术通则[R]. 2011.

[2] European Union. Integrated Pollution Prevention and Control(IPPC)directive[S]. Europe, 1996.

[3] Vincent O'Malley. The integrated pollution prevention and control IPPC/Directive and its implications for the environment and industrial activities in Europe[J]. Sensors and Actuators B, 1999, 59: 78-82.

[4] 张国臣, 吕晓剑, 王凯军. 最佳可行技术对我国造纸行业节能减排的启示[J]. 中华纸业, 2009, 30(12): 21-26.

[5] 张雪雨, 赵研, 于季红, 等. 污染防治最佳可行技术的评估及应用研究[J]. 环境保护与循环经济, 2012, 32(9): 46-49+74.

[6] 周晶, 石洪志, 刘颖昊. 最佳可行技术研究及其在我国钢铁行业的应用初探[J]. 世界钢铁, 2013, 6: 32-38.

[7] 廖新勤. 我国铝冶炼设备的现状及其发展方向[J]. 有色设备, 2010, 6: 5-7+34.

[8] 谭华. 余热发电在炭素行业的应用浅析[J]. 四川冶金, 2010, 32(5): 42-44.

[9] 刘亚雷, 陈慧. 炭素罐式煅烧炉余热回收及利用方式的探讨[J]. 科技资讯, 2017, 15(19): 47-48+50.

[10] 李成益. 几种烟气脱硫工艺及技术经济分析[J]. 石油化工技术与经济, 2006, 22(6): 32-37.

[11] 于磊. 大型罐式煅烧炉综合利用与研究[D]. 长沙: 湖南大学, 2013.

[12] 中国有色金属工业总公司环境监测中心. 青海铝厂一期工程阳极焙烧炉烟气净化系统监测分析报告[R]. 1991.

[13] 刘尔忠. 炭素工业焙烧炉烟气污染防治对策的探讨[J]. 轻金属, 2003, 8: 46-48.

[14] 薛建刚, 闫颖. 铝电解烟气治理中干法净化技术的运用[J]. 工业, 2015, 24: 112.

[15] 李振宇. 干法净化技术在铝电解烟气治理中的应用[J]. 湖南有色金属, 2010, 26(1): 40-44.

[16] 陈高强. 铝电解烟气净化工艺技术简析[J]. 中国科技博览, 2016, 3: 48.

索　引